消防行业特有工种职业培训与技能鉴定系列统编教材

建（构）筑物消防员

（基础知识、初级技能）

（修订版）

中国消防协会　编

中国科学技术出版社

·北京·

图书在版编目（CIP）数据

建（构）筑物消防员：基础知识、初级技能/中国消防协会编. —北京：中国科学技术出版社，2010.10
（消防行业特有工种职业培训与技能鉴定系列统编教材）（2013.3修订）（2016.9重印）
ISBN 978 - 7 - 5046 - 5726 - 8

Ⅰ.①建…　Ⅱ.①中…　Ⅲ.①建筑物 - 消防 - 职业技能鉴定 - 教材　Ⅳ.①TU998.1

中国版本图书馆CIP数据核字（2010）第201631号

中国科学技术出版社出版
北京市海淀区中关村南大街16号　邮政编码：100081
电话：010-62173865　传真：010-62179148
http://www.cspbooks.com.cn
北京玥实印刷有限公司印刷
*
开本：889毫米×1194毫米　1/16　印张：17.75　字数：520千字
2013年3月第2版　2016年9月第18次印刷
ISBN 978-7-5046-5726-8/TU·81
印数：300301-310300册　定价：48.00元

消防行业特有工种职业培训与技能鉴定
系列统编教材编委会名单

系列教材编委会

主　任：孙　伦
副主任：王铁民　李向华　郑玉海　高　伟
　　　　张明灿
委　员：王宝伟　陈　蕾　苏向明　张建国

本教材编审人员

主　编：苏向明
副主编：张建国　景　绒　赵瑞锋　王爱中
　　　　廖　平
编　写：（按篇章为序）
　　　　景　绒　李思成　王海港　窦艳梅
　　　　赵瑞锋　王新红　岳　洪　周广连
　　　　王爱中　刘卫华　赵玉全　李　岩
　　　　马玉河　刘咏梅　廖　平　高晓斌
　　　　李春强　张世凤　段永强　赵力增
　　　　宫红锁
审　稿：张建国　郭树林　马玉河　蔡智敏
　　　　马　莉
编　务：张　莹　张凤梧　施　策

序

2005 年 11 月经原劳动和社会保障部（现人力资源和社会保障部）和公安部正式批准，由中国消防协会成立消防行业职业技能鉴定指导中心，在上级主管部门的领导和支持下，负责组织开展全国消防行业特有工种职业技能鉴定工作。

消防行业特有工种实行职业资格鉴定是国家改进和加强社会公共消防安全的一项重大举措，对提高各类社会消防从业人员的业务技能和职业素质，推动消防事业的发展和消防工作社会化，将起到重要的作用。按照《中华人民共和国职业分类大典》的要求，经公安部消防局、人力资源和社会保障部职业技能鉴定中心批准同意，首先开展了"建（构）筑物消防员"职业技能鉴定工作。据此，中国消防协会专门成立了消防行业特有工种职业培训与技能鉴定系列统编教材编委会和职业技能鉴定专家工作组，承担编制消防行业特有国家职业标准，编写消防职业培训与技能鉴定系列教材和培训大纲，并组建相应职业技能鉴定题库等项基础性技术工作。经过众多专家的共同努力，完成了《建（构）筑物消防员国家职业标准》的编制，该标准已于 2008 年 1 月经人力资源和社会保障部正式批准施行。

本套教材就是依据《建（构）筑物消防员国家职业标准》，针对从事建筑物、构筑物消防安全管理、消防安全检查、消防控制室监控和建筑消防设施操作与维护等工作的社会消防从业人员参加职业资格培训和技能鉴定的需求而编写的。根据初、中、高级技能、技师和高级技师等不同等级消防人员职业技能鉴定要求，将教材分成《基础知识和初级技能》《中级技能》《高级技能》《技师和高级技师》四册。其内容力求能够体现"以职业活动为导向，以职业技能为核心"的指导思想。

在教材的编写过程中得到了公安部消防局，人力资源和社会保障部职业技能鉴定中心，北京市、天津市、重庆市、辽宁省、安徽省、吉林省、江苏省等的消防协会，武警学院指挥系，公安部天津消防研究所，南京消防器材股份有限公司，海湾安全技术有限公司，北京华祺洋消防安全有限公司，北京凯宾斯基饭店等单位的有力支持，在此一并表示感谢。

本教材还存在许多不足之处，欢迎各使用单位和个人提出宝贵意见和建议，以便及时补充修改。

中国消防协会会长

2010 年 9 月

编 写 说 明

根据《建（构）筑物消防员国家职业标准》，建（构）筑物消防员是指从事建筑物、构筑物消防安全管理、防火检查和建筑消防设施操作与维护等工作的消防人员，其主要职业功能是：①消防检查；②消防控制室监控；③建筑消防设施操作与维护；④消防安全管理。按照从业人员的职业活动范围、工作责任和工作难度将其划分为：初级消防员/国家职业资格五级、中级消防员/国家职业资格四级、高级消防员/国家职业资格三级、消防技师/国家职业资格二级、消防高级技师/国家职业资格一级等五个职业等级。各等级的技能要求依次递进，高级别涵盖低级别。

《建（构）筑物消防员（基础知识、初级技能）》分册，是依据国家职业标准对初级消防员/国家职业资格五级的基本要求和工作要求编写的。教材的章节划分，原则上与职业标准中规定的各项"职业功能"和"工作内容"相对应，但考虑到教材自身体裁的特点和初级消防员现实工作需要，在具体处理上适当做了局部结构调整和内容扩充。如在结构方面，将应急照明、疏散指示标志和防火分隔设施定期防火检查的技能和相关知识，整合到了第二篇第三章，与"建筑消防设施操作与维护"的相关内容一起讲述；又如在内容方面，为了使初级消防员能够对各种常见的建筑消防设施有一个基本了解，以适应实际岗位的需要，在第一篇中增加了"建筑消防设施基础知识"一章，并在第二篇第三章中增加了"泡沫灭火系统"和"气体灭火系统"两节。做到了既依据职业标准，又不拘泥于职业标准。

本教材的总体构思由中国消防协会副会长郑玉海，中国消防协会常务理事、消防行业职业技能鉴定专家组组长苏向明和消防行业职业技能鉴定指导中心副主任张建国负责。全书共分两篇十四章，第一篇"基础知识"，由中国人民武装警察部队学院消防指挥系景绒牵头编写，山东省公安消防总队王海港、北京市公安消防总队窦艳梅、中国人民武装警察部队学院消防指挥系李思成参编。其中：第一、二、四、六、七、八章由景绒编写，第三、九章由王海港编写，第五章由李思成编写，第十、十一章由窦艳梅编写；第二篇"初级技能"，第一章"防火巡查"模块由北京市公安消防总队赵瑞锋牵头编写，北京市公安消防总队王新红、公安部南京消防士官学校周广连、北京凯宾斯基饭店岳洪参编。第二章"消防控制室监控"模块由海湾安全技术有限公司王爱中牵头编写，天津市消防协会马玉河，海湾安全技术有限公司赵玉全、刘卫华，北京华祺洋消防安全有限公司李岩，吉林省公安消防总队刘咏梅参编。第三章"建筑消防设施操作与维护"模块由南京消防器材股份有限公司廖平牵头编写，北京市公安消防总队高晓斌，北京华祺洋消防安全有限公司李岩，公安部天津消防研究所赵力增和李春强，南京消防器材股份有限公司张世凤、段永强和宫红锁参编。全书由苏向明和张建国统稿。

本教材编写过程分为两个阶段。第一阶段编写培训讲义和配套习题集，并进行试用。在试用过程中北京市、天津市、重庆市、辽宁省、安徽省、吉林省、江苏省等的消防协会以及消防行业特有工种职业技能鉴定机构和职业技能培训机构的相关专家提出了宝贵的修改意见和建议；第二阶段出版统编教材和配套考试指导手册。参与本教材审稿的有：消防行业职业技能鉴定指导中心副主任张建国、马莉，辽宁省消防协会秘书长郭树林，天津市消防协会副秘书长马玉河，安徽省消防协会秘书长蔡智敏等。

为了满足消防工作发展需要并根据读者的意见，本教材于2012年进行了部分内容的修改和完善，增加了消防控制室监控的相关知识。由于时间仓促加之水平有限，本教材肯定还会存在不足之处，敬请各位读者批评指正，以便进一步修改和完善。本教材中如有与现行的相关国家法律、法规、规章、标准不一致的，以国家法律、法规、规章、标准为准。

编写组

2012 年 9 月

目　　录

第一篇　基础知识

第二篇　初级技能

第一篇　基础知识

第一篇　基础理论

第一章　消防工作概述

消防工作是国民经济和社会发展的重要组成部分，关系人民群众安居乐业，关系改革发展稳定大局，涉及全社会的安全和利益，是构建社会主义和谐社会的重要保障。消防工作是人们与火灾作斗争的一项专门性工作，做好消防工作是我国社会主义建设的需要、人民安全的需要，是全体社会成员的共同责任。

第一节　火灾的定义及危害

一、火灾的定义

国家标准《消防基本术语·第一部分》（GB5907 - 86）中将火和火灾定义为：火是以释放热量并伴有烟或火焰或两者兼有为特征的燃烧现象。火灾是在时间或空间上失去控制的燃烧所造成的灾害。也就是说，凡是失去控制并造成了人身和（或）财产损害的燃烧现象，均可称为火灾。

二、火灾的危害

火，给人类带来文明进步、光明和温暖。但是失去控制的火，就会给人类造成灾难。火灾是各种自然与社会灾害中发生概率最高的一种灾害，给人类的生活乃至生命安全构成了严重威胁。据联合国世界火灾统计中心提供的资料，目前全世界每年发生的火灾次数高达 600 万～700 万起，全世界每年死于火灾的人数达 6.5 万～7.5 万人。可以说从远古到现代，从蛮荒到文明，无论过去、现在和将来，人类的生存与发展都离不开同火灾作斗争。火对人类具有利与害的两重性，人类自从掌握了用火的技术以来，火在为人类服务的同时，却又屡屡危害成灾。火灾的危害十分严重，具体表现在以下几个方面：

（一）毁坏财物

凡是火灾都要毁坏财物。火灾，能烧掉人类经过辛勤劳动创造的物质财富，使城镇、乡村、工厂、仓库、建筑物和大量的生产、生活资料化为灰烬；火灾，可将成千上万个温馨的家园变成废墟；火灾，能吞噬掉茂密的森林和广袤的草原，使宝贵的自然资源化为乌有；火灾，能烧掉大量文物、古建筑等诸多的稀世瑰宝，使珍贵的历史文化遗产毁于一旦。另外，火灾所造成的间接损失往往比直接损失更为严重，这包括受灾单位自身的停工、停产、停业以及相关单位生产、工作、运输、通讯的停滞和灾后的救济、抚恤、医疗、重建等工作带来的更大的投入与花费。至于森林火灾、文物古建筑火灾造成的不可挽回的损失，更是难以用经济价值计算。

随着经济的发展，社会财富日益增多，火灾给人类造成的财产损失也越来越巨大。新中国成立初期，由于社会经济发展缓慢，火灾总量和损失较低，20 世纪 50 年代我国平均每年发生火灾 6 万起，火灾直接损失平均每年约 0.6 亿元。随着工业化和城市化的发展，火灾直接经济损失也相应增加，20 世纪 60 年代到 80 年代，年平均火灾损失从 1.4 亿元上升到 3.2 亿元。改革开放后，经济社会进入了快速发展阶段，社会财富和致灾因素大量增加，火灾损失也急剧上升：20 世纪 90 年代火灾直接损失

3

平均每年为 10.6 亿元；21 世纪前 5 年间的年均火灾损失达 15.5 亿元，为 20 世纪 80 年代年均火灾损失的 4.8 倍，达到历史高峰。近年来，通过国务院、各级人民政府以及公安机关消防机构、有关部门和全社会的共同努力，我国火灾大幅度上升的趋势得到遏制。火灾与社会经济发展"同步"这种现象，给人们敲响了警钟。它提醒人们，在集中精力搞经济建设的同时，千万不可忽视消防工作。

（二）残害人类生命

火灾不仅使人陷于困境，它还涂炭生灵，直接或间接地残害人类生命，造成难以消除的身心痛苦。如：1994 年 11 月 27 日辽宁省阜新市艺苑歌舞厅发生火灾，死亡 233 人；同年 12 月 8 日新疆维吾尔自治区克拉玛依友谊馆发生火灾，死亡 325 人；2000 年 12 月 25 日河南省洛阳市东都商厦发生火灾事故，造成 309 人死亡、7 人受伤；2008 年 9 月 20 日深圳市龙岗区舞王俱乐部发生火灾事故，造成 44 人死亡、64 人受伤。据统计，1979 年至 2004 年间，我国发生一次死亡 30 人以上的特别重大火灾 35 起，共造成 2638 人死亡。其中：20 世纪 90 年代以后一次死亡 30 人以上的特别重大火灾占 26 起，死亡 2078 人；2000 年至 2004 年，年平均发生火灾 23.4 万起，死亡 2559 人，受伤 3531 人。仅 2008 年 1 月至 11 月份，全国共发生火灾 11.9 万起，死亡 1198 人，受伤 624 人。这些群死群伤火灾事故的发生，给人民生命财产造成了巨大损失。

（三）破坏生态平衡

火灾的危害不仅表现在毁坏财物、残害人类生命，而且还会严重破坏生态环境。如：1987 年 5 月 6 日黑龙江省大兴安岭地区火灾，烧毁大片森林，延烧 4 个储木厂和 85 万立方米木材以及铁路、邮电、工商等 12 个系统的大量物资、设备等，烧死 193 人，伤 171 人。这起火灾使我国宝贵的林业资源遭受严重的损失，对生态环境造成了难以估量的巨大影响。1998 年 7 月发生在印度尼西亚的森林大火持续了 4 个多月，受害森林面积高达 150 万公顷，经济损失高达 200 亿美元。这场大火还引发了饥荒和疾病的流行，使人们的健康受到威胁，环境遭到污染。此外，大火所产生的浓烟使能见度大大降低，由此造成了飞机坠毁和轮船相撞事故。另外，这场大火使大量的动植物灭绝，环境恶化，气候异常，干旱少雨，风暴增多，水土流失，最主要的是导致生态平衡被破坏，严重威胁人类的生存和发展。

（四）引起不良的社会和政治影响

火灾不仅给国家财产和公民人身、财产带来了巨大损失，还会影响正常的社会秩序、生产秩序、工作秩序、教学科研秩序以及公民的生活秩序。当火灾规模比较大，或发生在首都、省会城市、人员密集场所、经济发达区域、有名胜古迹等地方时，将会产生不良的社会和政治影响。有的会引起人们的不安和骚动，有的会损害国家的声誉，有的还会引起不法分子趁火打劫、造谣生事，造成更大的损失。

三、火灾的特征

无数的火灾实例表明，火灾具有以下特征：

（一）发生频率高

据统计，在各种灾害中火灾是发生频率最高，最经常、最普遍地威胁公众安全和社会发展的主要灾害。由于可燃物质品种多，数量巨大，引火源极其复杂，诱发火灾的因素多，稍有不慎，就可导致火灾发生。

（二）突发性强

火灾的发生往往是突然的、难以预料的，且火灾发展过程瞬息万变，来势凶猛，影响区域广；爆炸危害具有瞬时性，短时间内可造成大量人员伤亡。

（三）破坏性大

火灾不仅残害人类生命，给国家财产和公民财产带来了巨大损失，而且严重时会导致基础设施破坏（包括供电、供水、供气、供热、交通和通讯等城市生命线系统工程）、生产系统紊乱、社会经济正常秩序打乱、生态环境遭到破坏。由此可以看出，火灾的破坏性相当大。

（四）灾害复杂

火灾发生地，由于建筑、物质、火源的多样性，人员复杂性，消防条件和气候条件不同，使得灾害的发生发展过程极为复杂。如高层建筑，由于烟囱效应使火灾蔓延速度非常快。一般烟气垂直上升速度为240m/min，水平扩散速度为48m/min；物质的多样性包括各种可燃、易燃、易爆和不同毒性的物质，对于火灾发展速度、建筑耐火和疏散逃生与灭火效果影响很大；各种不同火源，如明火、电气过热、静电、雷电、化学反应和爆炸等引发的火灾，其发生发展规律有所区别；此外，人员的消防安全意识及逃生自救能力、单位的消防安全管理水平、场所的消防设施和扑救条件、形成灾害时的气候条件等对于火灾的发生、发展和扑救过程都有不同程度的影响。

（五）易形成灾害连锁和灾害链

对于一个城乡或工业企业，其社会生产或生活的整体功能很强，一种灾害现象的发生，常会引发其他次生灾害，造成其他系统功能的失效，如火灾引发爆炸、爆炸又引发火灾，形成灾害链。如1993年8月5日深圳清水河仓库火灾中起火18处、发生大爆炸2次、小爆炸7次，形成明显的灾害链。又如2000年发生在美国纽约的"9.11"事件，世贸大厦双子座受飞机撞击发生火灾焚烧坍塌，不仅造成大量人员伤亡，还造成周围建筑严重受损、交通阻塞，并使供电、供气、供水、通讯等多种系统的局部发生灾害，形成明显的火灾连锁反应。

（六）灾后事故处理艰难

火灾发生后，对于火灾事故的调查、法律责任认定、伤亡人员处理、财产损失保险赔偿、生活与生产恢复、社会秩序恢复等许多方面，处理起来都有很大难度。

四、火灾的分类

火灾可按可燃物的类型和燃烧特性、火灾损失严重程度进行分类。

（一）按火灾中可燃物的类型和燃烧特性分类

国家标准《火灾分类》（GB/T4968－2008）中根据可燃物的类型和燃烧特性，将火灾定义为A类、B类、C类、D类、E类、F类六种不同的类别。

1. A类火灾

A类火灾是指固体物质火灾。这种物质通常具有有机物性质，一般在燃烧时能产生灼热的余烬。如木材、棉、毛、麻、纸张等。

2. B类火灾

B类火灾是指液体或可熔化的固体物质火灾。如汽油、煤油、原油、甲醇、乙醇、沥青、石蜡火灾等。

3. C类火灾

C类火灾是指气体火灾。如煤气、天然气、甲烷、乙烷、丙烷、氢气火灾等。

4. D类火灾

D类火灾是指金属火灾。如钾、钠、镁、钛、锆、锂、铝镁合金火灾等。

5. E类火灾

E类火灾是指带电火灾。物体带电燃烧的火灾。

6. F类火灾

F类火灾是指烹饪器具内的烹饪物（如动植物油脂）火灾。

（二）按火灾损失严重程度分类

国家《生产安全事故报告和调查处理条例》中按火灾损失严重程度把火灾划分为特别重大火灾、重大火灾、较大火灾和一般火灾四个等级。

1. 特别重大火灾

特别重大火灾是指造成30人以上死亡，或者100人以上重伤，或者一亿元以上直接财产损失的火灾。

2. 重大火灾

重大火灾是指造成10人以上30人以下死亡，或者50人以上100人以下重伤，或者5000万元以上一亿元以下直接财产损失的火灾。

3. 较大火灾

较大火灾是指造成3人以上10人以下死亡，或者10人以上50人以下重伤，或者1000万元以上5000万元以下直接财产损失的火灾。

4. 一般火灾

一般火灾是指造成3人以下死亡，或者10人以下重伤，或者1000万元以下直接财产损失的火灾。

第二节　消防工作的主要目的

一、消防工作的主要目的

消防工作的主要目的是：预防火灾和减少火灾危害，加强应急救援工作，保护人身、财产安全，维护公共安全。

（一）预防火灾和减少火灾危害

"预防火灾和减少火灾的危害"包括了两层含义：一是做好预防火灾的各项工作，防止发生火灾；二是要积极减少火灾危害。火灾绝对不发生是不可能的，但火灾危害是可以通过人类积极的行为而减少的。对于火灾，在我国古代，人们就总结出"防为上，救次之，戒为下"的经验。因此，为了满足社会发展和人类生存对消防安全的期待，一旦发生火灾，就应当及时、有效地进行扑救，最大限度地减少火灾危害。

（二）加强应急救援工作

随着经济社会的快速发展，改革开放不断深化，致灾因素大量增加，非传统安全威胁日益凸显，危险化学品泄漏、道路交通事故、建筑坍塌、重大安全生产事故、空难、爆炸及恐怖事件和群众遇险事件、地震等自然灾害、核与辐射事故和突发公共卫生事件等各类灾害事故时有发生，给人民群众生命财产安全带来了严重危害。因此，根据经济和社会发展的需要，《中华人民共和国消防法》（以下简称《消防法》）总则第一条就写明"加强应急救援工作"，这是对我国消防工作职能的新拓展。

（三）保护人身、财产安全

人身安全是指公民的生命健康安全，财产安全是指国家、集体以及公民的财产安全。人身安全和财产安全是受火灾直接危害的两个方面，而人的生命健康安全第一宝贵。因此，消防工作中必须贯彻落实科学发展观，践行"以人为本"的思想，在火灾预防上要把保护公民人身安全放在第一位，在火灾扑救中要坚持救人第一的指导思想，切实实现好、维护好、发展好最广大人民的根本利益。

（四）维护公共安全

所谓公共安全是指不特定多数人生命、健康的安全和重大公私财产的安全，其基本要求是社会公众享有安全和谐的生活和工作环境以及良好的社会秩序，公众的生命财产、身心健康、民主权利和自我发展有安全的保障，并最大限度地避免各种灾难的伤害。消防安全是公共安全的重要组成部分，做好消防工作，维护公共安全，是政府及政府有关部门履行社会管理和公共服务职能、提高公共消防安全水平的重要内容。做好消防工作，维护公共安全，是全社会每个单位和公民的权利和义务。社会各单位和公民应当贯彻预防为主、防消结合的方针，全面落实消防安全责任制，切实维护公共安全、保护消防设施、预防火灾，正确处理好消除火灾隐患和加快经济发展的关系，依法推行消防安全自我管理、自我约束，保护自身合法权益，保障社会主义和谐社会建设。

二、消防工作的特点

长期消防工作实践表明，消防工作具有以下特点：

（一）社会性

消防工作具有广泛的社会性，它涉及社会的各个领域、各行各业、千家万户。凡是有人员工作、生活的地方都有可能发生火灾。因此，要真正在全社会做到预防火灾发生，减少火灾危害，必须按照政府统一领导、部门依法监管、单位全面负责、公民积极参与的原则，依靠社会各界力量和全体公民共同参与消防，实行全民消防。

（二）行政性

消防工作是政府履行社会管理和公共服务职能的重要内容，各级人民政府必须加强对消防工作的领导，这是贯彻落实科学发展观，建设社会主义和谐社会的基本要求。国务院作为中央人民政府，领导全国的消防工作，对于更快地发展我国的消防事业，使消防工作更好地保障我国社会主义现代化建设的顺利进行，无疑具有主要的作用。但由于消防工作又是一项地方性很强的政府行政工作，国务院虽然领导全国的消防工作，但许多具体工作，如城乡消防规划，城乡公共消防基础设施、消防装备的建设，各种形式消防队伍的建立与发展，消防经费的保障以及特大火灾的组织扑救等，都必须依靠地方各级人民政府来负责。为此，《消防法》明确规定：地方各级人民政府负责本行政区域内的消防工作。

（三）经常性

无论是春夏秋冬，还是白天黑夜，每时每刻都有可能发生火灾。由于人们在生产、工作、学习和生活中都需要用火，若平时稍有疏漏，就有可能酿成火灾，因此，这就决定了消防工作具有经常化属性。

（四）技术性

火灾的预防和扑救需要运用大量的自然科学知识和工程技术手段，这就要求从事消防工作的人员要认真研究火灾的规律和特点，并掌握一定的科学知识和技术手段。坚持科技先行，依靠科技进步不断提升防火、灭火和救援能力。

第三节　消防工作的方针、原则和基本制度

《消防法》明确指出：消防工作贯彻预防为主、防消结合的方针，按照政府统一领导、部门依法监管、单位全面负责、公民积极参与的原则，实行消防安全责任制，建立健全社会化的消防工作网络。由此规定了我国消防工作的方针、原则和实行的基本制度。

一、消防工作的方针

消防工作贯彻"预防为主，防消结合"的方针。这一方针科学、准确地阐明了"防"和"消"的辩证关系，反映了人们同火灾作斗争的客观规律，也体现了我国消防工作的特色。防火和灭火是一个问题的两个方面，"防"是"消"的先决条件，"消"必须与"防"紧密结合，"防"与"消"是实现消防安全的两种必要手段，两者互相联系，互相渗透，相辅相成，缺一不可。在消防工作中，必须坚持"防""消"并举、"防""消"并重的思想，把同火灾作斗争的两个基本手段——火灾预防和扑救火灾有机地结合起来，最大限度地保护人身、财产安全，维护公共安全，促进社会和谐。

（一）预防为主

"预防为主"，就是要求消防工作立足于防患于未然，要把火灾预防摆在首位，积极贯彻落实各项防火措施，通过各种法律的、行政的和技术的手段，依靠全社会力量，大力做好火灾预防工作，力求防止火灾的发生。无数事实证明，只有人们具有较强的消防安全意识，自觉遵守消防法律法规，大多数火灾是可以预防的。

（二）防消结合

"防消结合"，就是要求把同火灾作斗争的两个基本手段——防火和灭火有机地结合起来，做到相辅相成、互相促进。通过预防虽然可以防止大多数火灾的发生，但火灾是经济发展的伴生物，从宏观来看，绝对杜绝火灾发生是不可能的，也是不现实的。因此，在千方百计做好预防火灾的同时，应切实做好扑救火灾的各项准备工作，加强公安消防队、企业事业专职消防队和志愿消防队等多种形式的消防队建设，搞好技术装备的配备，强化公共消防基础设施建设，提高灭火能力。一旦发生火灾，做到能够及时发现、有效扑救，最大限度地减少人员伤亡和财产损失。

二、消防工作的原则

《消防法》确立的消防工作的原则是：政府统一领导、部门依法监管、单位全面负责、公民积极参与。这一原则是消防工作实践经验的总结和客观规律的反映，也是对四个层面责任主体消防安全责任的概括体现。"政府"、"部门"、"单位"、"公民"四者都是消防工作的主体，任何一方都非常重要，不可偏废，政府负领导责任，部门负监管责任，单位负主体责任，公民有参与的权利和义务，共同构筑消防安全工作的格局。

（一）政府统一领导

消防安全是政府社会管理和公共服务的重要内容，是社会稳定经济发展的重要保障。各级人民政府必须加强对消防工作的领导，这是贯彻落实科学发展观、建设现代服务型政府、构建社会主义和谐社会的基本要求。关于各级人民政府消防工作的领导责任，《消防法》第三条做了原则规定："国务院领导全国的消防工作。地方各级人民政府负责本行政区域内的消防工作。各级人民政府应当将消防工作纳入国民经济和社会发展计划，保障消防工作与经济社会发展相适应。"另外，在火灾预防、灭火救援、消防组织、监督检查、法律责任等各章中都有具体规定。

（二）部门依法监管

部门依法监管是指在政府的统一领导下，不仅仅是公安机关消防机构有监管职责，各级公安、安全监管、建设、工商、质监、教育、人力资源和社会保障等政府的其他有关部门都有监管职责。公安消防机构是专门的消防工作监督管理部门，政府其他部门是在各自的职责范围内，依据《消防法》和有关法律法规及政策规定，依法履行相应的消防安全监管职责，对消防工作齐抓共管，这是消防工作的社会化属性决定的。

（三）单位全面负责

单位是社会的基本单元，也是社会消防安全管理的核心主体，国家的消防法律、法规和技术标准主要依靠单位贯彻落实，单位对消防安全和致灾因素的管理能力，反映了社会公共消防安全管理水平，在很大程度上决定了一个城市、一个地区的消防安全形势。"单位全面负责"包含以下方面：单位要对本单位的消防安全负责，单位的主要负责人是本单位的消防安全责任人；应当加强对本单位人员的消防宣传教育，落实消防安全责任制；组织防火检查，及时消除火灾隐患，保障建筑消防设施完好有效；制定灭火和应急疏散预案，组织消防演练；发生火灾，及时报警和组织扑救。

（四）公民积极参与

公民积极参与包含两个方面，首先公民是参与者，同时也是监督者。公民组成了单位和家庭，不论是单位还是家庭，公民有义务做好自己身边的消防安全工作。同时公民还有一个职责，就是要监督自己周边所发现的违法行为，对这些违法行为要给予制止，要给予检举揭发，以共同维护好消防安全工作。公民是消防工作的基础，没有广大人民群众的参与，消防工作就不会发展进步，全社会抗御火灾的能力就不会提高。《消防法》关于公民在消防工作中的责任和义务的规定主要有：任何人都有维护消防安全、保护消防设施、预防火灾、报告火警的义务。任何成年人都有参加有组织的灭火工作的义务；任何人不得损坏、挪用或者擅自拆除、停用消防设施、器材，不得埋压、圈占、遮挡消火栓或者占用防火间距，不得占用、堵塞、封闭疏散通道、安全出口、消防车通道；任何人发现火灾都应当立即报警。任何人都应当无偿为报警提供便利，不得阻拦报警。严禁谎报火警；火灾扑灭后，相关人员应当按照公安机关消防机构的要求保护现场，接受事故调查，如实提供与火灾有关的情况。

三、消防安全责任制度

《消防法》明确规定：消防工作实行消防安全责任制。这是我国做好消防工作的经验总结，也是从无数火灾中得出的教训。消防安全责任制对于一个城市、一个地区来说，首先是政府对消防工作负有领导责任，地方各级人民政府应当对本行政区域内的消防工作负责；对于一个单位来说，首先是单位的法定代表人或者主要负责人应当对本单位的消防安全工作全面负责，并在单位内部实行和落实逐级防火责任制和岗位防火责任制。每位分管领导应当对自己分管工作范围内的消防安全工作负责，各部门、各班组负责人以及每个岗位的人员应当对自己管辖工作范围内的消防安全负责，切实做到"谁主管，谁负责；谁在岗，谁负责"，保证消防法律法规的贯彻执行，保证消防安全措施落实到实处。实践证明，实行消防安全责任制，进一步强化消防工作各主体的消防安全责任，建立覆盖全社会的消防安全工作责任机制，有利于增强全社会的消防安全意识，有利于调动各部门、各单位和广大群众做好消防安全工作的积极性。只有"政府"、"部门"、"单位"、"公民"四方责任主体在消防安全方面各尽其责，才能使每个单位、每个家庭乃至每个人的消防安全得到有效保障，才能进一步提高全社会整体抗御火灾的能力。

本章【学习目标】

通过学习，要求五个等级的建（构）筑物消防员都必须掌握火灾的定义及分类，火灾的危害及特征，消防工作的特点及主要目的，消防工作的方针和原则，消防安全责任制度等有关基础知识。

思考与练习题

1. 简述火灾的定义。
2. 简述火灾的危害性。
3. 按可燃物的类型和燃烧特性将火灾定义为哪几种类别？
4. 火灾按损失严重程度分哪几类？
5. 消防工作的主要目的是什么？
6. 消防工作的方针是什么？
7. 消防工作的原则是什么？
8. 消防工作为什么要实行消防安全责任制？

第二章　燃烧基础知识

第一节　燃烧的本质与条件

一、燃烧的定义

在国家标准《消防基本术语·第一部分》（GB5907－86）中将燃烧定义为：可燃物与氧化剂作用发生的放热反应，通常伴有火焰、发光和（或）发烟的现象。燃烧应具备三个特征，即化学反应、放热和发光。

燃烧过程中的化学反应十分复杂。可燃物质在燃烧过程中，生成了与原来完全不同的新物质。燃烧不仅在空气（氧）存在时能发生，有的可燃物在其他氧化剂中也能发生燃烧。

二、燃烧的本质

近代连锁反应理论认为：燃烧是一种游离基的连锁反应（也称链反应），即由游离基在瞬间进行的循环连续反应。游离基又称自由基或自由原子，是化合物或单质分子中的共价键在外界因素（如光、热）的影响下，分裂而成含有不成对电子的原子或原子基团，它们的化学活性非常强，在一般条件下是不稳定的，容易自行结合成稳定分子或与其他物质的分子反应生成新的游离基。当反应物产生少量的活化中心——游离基时，即可发生链反应。只要反应一经开始，就可经过许多连锁步骤自行加速发展下去（瞬间自发进行若干次），直至反应物燃尽为止。当活化中心全部消失（即游离基消失）时，链反应就会终止。链反应机理大致分为链引发、链传递和链终止三个阶段。

综上所述，物质燃烧是氧化反应，而氧化反应不一定是燃烧，能被氧化的物质不一定都是能够燃烧的物质。可燃物质的多数氧化反应不是直接进行的，而是经过一系列复杂的中间反应阶段，不是氧化整个分子，而是氧化链反应中间产物——游离基或原子。可见，燃烧是一种极其复杂的化学反应，游离基的链反应是燃烧反应的实质，光和热是燃烧过程中发生的物理现象。

三、燃烧的条件

（一）燃烧的必要条件

燃烧现象十分普遍，但任何物质发生燃烧，都有一个由未燃烧状态转向燃烧状态的过程。燃烧过程的发生和发展都必须具备以下三个必要条件，即：可燃物、助燃物（又称氧化剂）和引火源。上述三个条件通常被称为燃烧三要素。只有这三个要素同时具备的情况下可燃物才能够发生燃烧，无论缺少哪一个，燃烧都不能发生。燃烧的三个必要条件可用"燃烧三角形"来表示，见图2-1所示。

1. 可燃物
（1）可燃物的含义
凡是能与空气中的氧或其他氧化剂起燃烧反应的物质，均称为可燃物。

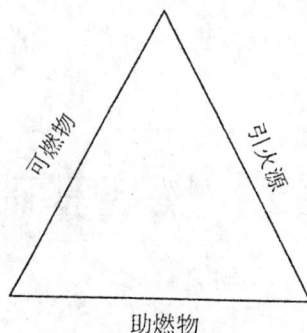

图 2-1　燃烧三角形

（2）可燃物的类型

自然界中的可燃物种类繁多，若按其物理状态分，有固体、液体和气体三大类可燃物。不同状态的同一种物质燃烧性能是不同的。一般来讲，气体比较容易燃烧，其次是液体，第三是固体。

凡是遇明火、热源能在空气（氧化剂）中燃烧的固体物质，都称为可燃固体。如棉、麻、木材、稻草等天然纤维，稻谷、大豆、苞米等谷物及其制品，涤纶、维纶、锦纶、腈纶等合成纤维及其制品，聚乙烯、聚丙烯、聚苯乙烯等合成树脂及其制品，天然橡胶、合成橡胶及其制品等。

凡是在空气中能发生燃烧的液体，都称为可燃液体。液体可燃物大多数是有机化合物，分子中都含有碳、氢原子，有些还含有氧原子。其中有不少是石油化工产品，有的产品本身或其燃烧时分解产物都具有一定的毒性。

凡是在空气中能发生燃烧的气体，都称为可燃气体。可燃气体在空气中需要与空气的混合比在一定浓度范围内（即燃烧最低浓度），并还要一定的温度（即着火温度）才能发生燃烧。

2. 助燃物

凡与可燃物质相结合能导致燃烧的物质称为助燃物（也称氧化剂）。通常燃烧过程中的助燃物主要是氧，它包括游离的氧或化合物中的氧。空气中含有大约21%的氧，可燃物在空气中的燃烧以游离的氧作为氧化剂，这种燃烧是最普遍的。此外，某些物质也可作为燃烧反应的助燃物，如氯、氟、氯酸钾等。也有少数可燃物，如低氮硝化纤维、硝酸纤维的赛璐珞等含氧物质，一旦受热后，能自动释放出氧，不需外部助燃物就可发生燃烧。

3. 引火源

凡使物质开始燃烧的外部热源，统称为引火源（也称着火源）。引火源温度越高，越容易点燃可燃物质。根据引起物质着火的能量来源不同，在生产生活实践中引火源通常有明火、高温物体、化学热能、电热能、机械热能、生物能、光能和核能等。

（二）燃烧的充分条件

具备了燃烧的必要条件，并不意味着燃烧必然发生。发生燃烧还应有"量"方面的要求，这就是发生燃烧或持续燃烧的充分条件。可见，"三要素"彼此要达到一定的量变才能发生质变。燃烧发生的充分条件是：

1. 一定的可燃物浓度

可燃气体或蒸气只有达到一定浓度，才会发生燃烧或爆炸。例如，在常温下用火柴等明火接触煤油，煤油并不立即燃烧，这是因为在常温下煤油表面挥发的煤油蒸气量不多，没有达到燃烧所需的浓度，虽有足够的空气和火源接触，也不能发生燃烧。

12

2. 一定的氧气含量

实验证明，各种不同可燃物发生燃烧，均有本身固定的最低氧含量要求。低于这一浓度，虽然燃烧的其他条件全部具备，但燃烧仍然不能发生。如将点燃的蜡烛用玻璃罩罩起来，不使周围空气进入，这样经过较短的时间，蜡烛火焰就会熄灭。因此，可燃物发生燃烧需要有一个最低氧含量要求，低于这一浓度，燃烧就不会发生。可燃物质不同，燃烧所需要的含氧量也不同，如汽油燃烧的最低含氧量要求为 14.4%，煤油为 15%。

3. 一定的点火能量

不管何种形式的引火源，都必须达到一定的强度才能引起燃烧反应。所需引火源的强度，取决于可燃物质的最小点火能量即引燃温度，低于这一能量，燃烧便不会发生。不同可燃物质燃烧所需的引燃温度各不相同。例如汽油的最小点火能量为 0.2mJ，乙醚最小点火能量为 0.19mJ。

4. 相互作用

燃烧不仅需具备必要和充分条件，而且还必须使燃烧条件相互结合、相互作用，燃烧才会发生或持续。否则，燃烧也不能发生。例如在办公室里有桌、椅、门、窗帘等可燃物，有充满空间的空气，有火源（电源），存在燃烧的基本要素，可并没有发生燃烧现象，这就是因为这些条件没有相互结合、相互作用的缘故。

第二节　燃烧类型

燃烧按其发生瞬间的特点不同，分为闪燃、着火、自燃、爆炸四种类型。

一、闪燃

（一）闪燃的含义

在液体表面上能产生足够的可燃蒸气，遇火能产生一闪即灭的燃烧现象称为闪燃。

在一定温度下条件下，液态可燃物表面会产生可燃蒸气，这些可燃蒸气与空气混合形成一定浓度的可燃性气体，当其浓度不足以维持持续燃烧时，遇火源能产生一闪即灭的火苗或火光，形成一种瞬间燃烧现象。可燃液体之所以会发生一闪即灭的闪燃现象，是因为液体在闪燃温度下蒸发速度较慢，所蒸发出来的蒸气仅能维持短时间的燃烧，而来不及提供足够的蒸气补充维持稳定的燃烧，故闪燃一下就熄灭了。闪燃往往是可燃液体发生着火的先兆。从消防角度来说，闪燃就是危险的警告。

（二）物质的闪点

1. 闪点的含义

在规定的试验条件下，液体表面能产生闪燃的最低温度，称为闪点，以"℃"表示。

闪点是评定液体火灾危险性大小的重要参数。闪点越低，火灾危险性就越大；反之，则越小。表2-1 列出了部分易燃和可燃液体的闪点。

2. 闪点在消防上的应用

（1）根据闪点，将能燃烧的液体分为易燃液体和可燃液体。

（2）根据闪点，将液体生产、加工、储存场所的火灾危险性分为甲（闪点 <28℃ 的液体）、乙（闪点 ≥28℃，但 <60℃ 的液体）、丙（闪点 ≥60℃ 的液体）三个类别，以便根据其火灾危险性的大小采取相应的消防安全措施。

表 2-1　部分易燃和可燃液体的闪点

名称	闪点（℃）	名称	闪点（℃）	名称	闪点（℃）
汽油	-50	甲醇	11.1	苯	-14
煤油	37.8	乙醇	12.78	甲苯	5.5
柴油	60	正丙醇	23.5	乙苯	23.5
原油	-6.7	乙烷	-20	丁苯	30.5

二、着火

（一）着火的含义

可燃物质在空气中与火源接触，达到某一温度时，开始产生有火焰的燃烧，并在火源移去后仍能持续并不断扩大的燃烧现象，称为着火。

着火就是燃烧的开始，且以出现火焰为特征，这是日常生产、生活中最常见的燃烧现象。

（二）物质的燃点

在规定的试验条件下，应用外部热源使物质表面起火并持续燃烧一定时间所需的最低温度，称为燃点或着火点，以"℃"表示。

表 2-2 列出了部分可燃物质的燃点。根据可燃物的燃点高低，可以衡量其火灾危险程度。物质的燃点越低，则越容易着火，火灾危险性也就越大。

一切可燃液体的燃点都高于闪点。燃点对于可燃固体和闪点较高的可燃液体，具有实际意义。控制可燃物质的温度在其燃点以下，就可以防止火灾的发生；用水冷却灭火，其原理就是将着火物质的温度降低到燃点以下。

表 2-2　部分可燃物质的燃点

物质名称	燃点（℃）	物质名称	燃点（℃）	物质名称	燃点（℃）
松节油	53	漆布	165	松木	250
樟脑	70	蜡烛	190	有机玻璃	260
赛璐珞（硝化纤维塑料）	100	麦草	200	醋酸纤维	320
纸	130	豆油	220	涤纶纤维	390
棉花	150	黏胶纤维	235	聚氯乙烯	391

三、自燃

（一）自燃的含义

可燃物质在没有外部火花、火焰等火源的作用下，因受热或自身发热并蓄热所产生的自然燃烧，称为自燃。即可燃物质在无外界引火源条件下，由于其自身所发生的物理、化学或生物变化而产生热量并积蓄，使温度不断上升，自行燃烧起来的现象。由于热的来源不同，物质自燃可分为受热自燃和本身自燃两类。

自燃现象引发火灾在自然界并不少见，如有些含硫、磷成分高的煤炭遇水常常发生氧化反应释放热量，如果煤层堆积过厚积热不散，就容易发生自燃火灾；工厂的油抹布堆积由于氧化发热并蓄热也会发生自燃引发火灾。

（二）物质的自燃点

在规定的条件下，可燃物质产生自燃的最低温度，称为自燃点。在这一温度时，物质与空气（氧）接触，不需要明火的作用，就能发生燃烧。自燃点是衡量可燃物质受热升温形成自燃危险性的依据。可燃物的自燃点越低，发生自燃的危险性就越大。表2-3列出了部分可燃物的自燃点。

表 2-3　部分可燃物的自燃点

物质名称	自燃点（℃）	物质名称	自燃点（℃）	物质名称	自燃点（℃）
黄磷	34～35	乙醚	170	棉籽油	370
三硫化四磷	100	溶剂油	235	桐油	410
赛璐珞（硝化纤维塑料）	150～180	煤油	240～290	芝麻油	410
赤磷	200～250	汽油	280	花生油	445
松香	240	石油沥青	270～300	菜籽油	446
锌粉	360	柴油	350～380	豆油	460
丙酮	570	重油	380～420	亚麻仁油	343

四、爆炸

（一）爆炸的含义

由于物质急剧氧化或分解反应产生温度、压力增加或两者同时增加的现象，称为爆炸。

从广义上说，爆炸是物质从一种状态迅速转变成另一状态，并在瞬间放出大量能量，同时产生声响的现象。在发生爆炸时，势能（化学能或机械能）突然转变为动能，有高压气体生成或者释放出高压气体，这些高压气体随之做机械功，如移动、改变或抛射周围的物体。一旦发生爆炸，将会对邻近的物体产生极大的破坏作用，这是由于构成爆炸体系的高压气体作用到周围物体上，使物体受力不平衡，从而遭到破坏。

（二）爆炸的分类

按爆炸过程的性质不同，通常将爆炸分为物理爆炸、化学爆炸和核爆炸三种类型。

1. 物理爆炸

物理爆炸是指装在容器内的液体或气体，由于物理变化（温度、体积和压力等因素）引起体积迅速膨胀，导致容器压力急剧增加，由于超压或应力变化使容器发生爆炸，且在爆炸前后物质的性质及化学成分均不改变的现象。如蒸汽锅炉、液化气钢瓶等爆炸，均属物理爆炸。

物理爆炸本身虽没有进行燃烧反应，但它产生的冲击力有可能直接或间接地造成火灾。

2. 化学爆炸

化学爆炸是指由于物质本身发生化学反应，产生大量气体并使温度、压力增加或两者同时增加而形成的爆炸现象。如可燃气体、蒸气或粉尘与空气形成的混合物遇火源而引起的爆炸，炸药的爆炸等都属于化学爆炸。化学爆炸的主要特点是：反应速度快，爆炸时放出大量的热能，产生大量气体和很大的压力，并发出巨大的响声。化学爆炸能够直接造成火灾，具有很大的破坏性，是消防工作中预防的重点。

3. 核爆炸

核爆炸是指由于原子核裂变或聚变反应，释放出核能所形成的爆炸。如原子弹、氢弹、中子弹的爆炸就属核爆炸。

（三）爆炸极限

1. 爆炸浓度极限

爆炸浓度极限（简称爆炸极限）是指可燃的气体、蒸气或粉尘与空气混合后，遇火会产生爆炸的最高或最低的浓度。气体、蒸气的爆炸极限，通常以体积百分比表示；粉尘通常用单位体积中的质量（g/m³）表示。其中遇火会产生爆炸的最低浓度，称为爆炸下限；遇火会产生爆炸的最高浓度，称为爆炸上限。

爆炸极限是评定可燃气体、蒸气或粉尘爆炸危险性大小的主要依据。爆炸上、下限值之间的范围越大，爆炸下限越低、爆炸上限越高，爆炸危险性就越大。混合物的浓度低于下限或高于上限时，既不能发生爆炸也不能发生燃烧。

2. 爆炸温度极限

爆炸温度极限是指可燃液体受热蒸发出的蒸气浓度等于爆炸浓度极限时的温度范围。由于液体的蒸气浓度是在一定温度下形成的，所以可燃液体除了有爆炸浓度极限，还有一个爆炸温度极限。

爆炸温度极限也有下限、上限之分。液体在该温度下蒸发出等于爆炸浓度下限的蒸气浓度，此时的温度称为爆炸温度下限（液体的爆炸温度下限就是液体的闪点）；液体在该温度下蒸发出等于爆炸浓度上限的蒸气浓度，此时的温度称为爆炸温度上限。爆炸温度上、下限值之间的范围越大，爆炸危险性就越大。例如乙醇的爆炸温度下限是11℃，上限是40℃。在11℃~40℃温度范围之内，乙醇蒸气与空气的混合物都有爆炸危险；乙醚的爆炸温度极限是-45℃~13℃，显然乙醚比乙醇的爆炸危险性大。

通常所说的爆炸极限，如果没有标明，就是指爆炸浓度极限。表2-4为常见液体爆炸浓度极限与爆炸温度极限的比较。

表2-4　常见液体爆炸浓度极限与爆炸温度极限的比较

液体名称	爆炸浓度极限（%）		爆炸温度极限（℃）	
	下限	上限	下限	上限
乙醇	3.3	18.0	11.0	40.0
甲苯	1.5	7.0	5.5	31.0
松节油	0.8	62.0	33.5	53.0
车用汽油	1.7	7.2	-38.0	-8.0
灯用煤油	1.4	7.5	40.0	86.0
乙醚	1.9	40.0	-45.0	13.0
苯	1.5	9.5	-14.0	19.0

第三节　燃烧过程及特点

一、可燃物的燃烧过程

当可燃物与其周围相接触的空气达到可燃物的点燃温度时，外层部分就会熔解、蒸发或分解并发生燃烧，在燃烧过程中放出热量和光。这些释放出来的热量又加热边缘的下一层，使其达到点燃温度，于是燃烧过程就不断地持续。

固体、液体和气体这三种状态的物质，其燃烧过程是不同的。固体和液体发生燃烧，需要经过分解和蒸发，生成气体，然后由这些气体与氧化剂作用发生燃烧。而气体物质不需要经过蒸发，可以直接燃烧。

二、可燃物的燃烧特点

（一）固体物质的燃烧特点

固体可燃物在自然界中广泛存在，由于其分子结构的复杂性、物理性质的不同，其燃烧方式也不相同。主要有下列四种方式：

1. 表面燃烧

蒸气压非常小或者难于热分解的可燃固体，不能发生蒸发燃烧或分解燃烧，当氧气包围物质的表层时，呈炽热状态发生无焰燃烧现象，称为表面燃烧。其过程属于非均相燃烧，特点是表面发红而无火焰。如木炭、焦炭以及铁、铜等的燃烧则属于表面燃烧形式。

2. 阴燃

阴燃是指物质无可见光的缓慢燃烧，通常产生烟和温度升高的迹象。

某些固体可燃物在空气不流通、加热温度较低或含水分较高时就会发生阴燃。这种燃烧看不见火苗，可持续数天，不易发现。易发生阴燃的物质，如成捆堆放的纸张、棉、麻以及大堆垛的煤、草、湿木材等。

阴燃和有焰燃烧在一定条件下能相互转化。如在密闭或通风不良的场所发生火灾，由于燃烧消耗了氧，氧浓度降低，燃烧速度减慢，分解出的气体量减少，即可由有焰燃烧转为阴燃。阴燃在一定条件下，如果改变通风条件，增加供氧量或可燃物中的水分蒸发到一定程度，也可能转变为有焰燃烧。火场上的复燃现象和固体阴燃引起的火灾等都是阴燃在一定条件下转化为有焰分解燃烧的例子。

3. 分解燃烧

分子结构复杂的固体可燃物，由于受热分解而产生可燃气体后发生的有焰燃烧现象，称为分解燃烧。如木材、纸张、棉、麻、毛、丝以及合成高分子的热固性塑料、合成橡胶等的燃烧就属这类形式。

4. 蒸发燃烧

熔点较低的可燃固体受热后融熔，然后与可燃液体一样蒸发成蒸气而发生的有焰燃烧现象，称为蒸发燃烧。如石蜡、松香、硫、钾、磷、沥青和热塑性高分子材料等的燃烧就属这类形式。

（二）液体物质的燃烧特点

1. 蒸发燃烧

易燃可燃液体在燃烧过程中，并不是液体本身在燃烧，而是液体受热时蒸发出来的液体蒸气被分解、氧化达到燃点而燃烧，即蒸发燃烧。其燃烧速度，主要取决于液体的蒸发速度，而蒸发速度又取决于液体接受的热量。接受热量愈多，蒸发量愈大，则燃烧速度愈快。

2. 动力燃烧

动力燃烧是指燃烧性液体的蒸发、低闪点液雾预先与空气或氧气混合，遇火源产生带有冲击力的燃烧。如雾化汽油、煤油等挥发性较强的烃类在气缸中的燃烧就属于这种形式。

3. 沸溢燃烧

含水的重质油品（如重油、原油）发生火灾，由于液面从火焰接受热量产生热波，热波向液体深层移动速度大于线性燃烧速度，而热波的温度远高于水的沸点。因此，热波在向液层深部移动过程中，使油层温度升上，油品黏度变小，油品中的乳化水滴在向下沉积的同时受向上运动的热油作用而蒸发成蒸气泡，这种表面包含有油品的气泡，比原来的水体积扩大千倍以上，气泡被油薄膜包围形成大量油泡群，液面上下像开锅一样沸腾，到储罐容纳不下时，油品就会像"跑锅"一样溢出罐外，这种现象称为沸溢。

4. 喷溅燃烧

重质油品储罐的下部有水垫层时，发生火灾后，由于热波往下传递，若将储罐底部的沉积水的温度加热到汽化温度，则沉积水将变成水蒸气，体积扩大，当形成的蒸汽压力大到足以把其上面的油层抬起，最后冲破油层将燃烧着的油滴和包油的油气抛向上空，向四周喷溅燃烧。

重质油品储罐发生沸溢和喷溅的典型征兆是：罐壁会发生剧烈抖动，伴有强烈的噪声，烟雾减少，火焰更加发亮，火舌尺寸变大，形似火箭。发生沸溢和喷溅会对灭火救援人员及消防器材装备等的安全产生巨大的威胁，因此，储罐一旦出现沸溢和喷溅的征兆，火场有关人员必须立即撤到安全地带，并应采取必要的技术措施，防止喷溅时油品流散、火势蔓延和扩大。

（三）气体物质的燃烧特点

可燃气体的燃烧不像固体、液体物质那样经熔化、蒸发等相变过程，而在常温常压下就可以任意比例与氧化剂相互扩散混合，完成燃烧反应的准备阶段。气体在燃烧时所需热量仅用于氧化或分解，或将气体加热到燃点，因此容易燃烧且燃烧速度快。

根据气体物质燃烧过程的控制因素不同，其燃烧有以下两种形式：

1. 扩散燃烧

可燃气体从喷口（管道口或容器泄漏口）喷出，在喷口处与空气中的氧边扩散混合、边燃烧的现象，称为扩散燃烧。其燃烧速度主要取决于可燃气体的扩散速度。气体（蒸气）扩散多少，就烧掉多少，这类燃烧比较稳定。例如，管道、容器泄漏口发生的燃烧，天然气井口发生的井喷燃烧等均属于扩散燃烧。扩散燃烧特点为扩散火焰不运动，可燃气体与气体氧化剂的混合在可燃气体喷口进行。对于稳定的扩散燃烧，只要控制得好，便不至于造成火灾，一旦发生火灾也易扑救。

2. 预混燃烧

可燃气体与助燃气体在燃烧之前混合，并形成一定浓度的可燃混合气体，被引火源点燃所引起的燃烧现象，称为预混燃烧。这类燃烧往往造成爆炸，也称爆炸式燃烧或动力燃烧。影响气体燃烧速度的因素主要包括气体的组成、可燃气体的浓度、可燃混合气体的初始温度、管道直径、管道材质等。许多火灾、爆炸事故是由预混燃烧引起的，如制气系统检修前不进行置换就烧焊，燃气系统开车前不进行吹扫就点火等。

第四节　燃烧产物

一、燃烧产物的含义和分类

（一）燃烧产物的含义

由燃烧或热解作用而产生的全部的物质，称为燃烧产物。它通常是指燃烧生成的气体、热量和烟雾等。

（二）燃烧产物的分类

燃烧产物分完全燃烧产物和不完全燃烧产物两类。可燃物质在燃烧过程中，如果生成的产物不能再燃烧，则称为完全燃烧，其产物为完全燃烧产物，如二氧化碳、二氧化硫等；可燃物质在燃烧过程中，如果生成的产物还能继续燃烧，则称为不完全燃烧，其产物为不完全燃烧产物，如一氧化碳、醇类等。

二、不同物质的燃烧产物

燃烧产物的数量及成分，随物质的化学组成以及温度、空气（氧）的供给情况等变化而有所不同。

1. 单质的燃烧产物

一般单质在空气中的燃烧产物为该单质元素的氧化物。如碳、氢、硫等燃烧就分别生成二氧化碳、水蒸气、二氧化硫，这些产物不能再燃烧，属于完全燃烧产物。

2. 化合物的燃烧产物

一些化合物在空气中燃烧除生成完全燃烧产物外，还会生成不完全燃烧产物。最典型的不完全燃烧产物是一氧化碳，它能进一步燃烧生成二氧化碳。特别是一些高分子化合物，受热后会产生热裂解，生成许多不同类型的有机化合物，并能进一步燃烧。

3. 合成高分子材料的燃烧产物

合成高分子材料在燃烧过程中伴有热裂解，会分解产生许多有毒或有刺激性的气体，如氯化氢、光气、氰化氢等。

4. 木材的燃烧产物

木材是一种化合物，主要由碳、氢、氧元素组成，主要以纤维素分子形式存在。木材在受热后发生热裂解反应，生成小分子产物。在200℃左右，主要生成二氧化碳、水蒸气、甲酸、乙酸、一氧化碳等产物；在280℃~500℃，产生可燃蒸汽及颗粒；到500℃以上则主要是碳，产生的游离基对燃烧有明显的加速作用。

三、燃烧产物的毒性

燃烧产物有不少是毒害气体，往往会通过呼吸道侵入或刺激眼结膜、皮肤黏膜使人中毒甚至死亡。据统计，在火灾中死亡的人约80%是由于吸入毒性气体中毒而致死的。一氧化碳是火灾中最危险的气体，其毒性在于与血液中血红蛋白的高亲和力，因而它能阻止人体血液中氧气的输送，引起头痛、虚脱、神志不清等症状，严重时会使人昏迷甚至死亡，表2-5所示为不同浓度的一氧化碳对人体的影响。近年来，合成高分子物质的使用迅速普及，这些物质燃烧时不仅会产生一氧化碳、二氧化碳，而且还会分解出乙醛、氯化氢、氰化氢等有毒气体，给人的生命安全造成更大的威胁，表2-6为部分主要有害气体的来源、对人的生理作用及致死浓度。

表2-5　不同浓度的一氧化碳对人体的影响

火场中一氧化碳的浓度（%）	人的呼吸时间（min）	中毒程度
0.1	60	头痛、呕吐
0.5	20～30	有致死的危险
1.0	1～2	可中毒死亡

表2-6　部分主要有害气体的来源、对人的生理作用及致死浓度

有害气体的来源	主要的生理作用	短期（10min）估计致死浓度（ppm）
木材、纺织品、聚丙烯腈尼龙、聚氨酯等物质燃烧时分解出的氰化氢	一种迅速致死、窒息性的毒物	350
纺织物燃烧时产生二氧化氮和其他氮的氧化物	肺的强刺激剂，能引起即刻死亡及滞后性伤害	＞200
由木材、丝织品、尼龙以及三聚氰胺燃烧产生的氨气	强刺激剂，对眼、鼻有强烈刺激作用	＞1000
PVC电绝缘材料，其他含氯高分子材料及阻燃处理物热分解产生的氯化氢	呼吸道刺激剂，吸附于微粒上的氯化氢的潜在危险性较之等量的气体氯化氢要大	＞500，气体或微粒存在时
氟化树脂类或薄膜类以及某些含溴阻燃材料热分解产生的含卤酸气体	呼吸刺激剂 HF≈400 COF2≈100 HBr＞500	
含硫化合物及含硫物质燃烧分解产生的二氧化硫	强刺激剂，在远低于致死浓度下即使人难以忍受	＞500
由聚烯烃和纤维素低温热解（400℃）产生的丙醛	潜在的呼吸刺激剂	30～100

四、烟气

（一）烟气的含义

由燃烧或热解作用所产生的悬浮在大气中可见的固体和（或）液体微粒总和称为烟气。

（二）烟气的产生

当建、构筑物发生火灾时，建筑材料及装修材料、室内可燃物等在燃烧时所产生的生成物主要是烟气。不论是固态物质或是液态物质、气态物质在燃烧时，都要消耗空气中大量的氧，并产生大量炽热的烟气。

（三）烟气的危害性

火灾产生的烟气是一种混合物，其中含有一氧化碳、二氧化碳、氯化氢等大量的各种有毒性气体和固体碳颗粒。其危害性主要表现在烟气具有毒害性、减光性和恐怖性。

1. 烟气的毒害性

人生理正常所需要的氧浓度应＞16%，而烟气中含氧量往往低于此数值。有关试验表明：当空气

中含氧量降低到15%时，人的肌肉活动能力下降；降到10%～14%时，人就四肢无力，智力混乱，辨不清方向；降到6%～10%时，人就会晕倒；低于6%时，人接触短时间就会死亡。据测定，实际的着火房间中氧的最低浓度可降至3%左右，可见在发生火灾时人们要是不及时逃离火场是很危险的。

另外，火灾中产生的烟气中含有大量的各种有毒气体，其浓度往往超过人的生理正常所允许的最高浓度，造成人员中毒死亡。试验表明：一氧化碳浓度达到1%时，人在1min内死亡；氢氰酸的浓度达到270ppm，人立即死亡；氯化氢的浓度达到2000ppm以上时，人在数分钟内死亡；二氧化碳的浓度达到20%时，人在短时间内死亡。

2. 烟气的减光性

可见光波的波长为0.4μm～0.7μm，一般火灾烟气中烟粒子粒径为几微米到几十微米，即烟粒子的粒径大于可见光的波长，这些烟粒子对可见光是不透明的，其对可见光有完全的遮蔽作用，当烟气弥漫时，可见光因受到烟粒子的遮蔽而大大减弱，能见度大大降低，这就是烟气的减光性。

3. 烟气的恐怖性

发生火灾时，火焰和烟气冲出门窗孔洞，浓烟滚滚，烈火熊熊，使人产生了恐怖感，有的人甚至失去理智，惊慌失措，往往给火场人员疏散造成混乱局面。

五、火焰、燃烧热和燃烧温度

（一）火焰

1. 火焰的含义及构成

火焰（俗称火苗），是指发光的气相燃烧区域。火焰是由焰心、内焰、外焰三个部分构成的。

2. 火焰的颜色

火焰的颜色取决于燃烧物质的化学成分和氧化剂的供应强度。大部分物质燃烧时火焰是橙红色的，但有些物质燃烧时火焰具有特殊的颜色，如硫黄燃烧的火焰是蓝色的，磷和钠燃烧的火焰是黄色的。

火焰的颜色与燃烧温度有关，燃烧温度越高，火焰就越接近蓝白色。

火焰的颜色与可燃物的含氧量及含碳量也有关。含氧量达到50%以上的可燃物质燃烧时，火焰几乎无光。如一氧化碳等物质在较强的光照下燃烧，几乎看不到火焰；含氧量在50%以下的，发出显光（光亮或发黄光）的火焰；相反，如果燃烧物的含碳量达到60%以上，则发出显光且带有大量黑烟的火焰。

（二）燃烧热和燃烧温度

1. 燃烧热

燃烧热是指单位质量的物质完全燃烧所释放出的热量。燃烧热值愈高的物质燃烧时火势愈猛，温度愈高，辐射出的热量也愈多。物质燃烧时，都能放出热量。这些热量被消耗于加热燃烧产物，并向周围扩散。可燃物质的发热量，取决于物质的化学组成和温度。

2. 燃烧温度

燃烧温度是指燃烧产物被加热的温度。不同可燃物质在同样条件下燃烧时，燃烧速度快的比燃烧速度慢的燃烧温度高；在同样大小的火焰下，燃烧温度越高，它向周围辐射出的热量就越多，火灾蔓延的速度就越快。

六、燃烧产物对火灾扑救工作的影响

燃烧产物对火灾扑救工作的影响，分有利和不利两个方面。

（一）燃烧产物对火灾扑救工作的有利方面

1. 在一定条件下可以阻止燃烧进行

完全燃烧的产物都是不燃的惰性气体，如二氧化碳、水蒸气等。如果室内发生火灾，随着这些惰性气体的增加，空气中的氧浓度相对减少，燃烧速度会减慢；如果关闭通风的门、窗、孔洞，也会使燃烧速度减慢，直至燃烧停止。

2. 为火情侦察和寻找火源点提供参考依据

不同的物质燃烧，不同的燃烧温度，在不同的风向条件下，烟雾的颜色、浓度、气味、流动方向也各不相同。在火场上，通过烟雾的这些特征（表2-7中列举了部分可燃物的烟雾特征），消防人员可以大致判断燃烧物质的种类、火势蔓延方向、火灾阶段等。

表 2-7　部分可燃物的烟雾特征

可燃物	烟雾特征		
	颜色	嗅	味
磷	白色	大蒜嗅	—
镁	白色	—	金属味
钾	浓白色	—	碱味
硫黄	—	硫嗅	酸味
橡胶	棕黑色	硫嗅	酸味
硝基化合物	棕黄色	刺激嗅	酸味
石油产品	黑色	石油嗅	稍有酸味
棉、麻	黑褐色	烧纸嗅	稍有酸味
木材	灰黑色	树脂嗅	稍有酸味
有机玻璃	—	芳香	稍有酸味

（二）燃烧产物对火灾扑救工作的不利方面

1. 妨碍灭火和被困人员行动

烟气具有减光性，会使火场能见度降低，影响人的视线。人在烟雾中的能见距离，一般为30cm。人在浓烟中往往辨不清方向，因而严重妨碍人员安全疏散和消防人员灭火救援。

2. 有引起人员中毒、窒息的危险

燃烧产物中有不少是有毒性气体，特别是有些建筑使用塑料和化纤制品做装饰装修材料，这类物质一旦着火就能分解产生大量有毒、有刺激性的气体，往往会通过呼吸道侵入皮肤黏膜或刺激眼结膜，使人中毒、窒息甚至死亡，严重威胁着人员生命安全。因此，在火灾现场做好个人安全防护和防排烟是非常重要的。

3. 高温会使人员烫伤

燃烧产物的烟气中载有大量的热，温度较高，高温可以使人的心脏加快跳动，产生判断错误；人在这种高温、湿热环境中极易被灼伤、烫伤。研究表明，当环境温度达到43℃时，人体皮肤的毛细血管扩张爆裂，当在100℃环境下，一般人只能忍受几分钟，就会使口腔及喉头肿胀而发生窒息，丧失逃生能力。

4. 成为火势发展蔓延的因素

燃烧产物有很高的热能，火灾时极易因热传导、热对流或热辐射引起新的火点，甚至促使火势形成轰燃的危险。某些不完全燃烧产物能继续燃烧，有的还能与空气形成爆炸性混合物。

第五节　影响火灾发展变化的主要因素

火灾发展变化虽然比较复杂，但就一种物质发生燃烧时来说，火灾的发展变化有其固有的规律性。除取决于可燃物的性质和数量外，同时也受热传播、爆炸、建（构）筑物的耐火等级以及气象等因素的影响。

一、热传播对火灾发展变化的影响

火灾的发生发展，始终伴随着热传播过程。热传播是影响火灾发展的决定性因素。热传播的途径主要有热传导、热辐射和热对流。

（一）热传导

1. 热传导的含义

热传导是指物体一端受热，通过物体的分子热运动，把热量从温度较高一端传递到温度较低的另一端的过程。

2. 热传导对火灾发生变化的影响

热总是从温度较高部位，向温度较低部位传导。温度差愈大，导热方向的距离愈近，传导的热量就愈多。火灾现场燃烧区温度愈高，传导出的热量就愈多。

固体、液体和气体物质都有这种传热性能。其中固体物质是最强的热导体，液体物质次之，气体物质较弱。其中金属材料为热的优良导体，非金属固体多为不良导体。

在其他条件相同时，物质燃烧时间越长，传导的热量越多。有些隔热材料虽然导热性能差，但经过长时间的热传导，也能引起与其接触的可燃物着火。

（二）热辐射

1. 热辐射的含义及其特点

热辐射是指以电磁波形式传递热量的现象。

热辐射具有以下特点：热辐射不需要通过任何介质，不受气流、风速、风向的影响，通过真空也能进行热传播；固体、液体、气体这三种物质都能把热以电磁波的形式辐射出去，也能吸收别的物体辐射出来的热能；当有两物体并存时，温度较高的物体将向温度较低物体辐射热能，直至两物体温度渐趋平衡。

2. 热辐射对火灾发生变化的影响

实验证明：一个物体在单位时间内辐射的热量与其表面积的绝对温度的四次方成正比。热源温度愈高，辐射强度越大。当辐射热达到可燃物质自燃点时，便会立即引起着火。

受辐射物体与辐射热源之间的距离越大，受到的辐射热越小。反之，距离愈小，接受的辐射热愈多；辐射热与受辐射物体的相对位置有关，当辐射物体辐射面与受辐射物体处于平行位置时，受辐射物体接受到的热量最高；物体的颜色愈深、表面愈粗糙，吸收的热量就愈多；表面光亮、颜色较淡，反射的热量愈多，则吸收的热量就愈少。

当火灾处于发展阶段时，热辐射成为热传播的主要形式。

（三）热对流

1. 热对流的含义

热对流是指热量通过流动介质，由空间的一处传播到另一处的现象。

2. 热对流的方式

根据引起热对流的原因而论，分为自然对流和强制对流两种方式；按流动介质的不同，热对流又分为气体对流和液体对流两种方式。

（1）自然对流。它是指流体的运动是由自然力所引起的，也就是因流体各部分的密度不同而引起的。如高温设备附近空气受热膨胀向上流动及火灾中高温热烟的上升流动，而冷（新鲜）空气则与其做相反方向流动。

（2）强制对流。它是指流体微团的空间移动是由机械力引起的。如通过鼓风机、压缩机、泵等，使气体、液体产生强制对流。火灾发生时，若通风机械还在运行，就会成为火势蔓延的途径。使用防烟、排烟等强制对流设施，就能抑制烟气扩散和自然对流。地下建筑发生火灾，用强制对流改变风流或烟气流的方向，可有效地控制火势的发展，为最终扑灭火灾创造有利条件。

（3）气体对流。气体对流对火灾发展蔓延有极其重要的影响，燃烧引起了对流，对流助长了燃烧；燃烧愈猛烈，它所引起的对流作用愈强；对流作用愈强，燃烧愈猛烈。

（4）液体对流。当液体受热后受热部分因体积膨胀、比重减轻而上升，而温度较低、比重较大的部分则下降，在这种运动的同时进行着热传递，最后使整个液体被加热。盛装在容器内的可燃液体，通过对流能使整个液体升温，蒸发加快，压力增大，就有可能引起容器的爆裂。

3. 热对流对火灾发生变化的影响

热对流是影响初期火灾发展的最主要因素。实验证明：热对流速度与通风口面积和高度成正比。通风孔洞愈多，各个通风孔洞的面积愈大、愈高，热对流速度愈快；风能加速气体对流。风速愈大，不仅对流愈快，而且能使房屋表面出现正负压力，在建（构）筑物周围形成旋风地带；风向改变，会改变气体对流方向；燃烧时火焰温度愈高，与环境温度的温差愈大，热对流速度愈快。

二、爆炸对火灾发生变化的影响

爆炸冲击波能将燃烧着的物质抛散到高空和周围地区，如果燃烧的物质落在可燃物体上就会引起新的火源，造成火势蔓延扩大。

爆炸冲击波能破坏难燃结构的保护层，使保护层脱落，可燃物体暴露于表面，这就为燃烧面积迅速扩大增加了条件。由于冲击波的破坏作用，使建筑结构发生局部变形或倒塌，增加空隙和孔洞，其结果必然会使大量的新鲜空气流入燃烧区，燃烧产物迅速流出室外。在此情况下，气体对流大大加强，促使燃烧强度剧增，助长火势迅速发展。同时，由于建筑物孔洞大量增加，气体对流的方向发生变化，火势蔓延方向也会随着改变。如果冲击波将炽热火焰冲散，使火焰穿过缝隙或不严密之处，进入建筑结构的内部空洞，也会引起该部位的可燃物质发生燃烧。火场如果有沉浮在物体表面上的粉尘，爆炸的冲击波会使粉尘扬撒于空间，与空气形成爆炸性混合物，可能发生再次爆炸或多次爆炸。

当可燃气体、液体和粉尘与空气混合发生爆炸时，爆炸区域内的低燃点物质，顷刻之间全部发生燃烧，燃烧面积迅速扩大。火场上发生爆炸，不仅对火势发展变化有极大影响，而且对扑救人员和附近群众也有严重威胁。因此，在灭火战斗过程中，及时采取措施，防止和消除爆炸危险，十分重要。

三、建筑耐火等级对火灾发生变化的影响

建筑耐火等级，是衡量建筑耐火程度的标准，火灾实例说明，耐火等级高的建筑，火灾时烧坏、倒塌的很少，造成的损失也小，而耐火等级低的建筑，火灾时不耐火，燃烧快，损失也大。因此，为了保证建筑物的安全，必须采取必要的防火措施，使之具有一定的耐火性，即使发生了火灾也不至于造成太大的损失。另外，在灭火时应根据建筑耐火等级，充分利用各种有利条件，赢得时间，有效地控制火势发展，顺利地扑灭火灾。

四、气象条件对火灾发生变化的影响

大量火灾表明，风、湿度、气温、季节等气象条件对火势的发展和蔓延都有一定程度的影响，其中以风和湿度影响最大。

风对火势发展有决定性影响，尤其对露天火灾，受风的影响更大。风速愈大，对流速度愈快，燃烧和蔓延速度也愈快；风向改变，燃烧、蔓延方向也会随之改变。一般而言，火向顺风蔓延。但火场上的风向并不很稳定，火灾初起与火灾发展阶段时的风向有时并不一致，可能会受到燃烧产生的热对流影响，出现反方向的强风，形成火的旋涡。大风天会形成飞火，迅速扩大燃烧范围。

可燃材料的含水率与空气的湿度有关。干燥的可燃材料易起火，燃烧速度也快；潮湿的可燃材料不易起火。众所周知，在雨季，许多物体都呈潮湿状态，着火的可能性相对减小。在干燥的季节，风干物燥，易于起火成灾，也易蔓延。

第六节　防火与灭火的基本原理

一、防火的基本原理和措施

根据燃烧基本理论，只要防止形成燃烧条件，或避免燃烧条件同时存在并相互作用，就可以达到防火的目的。有关防火的基本原理和措施见表 2-8 所示。

二、灭火的基本原理和措施

根据燃烧基本理论，只要破坏已经形成的燃烧条件，就可使燃烧熄灭，最大限度地减少火灾危害。有关灭火的基本原理和措施见表 2-9 所示。

表 2-8　防火基本原理和措施

措施	原理	措施举例
控制可燃物	破坏燃烧爆炸的基础	1. 限制可燃物质储运量； 2. 用不燃或难燃材料代替可燃材料； 3. 加强通风，降低可燃气体或蒸气、粉尘在空间的浓度； 4. 用阻燃剂对可燃材料进行阻燃处理，以提高防火性能； 5. 及时清除洒漏地面的易燃、可燃物质等。
隔绝空气	破坏燃烧爆炸的助燃条件	1. 充惰性气体保护生产或储运有爆炸危险物品的容器、设备等； 2. 密闭有可燃介质的容器、设备； 3. 采用隔绝空气等特殊方法储运有燃烧爆炸危险的物质； 4. 隔离与酸、碱、氧化剂等接触能够燃烧爆炸的可燃物和还原剂。
消除引火源	破坏燃烧的激发能源	1. 消除和控制明火源； 2. 安装避雷、接地设施，防止雷击、静电； 3. 防止撞击火星和控制摩擦生热； 4. 防止日光照射和聚光作用； 5. 防止和控制高温物。
阻止火势蔓延	不使新的燃烧条件形成	1. 在建筑之间留足防火间距、设置防火分隔设施； 2. 在气体管道上安装阻火器、安全水封； 3. 有压力的容器设备，安装防爆膜（片）、安全阀； 4. 在能形成爆炸介质的场所，设置泄压门窗、轻质屋盖等。

表 2-9 灭火基本原理和措施

措施	原理	措施举例
冷却法	降低燃烧物的温度	1. 用直流水喷射着火物； 2. 不间断地向着火物附近的未燃烧物喷水降温等。
窒息法	消除助燃物	1. 封闭着火的空间； 2. 往着火的空间充灌惰性气体、水蒸气； 3. 用湿棉被、湿麻袋等捂盖已着火的物质； 4. 向着火物上喷射二氧化碳、干粉、泡沫、喷雾水等。
隔离法	使着火物与火源隔离	1. 将未着火物质搬迁转移到安全处； 2. 拆除毗连的可燃建（构）筑物； 3. 关闭燃烧气体（液体）的阀门，切断气体（液体）来源； 4. 用沙土等堵截流散的燃烧液体； 5. 用难燃或不燃物体遮盖受火势威胁的可燃物质等。
抑制法	中断燃烧链式反应	往着火物上直接喷射气体、干粉等灭火剂，覆盖火焰，中断燃烧链式反应。

本章【学习目标】

通过学习，要求初、中级建（构）筑物消防员基本了解燃烧的定义、燃烧的本质、燃烧的条件、燃烧的类型、燃烧的过程及特点、燃烧产物，重点掌握影响火灾发展的主要因素、防火与灭火的基本原理，高级以上建（构）筑物消防员必须全面掌握本章各节的基础知识。

思考与练习题

1. 简述燃烧的定义。
2. 简述燃烧的必要条件和充分条件。
3. 何谓可燃物？
4. 何谓助燃物？
5. 何谓引火源？
6. 燃烧分为哪几种类型？
7. 简述闪燃、着火、自燃、爆炸的含义。
8. 何谓物质的着火点、自燃点和闪点？
9. 爆炸分为哪几类？
10. 何谓爆炸极限？
11. 简述固体、气体、液体物质的燃烧过程。
12. 简述固体物质的燃烧特点。
13. 何谓沸溢燃烧？
14. 简述燃烧产物的含义及分类。
15. 简述烟气的含义及危害性。
16. 简述燃烧产物对火灾扑救工作的不利方面。

17. 简述热传导、热对流、热辐射的含义及对火灾发展变化的影响。
18. 简述热对流的几种方式。
19. 简述防火的基本原理和措施。
20. 简述灭火的基本原理和措施。

第三章 危险化学品基础知识

第一节 危险化学品定义和分类

一、危险化学品的定义

危险品系指有爆炸、易燃、毒害、感染、腐蚀、放射性等危险特性，在运输、储存、生产、经营、使用和处置中，容易造成人身伤亡、财产损毁或环境污染而需要特别防护的物品。

一般认为，只要此类危险品为化学品，那么它就是危险化学品。

二、危险化学品的分类

危险化学品品种繁多，危险化学品的分类是一个比较复杂的问题。根据现行标准，可以有不同的分类方法：

（一）按危险货物的危险性或最主要危险性分类

根据国家标准《危险货物分类和品名编号》（GB6944－2005）和《危险货物品名表》（GB12268－2005），将危险品分成九大类：

1. 爆炸品

指在外界条件作用下（如受热、摩擦、撞击等）能发生剧烈的化学反应，瞬间产生大量的气体和热量，使周围的压力急剧上升，发生爆炸，对周围环境、设备、人员造成破坏和伤害的物品。包括爆炸性物质、爆炸性物品和为产生爆炸或烟火实际效果而制造的前述两项中未提及的物质或物品。

2. 气体

指在 50℃时，蒸气压力大于 300kPa 的物质或 20℃时在 101.3kPa 标准压力下完全是气态的物质。包括压缩气体、液化气体、溶解气体和冷冻液化气体、一种或多种气体与一种或多种其他类别物质的蒸气的混合物、充有气体的物品和烟雾剂。

易燃气体是指在 20℃和 101.3kPa 条件下与空气的混合物按体积分数占 13% 或更少时可点燃的气体；或不论易燃下限如何，与空气混合，燃烧范围体积分数至少为 12% 的气体。

3. 易燃液体

指在其闪点温度（其闭杯试验闪点不高于 60.5℃，或其开杯试验闪点不高于 65.6℃）时放出易燃蒸气的液体或液体混合物，或是在溶液或悬浮液中含有固体的液体。

4. 易燃固体、易于自燃的物质、遇水放出易燃气体的物质

易燃固体指燃点低，对热、撞击、摩擦敏感，易被外部火源点燃，迅速燃烧，能散发有毒烟雾或有毒气体的固体。

易于自燃的物质指自燃点低，在空气中易于发生氧化反应放出热量，而自行燃烧的物品。如黄磷、三氯化钛等。

遇水放出易燃气体的物质指与水相互作用易变成自燃物质或能放出达到危险数量的易燃气体的物

质。如金属钠、氢化钾等。

5. 氧化性物质和有机过氧化物

氧化性物质是指本身不一定可燃，但通常因放出氧或起氧化反应可能引起或促使其他物质燃烧的物质。如氯酸铵、高锰酸钾等。

有机过氧化物指在其分子组成中含有过氧基的有机物质，该类物质为热不稳定物质，可能发生放热的自加速分解。如过氧化苯甲酰、过氧化甲乙酮等。

6. 毒性物质和感染性物质

毒性物质指经吞食、吸入或皮肤接触后可能造成死亡或严重受伤或健康损害的物质。如各种氰化物、砷化物、化学农药等。

感染性物质指含有病原体的物质，包括生物制品、诊断样品、基因突变的微生物、生物体和其他媒介，如病毒蛋白等。

7. 放射性物品

指含有放射性核素且其放射性活度浓度和总活度都分别超过国家标准《放射性物质安全运输规程》（GB11806）规定的限值的物质。

8. 腐蚀性物品

指通过化学作用使生物组织接触时会造成严重损伤，或在渗漏时会严重损害甚至毁坏其他货物或运载工具的物质。

9. 杂项危险物质和物品

指具有其他类别未包括的危险的物质和物品，如危害环境物质、高温物质和经过基因修改的微生物或组织。

（二）按化学品的危险性分类

根据国家标准《化学品分类及危险性公示通则》（GB13690－2009），危险化学品分为以下类别：

1. 爆炸物

指包括爆炸性物质（或混合物）和含有一种或多种爆炸性物质（或混合物）的爆炸性物品。爆炸性物质（或混合物）其本身能够通过化学反应产生气体，而产生气体的温度、压力和速度能对周围环境造成破坏。

发火物质（或发火混合物）和包含一种或多种发火物质（或混合物）的烟火物品虽然不放出气体，但也纳入爆炸物范畴。

2. 易燃气体

指在20℃和101.3kPa标准压力下，与空气有易燃范围的气体。

3. 易燃气溶胶

指气溶胶喷雾罐。该容器由金属、玻璃或塑料制成，不可重新罐装。内装强制压缩、液化或溶解的气体，包含或不包含液体、膏剂或粉末，配有释放装置，可使所装物质喷射出来，形成在气体中悬浮的固态或液态微粒或形成泡沫、膏剂或粉末或处于液态或气态。

4. 氧化性气体

指一般通过提供氧气，比空气更能导致或促使其他物质燃烧的任何气体。

5. 压力下气体

指在压力≥200kPa（表压）下装入储器的气体，包括压缩气体、溶解气体、液化气体、冷冻液化气体。

6. 易燃液体

指闪点不高于93℃的液体。

7. 易燃固体

指容易燃烧或通过摩擦可能引燃或助燃的固体，为粉状、颗粒状或糊状物质。

8. 自反应物质或混合物

指即使没有氧（空气）也容易发生激烈放热分解的热不稳定液态或固态物质或者混合物。

自反应物质或混合物如果在实验室试验中其组分容易起爆、迅速爆燃或在封闭条件下加热时显示剧烈效应，应视为具有爆炸性质。

9. 自燃液体

指即使数量小也能在与空气接触后 5min 之内引燃的液体。

10. 自燃固体

指即使数量小也能在与空气接触后 5min 之内引燃的固体。

11. 自热物质和混合物

自热物质是与空气反应不需要能源供应就能够自己发热的固体或液体物质或混合物；这类物质或混合物与发火液体或固体不同，因为这类物质只有数量很大（公斤级）并经过长时间（几小时或几天）才会燃烧。

12. 遇水放出易燃气体的物质或混合物

遇水放出易燃气体的物质或混合物是通过与水作用，容易具有自燃性或放出危险数量的易燃气体的固态或液态物质或混合物。

13. 氧化性液体

指本身未必燃烧，但通常因放出氧气可能引起或促使其他物质燃烧的液体。

14. 氧化性固体

指本身未必燃烧，但通常因放出氧气可能引起或促使其他物质燃烧的固体。

15. 有机过氧化物

有机过氧化物是热不稳定物质或混合物，容易放热自加速分解。另外，它们可能易于爆炸分解；迅速燃烧；对撞击或摩擦敏感；与其他物质发生危险反应。

16. 金属腐蚀剂

腐蚀金属的物质或混合物是通过化学作用显著损坏或毁坏金属的物质或混合物。

第二节　常用危险化学品的危险特性

从消防工作的实际出发，对下面各种常用危险化学品的危险特性做一个概述：

一、爆炸物

爆炸物的危险特性，主要表现在当它受到摩擦、撞击、震动、高热或其他能量激发后，不仅能发生剧烈的化学反应，并在极短时间内释放出大量热量和气体导致爆炸性燃烧，而且燃爆突然，破坏作用强。爆炸品的危险特性主要有爆炸性、敏感性、殉爆、毒害性等。

二、易燃气体

（一）易燃易爆性

易燃气体的主要危险特性就是易燃易爆，处于燃烧浓度范围之内的易燃气体，遇着火源都能着火或爆炸，有的甚至只需极微小能量就可燃爆。易燃气体与易燃液体、固体相比，更容易燃烧，且燃烧速度快，一燃即尽。简单成分组成的气体比复杂成分组成的气体易燃、燃速快、火焰温度高、着火爆炸危险性大。

（二）扩散性

由于气体的分子间距大，相互作用力小，非常容易扩散，能自发地充满任何容器。气体的扩散与气体对空气的相对密度和气体的扩散系数有关。比空气轻的易燃气体，若逸散在空气中可以无限制地扩散与空气形成爆炸性混合物，并能够顺风飘移，迅速蔓延和扩展，遇火源则发生爆炸燃烧；比空气重的易燃气体，若泄漏出来时，往往聚集在地表、沟渠、隧道、房屋死角等处，长时间不散，易与空气在局部形成爆炸性混合物，遇到火源则发生燃烧或爆炸。同时，相对密度大的可燃性气体，一般都有较大的发热量，在火灾条件下易于造成火势扩大。

（三）物理爆炸性

易、可燃气体有很大的压缩性，在压力和温度的影响下，易于改变自身的体积。储存于容器内的压缩气体特别是液化气体，受热膨胀后，压力会升高，当超过容器的耐压强度时，即会引起容器爆裂或爆炸。

（四）带电性

压力容器内的易燃气体（如氢气、乙烷、乙炔、天然气、液化石油气等），当从容器、管道口或破损处高速喷出，或放空速度过快时，由于强烈的摩擦作用，都容易产生静电而引起火灾或爆炸事故。

（五）腐蚀毒害性

主要是一些含氢、硫元素的气体具有腐蚀作用。如氢、氨、硫化氢等都能腐蚀设备，严重时可导致设备裂缝、漏气。压缩气体和液化气体，除了氧气和压缩空气外，大都具有一定的毒害性。

（六）窒息性

气体具有一定的窒息性（氧气和压缩空气除外）。易燃易爆性和毒害性易引起注意，而窒息性往往被忽视，尤其是不燃无毒气体，如二氧化碳、氮气，氦、氩等惰性气体，一旦发生泄漏，均能使人窒息死亡。

（七）氧化性

有些压缩气体氧化性很强，与可燃气体混合后能发生燃烧或爆炸的气体，如氯气与乙炔即可爆炸，氯气与氢气见光可爆炸，氟气遇氢气即爆炸，油脂接触氧气能自燃，铁在氧气、氯气中也能燃烧。

三、易燃液体

（一）易燃性

由于易燃液体的沸点都很低，易燃液体很容易挥发出易燃蒸气，其闪点低、自燃点也低，且着火所需的能量极小。因此，易燃液体都具有高度的易燃易爆性，这是易燃液体的主要特性。

（二）蒸发性

易燃液体由于自身分子的运动，都具有一定的挥发性，挥发的蒸气易与空气形成爆炸性混合物，所以易燃液体存在着爆炸的危险性。挥发性越强，爆炸的危险就越大。

（三）热膨胀性

易燃液体的膨胀系数一般都较大，储存在密闭容器中的易燃液体，受热后在本身体积膨胀的同时会使蒸气压力增加，容器内部压力增大，若超过了容器所能承受的压力限度，就会造成容器的鼓胀，甚至破裂。而容器的突然破裂，大量液体在涌出时极易产生静电火花从而导致火灾、爆炸事故。

此外，对于沸程较宽的重质油品，由于其黏度大、油品中含有乳化水或悬浮状态的水或者在油层下有水层，发生火灾后，在热波作用下产生的高温层作用可能导致油品发生沸溢或喷溅。

（四）流动性

液体流动性的强弱，主要取决于液体本身的黏度。液体的黏度越小，其流动性就越强。黏度大的液体随着温度升高而增强其流动性。易燃液体大都是黏度较小的液体，一旦泄漏，便会很快向四周流动扩散和渗透，扩大其表面积，加快蒸发速度，使空气中的蒸气浓度增加，火灾爆炸危险性增大。

（五）静电性

多数易燃液体在灌注、输送、流动过程中能够产生静电，静电积聚到一定程度时就会放电，引起着火或爆炸。

（六）毒害性

易燃液体大多本身或蒸气具有毒害性。不饱和、芳香族碳氢化合物和易蒸发的石油产品比饱和的碳氢化合物、不易挥发的石油产品的毒性大。

四、易燃固体

易燃固体的危险特性主要表现在四个方面：

（一）燃点低，易点燃

易燃固体由于其熔点低，受热时容易熔解蒸发或汽化，因而易着火，燃烧速度也较快。某些低熔点的易燃固体还有闪燃现象。易燃固体由于其燃点低，在能量较小的热源或受撞击、摩擦等作用下，会很快受热达到燃点而着火，且着火后燃烧速度快，极易蔓延扩大。

（二）遇酸、氧化剂易燃易爆

绝大多数易燃固体遇无机酸性腐蚀品、氧化剂等能够立即引起燃烧或爆炸。如萘与发烟硫酸接触反应非常剧烈，甚至引起爆炸；红磷与氯酸钾，硫黄粉与过氧化钠或氯酸钾，稍经摩擦或撞击，都会引起燃烧或爆炸。

（三）自燃性

易燃固体的自燃点一般都低于易燃液体和气体的自燃点。由于易燃固体热解温度都较低，有的物质在热解过程中，能放出大量的热使温度上升到自燃点而引起自燃，甚至在绝氧条件下也能分解燃烧，一旦着火，燃烧猛烈、蔓延迅速。

（四）本身或燃烧产物有毒

很多易燃固体本身具有毒害性，或燃烧后能产生有毒的物质。如：硫黄不仅与皮肤接触能引起中毒，而且粉尘吸入后，亦能引起中毒。又如：硝基化合物等燃烧时会产生一氧化碳等有毒气体。

五、自燃固体与自燃液体

自燃物品的危险特性主要表现在三个方面：

（一）遇空气自燃性

自燃物质大部分化学性质非常活泼，具有极强的还原性，接触空气后能迅速与空气中的氧化合，并产生大量热量，达到自燃点而着火。接触氧化剂和其他氧化性物质反应会更加剧烈，甚至爆炸。

（二）遇湿易燃易爆性

硼、锌、锑、铝的烷基化合物类的自燃物品，除在空气中能自燃外，遇水或受潮还能分解自燃或爆炸。

（三）积热分解自燃性

硝化纤维及其制品，不但由于本身含有硝酸根，化学性质很不稳定，在常温下就能缓慢分解放热，当堆积在一起或仓库通风不良时，分解产生的热量越积越多，当温度达到其自燃点就会引起自燃，火焰温度可达1200℃，并伴有有毒和刺激性气体放出；而且由于其分子中含有—ONO2基团，具有较强的氧化性，一旦发生分解，在空气不足的条件下也会发生自燃，在高温下，即使没有空气也会因自身含有氧而分解燃烧。

六、遇水放出易燃气体的物质

遇水放出易燃气体的物质的危险特性主要表现在四个方面：

（一）遇水易燃易爆性

这是遇湿易燃物品的共性。遇湿易燃物品遇水或受潮后，发生剧烈的化学反应使水分解，夺取水中的氧与之化合，放出可燃气体和热量。当可燃气体在空气中接触明火或反应放出的热量达到引燃温度时就会发生燃烧或爆炸。

（二）遇氧化剂、酸着火爆炸性

遇湿易燃物品遇氧化剂、酸性溶剂时，反应更剧烈，更易引起燃烧或爆炸。

（三）自燃危险性

有些遇湿易燃物品不仅有遇湿易燃性，而且还有自燃性。如金属粉末类的锌粉、铝镁粉等，在潮湿空气中能自燃，与水接触，特别是在高温下反应剧烈，能放出氢气和热量；碱金属、硼氢化物，放置于空气中即具有自燃性；有的（如氢化钾）遇水能生成易燃气体并放出大量的热量而具有自燃性。

（四）毒害性和腐蚀性

许多遇水易燃物品本身具有一定毒性和腐蚀性。

七、氧化性物质

氧化性物质的危险特性主要表现在：

（一）强烈的氧化性

氧化性物质多数为碱金属、碱土金属的盐或过氧化基所组成的化合物，其氧化价态高，金属活泼性强，易分解，有极强的氧化性。氧化剂的分解主要有以下几种情况：受热或撞击摩擦分解、与酸作用分解、遇水或二氧化碳分解、强氧化剂与弱氧化剂作用复分解。

（二）可燃性

有机氧化剂除具有强氧化性外，本身还是可燃的，遇火会引起燃烧。

（三）混合接触着火爆炸性

强氧化性物质与具有还原性的物质混合接触后，有的形成爆炸性混合物，有的混合后立即引起燃烧；氧化性物质与强酸混合接触后会生成游离的酸或酸酐，呈现极强的氧化性，当与有机物接触时，能发生爆炸或燃烧；氧化性物质相互之间接触也可能引起燃烧或爆炸。

八、有机过氧化物

有机过氧化物的危险特性主要表现在三个方面：分解爆炸性、易燃性、伤害性。其危险性的大小主要取决于过氧基含量和分解温度。

九、毒性物质

大多数毒性物质遇酸、受热分解放出有毒气体或烟雾。其中有机毒害品具有可燃性，遇明火、热源与氧化剂会着火爆炸，同时放出有毒气体。液态毒害品还易于挥发、渗漏和污染环境。

毒性物质的主要危险性是毒害性。毒害性主要表现为对人体或其他动物的伤害，引起人体或其他动物中毒的主要途径是呼吸道、消化道和皮肤，造成人体或其他动物发生呼吸中毒、消化中毒、皮肤中毒。除此之外，大多数有毒品具有一定的火灾危险性。如无机有毒物品中，锑、汞、铅等金属的氧化物大都具有氧化性；有机毒品中有200多种是透明或油状易燃液体，具有易燃易爆性；大多数有毒品，遇酸或酸雾能分解并放出极毒的气体，有的气体不仅有毒，而且有易燃和自燃危险性，有的甚至遇水发生爆炸；芳香族含2、4位两个硝基的氯化物，萘酚、酚钠等化合物，遇高热、明火、撞击有发生燃烧爆炸的危险。

十、腐蚀性物质

（一）腐蚀性

腐蚀性物质的腐蚀性主要体现在三个方面：一是对人体的伤害，二是对有机物的破坏，三是对金属的腐蚀性。

（二）毒害性

在腐蚀性物质中，有一部分能挥发出有强烈腐蚀和毒害性的气体。

（三）火灾危险性

腐蚀性物质的火灾危险性主要体现在以下三个方面：一是氧化性，二是易燃性，三是遇水分解易燃性。

本章【学习目标】

通过学习，要求初、中级建（构）筑物消防员必须基本了解危险化学品的定义和分类，重点掌握常用危险化学品的危险特性。高级以上建（构）筑物消防员必须全面掌握本章各节的基础知识。

思考与练习题

1. 什么是危险化学品？
2. 危险化学品分为哪几类？
3. 简述各类危险化学品的定义。
4. 简述各类常用危险化学品的危险特性。

第四章　消防水力学基础知识

第一节　水的性质

纯净的水是无嗅无味的液体，在化学上呈中性，无毒，且冷却效果非常好。水取用方便，分布广泛，是最常用、最主要的灭火剂。

一、水的基本特性

水有三种状态：固体、液体和气体。液体与固体的主要区别是液体容易流动，液体与气体的主要区别是液体体积不易压缩。

水在常温下为液体，在常压下、水温超过100℃时，蒸发成气体，水温下降到0℃时，即凝结成固体，称为冰。

（一）水的比热容

水温升高1℃，单位体积的水需要吸收的热量，称为水的比热容。若将水的比热容作为1，则其他液体的比热容均小于1，水比任何液体的比热容都大。1L水温度升高1℃，需要吸收4200J的热量。若将1L常温的水（20℃）喷洒到火源处，使水温升到100℃，则要吸收热量336kJ。水的比热容大，因而用水灭火、冷却效果最好。

（二）水的汽化热

单位体积的水由液体变成气体需要吸收的热量称为水的汽化热。水的汽化热很大，1L100℃的水，变成100℃的水蒸气，需要吸收2264kJ的热量。因此，将水喷洒到火源处，使水迅速汽化成蒸汽，具有良好的冷却降温作用。同时，水变成蒸汽时体积扩大。1L水变成水蒸气后体积扩大1725倍，且水蒸气是惰性气体，占据燃烧区空间，具有隔绝空气的窒息灭火作用。实验得知，水蒸气占燃烧区的体积达35%时，火焰就将熄灭。

（三）水的冰点

纯净的水当温度下降到0℃时，开始凝结成冰。水结成冰时，释放出溶解热335kJ/L。水结成冰，由液体状态变成固体状态，水分子间的距离增大，因而体积随之扩大。因此，在冬季应对消防给水管道和储水容器进行保温，以免水结成冰时体积扩大，致使消防设备损坏。

处于流动状态的水不易结冰，因为水的部分动能将转化为热能。因此，为了不使水带内的水冻结成冰，在冬季火场上，当消防队员需要转移阵地时，不要关闭水枪。若需要关闭时，应关小射流，使水仍处于流动状态。

二、水的主要物理性质

在水力学中，与水运动有关的物理性质主要有以下六个方面。

（一）密度和容重

单位体积内物质所具有的质量称为密度，单位体积内物质所具有的重量称为容重。不同液体的密度和容重各不相同，同一种液体的密度和容重又随温度和压强而变化。在正常大气压强条件下，水在不同温度时的容重见表4-1。水在4℃时容重最大，此时1L纯净的水重1kg。

表4-1 水在不同温度时的容重

温度（℃）	0	4	10	20	30	40	60	100
容重（N/m³）	9806	9807	9801	9789	9764	9730	9642	9399

（二）黏滞性

当水在流动时，水分子之间、水分子与固体壁面之间的作用力显示为对流动的阻抗作用，即显示出所谓黏滞性阻力（内摩擦阻力），水的这种阻抗变形运动的特性就称为黏滞性。需要说明的是当液体运动一旦停止，这种阻力就立即消失。因此，黏滞性在液体静止或平衡时是不显示作用的。

举例说明一下水的黏滞性：如果测出渠道水流的过水断面上各点的流速 u，并绘出过水断面上的流速分布，如图4-1所示（图中每根带箭头的线段的长度表示该点流速的大小）。发现过水断面上的流速分布是不均匀的。渠底流速为零，随着离开固体边界的距离的增加，流速逐渐增大，至水面附近流速最大。水流过水断面上会形成不均匀的流速分布是因为水流黏滞性所致。紧靠固体壁面的第一层极薄水层由于附着力的作用而贴附在壁面上不动，第一水层将通过黏滞作用而影响第二水层的流速，如此逐层影响下去。离开壁面的距离愈大，壁面对流速的影响愈小，其结果就形成了图4-1所示的流速分布规律。就是这样，固体边界通过水的黏滞性，对水的运动起着阻滞作用。水的黏滞性可用黏滞力即内摩擦力来表达。流得快的水层对流得慢的水层起拖动作用，因而快层作用于慢层的内摩擦力与流向相同，反之慢层对快层起阻滞作用，则慢层作用于快层的摩擦力与流向相反，两力大小相等、方向相反，都具有抗拒其相对运动的性质。由于水在管道或水带内流动要克服内摩擦力，因此，会产生水头损失。

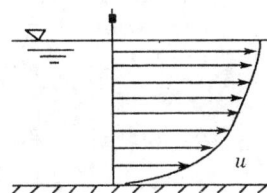

图4-1 渠道过水断面流速分布

（三）压缩性

水的体积随压力增加而减小的性质称为水的压缩性。在密闭容器内液体表面上，用活塞加压，液体就受到压力，受压后的液体体积要缩小。根据实验，把温度为20℃在0.1MPa压力作用下的水体积作为1，不同压力时的水体积如表4-2所示。

表4-2 温度为20℃时不同压力下的水体积

压力（MPa）	0.1	10	20	30	40	50
水体积	1.0000	0.9943	0.9897	0.9853	0.9810	0.9766

从表4-2中可以看出，随着压力增加水体积变化不大。因此，通常把水看成是不可压缩的液体，但对个别特殊情况，水的压缩性不能忽略。如水枪上的开关突然关闭时，会产生一种水击现象，在研究这一问题时，就必须考虑水的压缩性。

（四）膨胀性

水的体积随水温升高而增大的性质称为水的膨胀性。根据实验，在常压下10℃～20℃的水，温度升高1℃，水的体积增加万分之一点五；在常压下70℃～95℃的水，温度升高1℃，水的体积增加万分之六。可以看出，其体积变化较小。因此，在消防设计和火场供水中水的膨胀性均可略去不计。

（五）溶解性

溶质在水中的扩散称为溶解。物质能否在水中溶解，与物质分子的极性有关。凡是由极性分子或与水分子结构相似的分子组成的物质均易溶于水，如食盐、糖，丙酮、乙醚、乙醇等。与水分子极性不同的物质不易溶于水或不溶于水，如汽油、煤油、柴油、苯等。

用水可以扑灭易溶于水的固体物质火灾；用水可以扑救比水重且不溶于水的可燃液体；用水可以稀释溶于水的可燃液体，使火灾得到控制或扑灭。

（六）水的导电性

水的导电性能与水的纯度、射流形式等有关。水中含有杂质越多，电阻率越小，导电性能越大。纯净水电阻率很大，为不良导体。天然水源一般都含有各种杂质，因而称为良导体。流散于地面上的水，均能导电，在火场上应防止触电。

三、水的化学性质

（一）水的分解

水由氢、氧两元素组成。灭火时消防射流触及高温设备，水滴瞬间汽化，体积突然扩大，会造成物理性爆炸事故。当水蒸气温度继续上升超过1500℃以上时，水蒸气将会迅速分解为氢气和氧气。

$$2H_2O \xrightarrow{\text{高温}} 2H_2 \uparrow + O_2 \uparrow$$

氢气为可燃气体，氧气为助燃气体，氢气和氧气相互混合，形成混合气体，在高温下极易发生化学性爆炸，其爆炸范围广，爆炸威力大。若无可靠的防范措施，就会造成火灾爆炸事故。

（二）水的化学反应

水能与许多物质起化学反应。

1. 水与活泼金属反应

水与活泼金属锂、钾、钠、锶、钾钠合金等接触，将发生强烈反应。这些活泼金属与水化合时，夺取水中的氧原子，放出氢气和大量的热量，使释放出来的氢气与空气中氧气相混合形成的爆炸性混合物，发生自燃或爆炸。

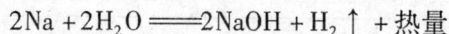

$$2Na + 2H_2O == 2NaOH + H_2 \uparrow + \text{热量}$$

2. 水与金属粉末反应

水与锌粉、镁铝粉等金属粉末接触，在火场高温情况下反应较剧烈，放出氢气，会助长火势扩大和火灾蔓延。

$$Zn + H_2O == ZnO + H_2 \uparrow$$

金属铝粉和镁粉相互混合的镁铝粉与水接触，比水单独与镁粉或铝粉接触反应强烈得多。水与镁粉或铝粉单独接触时，在反应过程中生成不溶于水的氢氧化铝和氢氧化镁沉淀，而氢氧化铝和氢氧化镁是不燃烧的薄膜，覆盖在金属表面，阻碍着铝粉和镁粉的继续燃烧。而水与镁铝粉接触，则同时生成偏铝酸镁。偏铝酸镁溶解于水，因而使镁铝粉表面不能形成不燃的薄膜，使水与镁铝粉无障碍地继续反应，放出氢气和大量的热量，这在火场上会助长燃烧或发生爆炸现象。

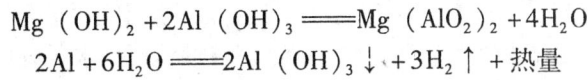

$$Mg\ (OH)_2 + 2Al\ (OH)_3 === Mg\ (AlO_2)_2 + 4H_2O$$
$$2Al + 6H_2O === 2Al\ (OH)_3 \downarrow + 3H_2 \uparrow + 热量$$

3. 水与金属氢化物反应

水与氢化锂、氢化钠、四氢化锂铝、氢化钙、氢化铝等金属氢化物接触，氢化物中的金属原子与水中的氧原子结合，则氢化物和水中的氢原子放出，产生大量的氢气，会助长火势。

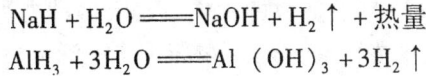

$$NaH + H_2O === NaOH + H_2 \uparrow + 热量$$
$$AlH_3 + 3H_2O === Al\ (OH)_3 + 3H_2 \uparrow$$

4. 水与硅金属化合物反应

水与硅化镁、硅化铁等接触，会释放出自燃物四氢化硅，四氢化硅易与空气中的氧反应，发生自燃。

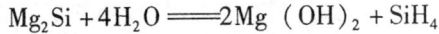

$$Mg_2Si + 4H_2O === 2Mg\ (OH)_2 + SiH_4$$

5. 水与碳金属反应

水与碳化钙、碳化钾、碳化铝等接触时，碳化物中的金属原子与水中的氧原子结合，碳化物中的碳原子与水中的氢原子化合，生成易燃易爆的碳氢化合物气体，并释放出大量的热量。

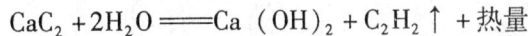

$$CaC_2 + 2H_2O === Ca\ (OH)_2 + C_2H_2 \uparrow + 热量$$

水与石灰氮（俗称电石，$CaCN_2$）接触，能释放出可燃气体氨。不纯净的电石与水接触，还能释放出乙炔气。在火场上，这些碳氢化合物（如乙炔、甲烷和氨等）都有助长火势扩大和火灾蔓延的可能。

6. 水与硼氢类物质化学反应

水与硼氢类物质，如二硼氢、硼氢化钾、硼氢化钠等接触，释放出氢气和大量的热量。

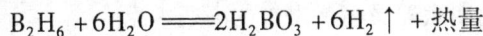

$$B_2H_6 + 6H_2O === 2H_2BO_3 + 6H_2 \uparrow + 热量$$

7. 水与磷化物发生反应

水与磷酸钙、磷化锌等磷化物接触，生成磷化氢，磷化氢在空气中能自燃。

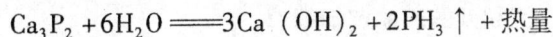

$$Ca_3P_2 + 6H_2O === 3Ca\ (OH)_2 + 2PH_3 \uparrow + 热量$$

由此可见，水与某些化学物质接触，有可能发生自燃，释放出可燃气体和大量热量以及有毒气体等，从而引起燃烧或爆炸。因此，在扑救火灾时应根据物质的性质，采取相应的灭火剂。凡与水接触能引起化学反应的物质严禁用水扑救。

第二节　水的灭火作用

根据水的性质，水的灭火作用主要有冷却、窒息、稀释、分离、乳化等方面，灭火时往往是几种作用的共同结果，但冷却发挥着主要作用。

一、冷却作用

由于水的比热容大，汽化热高，而且水具有较好的导热性。因而，当水与燃烧物接触或流经燃烧区时，将被加热或汽化，吸收热量，从而使燃烧区温度大大降低，以致使燃烧中止。

二、窒息作用

水的汽化将在燃烧区产生大量水蒸气占据燃烧区，可阻止新鲜空气进入燃烧区，降低燃烧区氧的浓度，使可燃物得不到氧的补充，导致燃烧强度减弱直至中止。

三、稀释作用

水本身是一种良好的溶剂，可以溶解水溶性甲、乙、丙类液体，如醇、醛、醚、酮、酯等。因此，当此类物质起火后，如果容器的容量允许或可燃物料流散，可用水予以稀释。由于可燃物浓度降低而导致可燃蒸气量的减少，使燃烧减弱。当可燃液体的浓度降到可燃浓度以下时，燃烧即行中止。

四、分离作用

经灭火器具（尤其是直流水枪）喷射形成的水流有很大的冲击力，这样的水流遇到燃烧物时，将使火焰产生分离，这种分离作用一方面使火焰"端部"得不到可燃蒸气的补充，另一方面使火焰"根部"失去维持燃烧所需的热量，使燃烧中止。

五、乳化作用

非水溶性可燃液体的初起火灾，在未形成热波之前，以较强的水雾射流或滴状射流灭火，可在液体表面形成"油包水"型乳液，乳液的稳定程度随可燃液体黏度的增加而增加，重质油品甚至可以形成含水油泡沫。水的乳化作用可使液体表面受到冷却，使可燃蒸气产生的速率降低，致使燃烧中止。

第三节　消防射流

一、消防射流

（一）消防射流的定义

消防射流是指灭火时由消防射水器具喷射出来的高速水流。

（二）消防射流的类型

常见的射流类型有密集射流和分散射流两种类型。

1. 密集射流

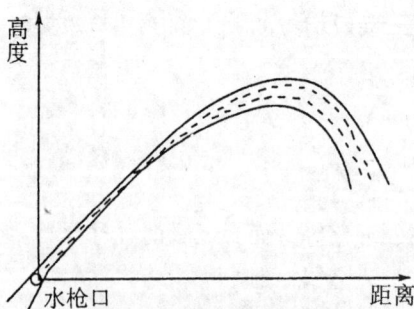

图 4-2　密集射流的形状

高压水流经过直流水枪喷出，形成结实的射流称为密集射流。密集射流靠近水枪口处的射流密集而不分散，离水枪口较远处射流逐渐分散，如图 4-2 所示。密集射流耗水量大，射程远，冲击力大，机械破坏力强。建（构）筑物室内消火栓给水系统中配备的直流水枪和消防车上使用的直流水枪，都是以密集射流扑救火灾。

2. 分散射流

高压水流经过离心作用、机械撞击或机械强化作用使水流分散成点滴状态离开消防射水器具，形成扩散状或幕状射流称为分散射流。分散射流根据其水滴粒径大小又分为喷雾射流和开花射流两种类型。

（1）喷雾射流。水滴粒径平均小于 100μm 的分散射流，称为喷雾射流。喷雾射流由喷雾水枪产生。喷雾射流的特点是控制面积大，用水量省，燃烧区蒸汽浓度大，吸收大量汽化热，隔绝空气，降低空气中含氧量，有良好的冷却和窒息作用，同时，水渍损失小，除烟效果好。

（2）开花射流。分散射流时，水滴平均粒径在 100μm～1000μm 之间，用来降低热辐射的伞形水射流，称为开花射流。开化射流由开化水枪或多用水枪产生。

二、消防射水器具

消防射水器具是把水按需要的形状有效地喷射到燃烧物上的灭火器具，包括消防水枪和消防水炮。

（一）消防水枪

消防水枪是指由单人或多人携带和操作的以水作为灭火剂的喷射管枪。消防水枪根据射流形式和特征不同可分为直流水枪、喷雾水枪、开花水枪、多用水枪等。

1. 直流水枪

直流水枪是一种喷射密集充实水流的水枪，具有射程远、水量大、冲击力强等优点。

（1）直流水枪的分类和构造

直流水枪分为普通直流水枪和开关式直流水枪两种。

直流水枪是由枪筒和喷嘴所组成。水枪喷嘴一般采用具有向出口断面方向收敛的圆锥形喷嘴，该喷嘴主要用途为增加水流的出口速度以形成动能较大的射流，并使射流不分散。为减少从水带来的水流涡流，在枪筒内安装稳流器（导流装置），使水流流过截面积较小的孔洞，消除横向水流和旋转水流，迫使枪筒内紊流趋匀流状态，以提高枪筒结构的水力条件。

常用的直流水枪喷嘴口径有 13mm、16mm、19mm 三种。

（2）直流水枪的使用

使用直流水枪灭火时，由于水枪射流产生反作用力，因此，如变更射流方向时应缓慢操作；使用开关式直流水枪时，开关动作应缓慢进行，以免产生水击现象，造成水带爆破或影响消防员安全。

（3）水枪充实水柱

由水枪喷嘴起到射流 90% 的水柱水量穿过直径 38cm 圆孔处的一段射流长度称为充实水柱（又叫有效射程）。该段射流水量集中，射程远，冲击力大，机械破坏力强，便于瞄准着火点，能将燃烧聚集热量冲散。

扑灭不同建筑物火灾对水枪充实水柱的要求不同：对于建筑高度不超过 100m 的高层民用建筑，其水枪充实水柱不应小于 10m；高层工业建筑和建筑高度超过 100m 的高层民用建筑，其水枪充实水柱不应小于 13m；甲、乙类厂房，层数超过 6 层的公共建筑和层数超过 4 层的厂房（仓库），其水枪充实水柱不应小于 10m；高架仓库和体积大于 25000m³ 的商店、体育馆、影剧院、会堂、展览建筑、车站、码头、机场建筑等，其水枪充实水柱不应小于 13m；一般性的低层建筑，其水枪充实水柱不应小于 7m；地下工程，其水枪充实水柱不应小于 10m；停车库、修车库，其水枪充实水柱不应小于 10m；扑灭室外火灾，其水枪充实水柱应为 10m ~ 15m。

2. 喷雾水枪

喷雾水枪是一种喷射雾状射流的消防水枪。其具有以下特点：比密集充实射流有更好的冷却和窒息效果，对可燃液体及气体吹灭和乳化灭火作用，有良好的隔绝热辐射效果和电绝缘性能，有强烈的驱散烟气能力。该水枪适用于扑救建筑室内火灾，带电设备火灾、可燃粉尘火灾及部分可燃液体和气体火灾等，还可稀释浓烟及可燃气体和氧气的浓度。

（1）喷雾水枪的分类

喷雾水枪分离心式喷雾水枪、机械撞击式喷雾水枪和簧片式喷雾水枪三种。

（2）喷雾水枪的使用

使用喷雾水枪灭火时；应注意喷雾角、射流方向和喷雾射流类型的选择。

3. 开花直流水枪

开花直流水枪是一种喷射直流水流和开花水流的水枪。由于开花直流水枪可以单独或同时喷射密集充实射流和伞形射流，常在火场中以伞形开花射流隔离热辐射，掩护消防员进入火场接近火源，以密集射流扑救一般固体物质火灾或冷却保护其他物质。

4. 多用水枪

多用水枪既可喷射密集射流，也可喷射雾状射流，有的还可以喷射水幕，而且几种射流可以互换，组合使用，机动性能强，对火场需要适应性好。

多用水枪最好不要用于扑救带电设备火灾，以免误操作造成伤害。

5. 脉冲水枪

脉冲水枪是一种新型水枪，它主要由脉冲水枪、高压气瓶、贮水罐等部件组成，有效射程大于10m。其水渍损失小、用水量省、灭火效率高，可以喷射超细水雾，主要扑救初起的小面积 A、B、C、E 类火灾和交通工具火灾等。

（二）消防水炮

消防水炮是大型号的"消防水枪"，与水枪的最大差异在于其非手持性。习惯上将流量大于 16L/s 的射水设备定义为消防水炮。消防水炮一般安装在消防车、消防艇上或油罐区、港口码头、大空间等场所。当发生大规模、大面积火灾时，由于强烈的热辐射和浓烟使消防员难以接近火源实施射水活动，或遇大风消防水枪射流会被冲散，在这些情况下，需要采用流量大、有效射程远的消防水炮进行灭火。

1. 消防水炮的构造

消防水炮主要由操纵手柄、台座、回转锁定柄、双分水管、射水口集水弯管、可调节喷头、双手柄、压力表等组成。

2. 消防水炮的分类

消防水炮按安装方式可分为固定式、车载式和移动式水炮三种类型；按控制方式可分为手动消防水炮、电控消防水炮和液控消防水炮三种类型。

本章【学习目标】

通过学习，要求初、中级建（构）筑物消防员基本了解水的性质、消防射流，重点掌握水的灭火作用、消防射手器具。高级以上建（构）筑物消防员必须全面掌握本章各节的基础知识。

思考与练习题

1. 简述水存在哪几种状态。

2. 简述水的比热容和汽化热的含义。

3. 简述水的密度和容重的含义。

4. 何谓水的黏滞性？

5. 简述水的压缩性、膨胀性和导电性。

6. 水能与哪些物质起化学反应？

7. 简述水的灭火作用。

8. 何谓消防射流？消防射流有哪几种类型？

9. 何谓密集射流？密集射流有何特点？

10. 简述水枪充实水柱的定义。扑灭不同建筑物火灾对水枪充实水柱有何要求？

11. 简述直流水枪和喷雾水枪的使用注意事项。

12. 消防射水器具主要有哪些类型？

第五章　电气消防基础知识

第一节　电工学基础

一、直流电路

(一) 电路和电流

1. 电路

电流所流过的路径叫作电路。为了绘图方便和便于分析，国家规定了各种电气元件的图形符号，用图形符号画成的图称为电路图（如图 5-1 所示）。电路一般是由电源、负载、导线和开关四个基本部分组成。电源是提供电能的设备，常见的有干电池、发电机等；负载是各种用电设备的通称，如灯泡、电动机等；导线是连接电源和负载，用于输送和分配电能，常用的有铜线和铝线；开关是控制电路的导通和断开的设备，常用的有闸刀开关、按钮开关、空气开关等。电路一般有通路、断路和短路三种状态。

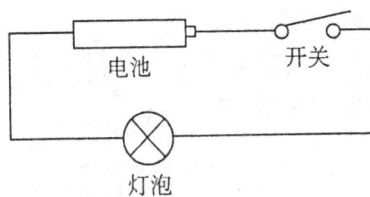

图 5-1　电路图

2. 电流

电荷有规则的定向移动称为电流。电流的强弱用电流强度表示，其符号为 I，为了叙述上的方便，人们把电流强度简称为电流。对于恒定电流来说，若以 Q 表示在时间 t 内通过导体截面上的总电量，则电流强度 I 可用下式表示：

$$I = Q/t$$

电流分脉动、交流和直流电流三大类。凡大小和方向都不随时间变化的电流称为稳恒电流，简称直流；凡大小和方向都随时间变化的电流称为交流电流；凡电流的大小随时间变化，但方向不随时间变化的电流，称为脉动电流。

(二) 电压、电位和电动势

1. 电压

电压又称电压差，是衡量电场力做功大小的物理量，用 U 带下标符号表示，如 U_{AB} 表示 A、B 两点间的电压。其大小为电场力将电荷从 A 点移到 B 点所做的功 W_{AB} 和电量 q 的比值，表达式为：

$$U_{AB} = W_{AB}/q$$

电压不但有大小而且有方向。电压总是对电路中的两点而言，因而用双下标表示，其中前一个下标代表正电荷运动的起点，后一个下标表示正电荷运动的终点，电压的方向则由起点指向终点。在电路图中，电压的方向也称作电压的极性，用 " + 、 - " 两个符号表示。

2. 电位

电路中某点相对于参考点的电压称为该点的电位，单位为伏特，用 V 表示。

参考点的电位规定为零电位。通常选用大地为参考点，在电子仪器中，常把金属机壳或电路的公共接点作为参考点。电压的大小和参考点的位置无关。

电路中 A、B 两点间的电位之差，称为该两点的电位差（电压），表达式为：

$$U_{AB} = V_A - V_B$$

3. 电动势

电源的电动势指电源力移送单位正电荷从负极到正极的过程中所做的功，用 E 表示，表达式为：

$$E = W/q$$

对于一个电源来说，在外部不接负载时，电源两端电压大小等于电源电动势的大小，但方向相反。

（三）电能和电功率

1. 电能

电流通过负载时做的功，称为电能或电功，用 W 表示。如果加在一段电路两端电压为 U，电路中的电流为 I，则在时间 t 内的电能为：

$$W = UIt$$

2. 电功率

电流在单位时间内所做的功叫做电功率，用 P 表示。如果在时间 t 内电流通过导体所做的功为 W，那么电功率为：

$$P = W/t$$

（四）电阻和欧姆定律

1. 电阻

电阻是反映导体对电流起阻碍作用大小的一个物理量，用字母 R 或 r 表示。单位是欧姆，简称欧，用字母 Ω 表示。导体的电阻是客观存在的，即使没有加上电压，导体仍然有电阻。导体的电阻取决于材料的性质、几何尺寸和导体的温度等因素。某些感温火灾探测器就是利用电阻的这一特性设计的。

当导体两端的电压是 1 伏特，导体内通过的电流是 1 安培时，这段导体的电阻就是 1 欧姆。

2. 欧姆定律

（1）部分电路的欧姆定律

电路中的电流 I 与电阻两端的电压 U 成正比，与电阻 R 成反比。部分电路的欧姆定律可表示为：

$$I = U/R$$

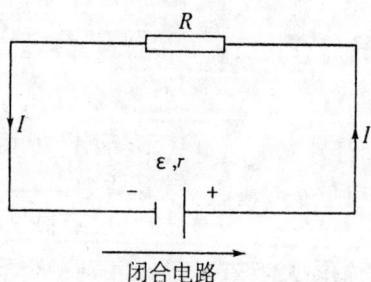

图 5-2　全电路图

（2）全电路欧姆定律

全电路就是含电源的闭合的直流电路，图 5-2 表示一个简单的全电路。全电路欧姆定律表示：在一个闭合电路中，电流强度与电源电动势成正比，与整个电路的电阻成反比。

全电路欧姆定律的表达式为：

$$I = E/(R+r)$$

（五）串并联电路

1. 串联电路

（1）串联电路的含义

串联电路是指把几个导体元件依次首尾相连的方式。串联电路的基本特征是只有一条支路，电流依次通过每一个组成元件，如图 5-3 所示。

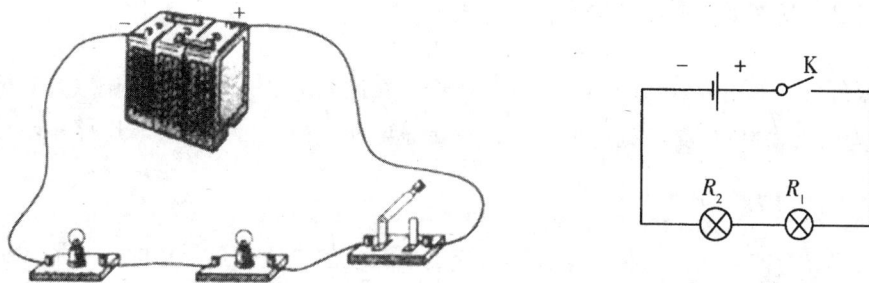

图 5-3 串联电路示意图

（2）串联电路的特点

串联电路有如下特点：

①流过每个电阻的电流相等；

②总电压（串联电路两端的电压）等于分电压（每个电阻两端的电压）之和，

$$U = U_1 + U_2 + \cdots + U_n$$

③总电阻等于分电阻之和，

$$R = R_1 + R_2 + \cdots + R_n$$

④各电阻分得的电压与其阻值成正比；

⑤各电阻分得的功率与其阻值成正比。

串联电路的开关在任何位置都能控制整个电路，即其作用与所在的位置无关。串联电路只要有某一处断开，整个电路就成为断路，即所相串联的电子元件不能正常工作。在串联电路中，电流只有一条通路，经过一盏灯的电流一定经过另一盏灯。如果熄灭一盏灯，另一盏灯一定熄灭。在一个电路中，若想用一个开关控制所有电路，即可使用串联电路。

2. 并联电路

（1）并联电路的含义

并联电路是指在电路中，把几个元件的一端连在一起，另一端也连在一起，然后把两端接入电路的方式，如图 5-4 所示。

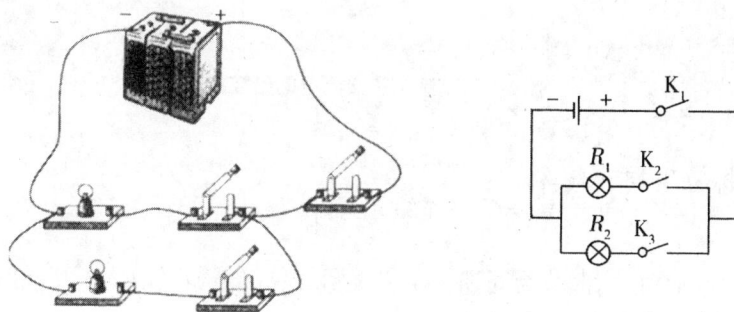

图 5-4 并联电路示意图

（2）并联电路的特点

并联电路有如下特点：

①电路有若干条通路；

②干路开关控制所有的用电器，支路开关控制所在支路的用电器；

③各用电器相互无影响；

④并联电路中，每一元件两端的电压 U 都是相同的；

⑤总电阻 R 与所有元件电阻的关系为：

$$1/R = 1/R_1 + 1/R_2 + \cdots + 1/R_n$$

并联电路可将一个用电器独立完成工作，一般家庭用的电灯、电视、空调以及其他电器用品均是以并联方式连接的。并联电路各处电流加起来等于总电流，由此可见，并联电路中电流消耗大。

（六）电流的热效应

电流通过导体会产生热，这种现象称为电流的热效应。电流通过导体时，克服导体电阻的阻碍作用而对电阻做功，促使导体分子的热运动加剧，从而将电能变成热能，使导体的温度升高。

电流流过导体产生的热量，与电流强度的平方、导体的电阻及通电时间成正比，称为焦耳－楞次定律。表达式为：

$$Q = I^2 Rt$$

式中：Q——导体产生的热量，单位是焦耳。

利用电流能使导体发热的特点，人们发明制造了白炽灯、电热毯、电焊及电路中的熔断丝等。但是电流的热效应也有不利的一面，如电气设备中导线都有一定电阻，在通电时电气设备的温度就会升高。如果温度太高，会加速绝缘材料的老化变质，如橡皮硬化，绝缘纸、纱带烧焦，漆包线的漆层脱落等，因而引起漏电或线圈短路，甚至引发火灾，烧坏设备。

二、交流电

大小和方向随时间做周期性变化的电动势、电压和电流分别称为交变电动势、交变电压和交变电流，统称为交流电。

人们常在平面直角坐标系中用图形表示电压、电流、电动势随时间的变化规律，这种图形成为波形图。如图 5-5 所示。

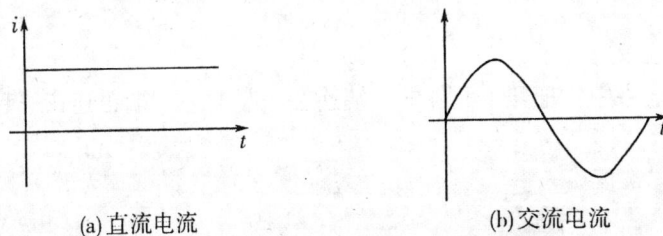

(a) 直流电流　　　(b) 交流电流

图 5-5　直流电和交流电的电波波形图

（一）交流电的周期和频率

1. 周期

交流电变化一次所需的时间称为周期，用 T 表示，单位是秒（s）。

2. 频率

交流电每秒内变化的次数称为频率，用 f 表示，单位是赫兹（Hz）。频率是周期的倒数，表达式为：

$$f = 1/T$$

在我国和大多数国家都采用 50Hz 作为电力标准频率，习惯上称为工频。

周期和频率都是反映交流电变化快慢的物理量。周期越短，频率就越高，交流电变化就越快。

（二）瞬时值、最大值和有效值

1. 瞬时值

交流电在某一时刻的大小称为交流电的瞬时值。由于交流电是随时间变化的，所以在不同瞬时的瞬时值一般大小和方向都不相同。

2. 最大值

最大的瞬时值（包括正负），称为交流电的最大值，也称为幅值，其表征交流电的变化范围。

3. 有效值

交流电的有效值是根据它的热效应确定的。交流电流通过电阻在一个周期内所产生的热量和直流电流通过同一电阻在相同时间内所产生的热量相等，则这个直流电流的数值叫作交流电流的有效值。

通常所说交流电的大小是指它们的有效值。交流电流表、交流电压表的读数指的是有效值；交流电器铭牌上的额定电流、额定电压或电动势的数值如无特别说明，均指有效值。通常说市电的电压是220V，就是说它的有效值为220V。

三、常用电工仪表

在建筑消防设施的管理中，电工仪表起着十分重要的作用。电路中电压的高低、电流的强弱、电阻的大小等，都需要用电工仪表来测量。电工仪表按用途分类，有电压表、电流表、万用表等。

（一）电压表

测量电路电压的仪表叫作电压表，也称为伏特表，一般在表盘上注有符号"V"的字样，标尺上的数字表明它的最大量限。当测量低于1V的电压时，用以毫伏作单位的电压表，叫作毫伏表，表盘上注有符号"mV"的字样。当测量高于1000V的电压时，用以千伏作单位的电压表，叫作千伏表，表盘上注有符号"kV"的字样。电压表有交流和直流的区别，但它们的接线方法都是与被测量的电路并联。

1. 电压表的连接方式

在并联电路中，要测哪一个元件或哪一段电路两端的电压，就将电压表并联在这个元件或这段电路两端。这样连接的原理是，并联电路中各支路两端的电压相等。电压表的示数即为与之并联部分的待测电压。如果将电压表串联在某一电路中，那就相当于把电压表接入电路中的某一点，而某一点是不存在电压的。

2. 电压表"＋"、"－"接线柱的连接

让电流从"＋"接线柱流进电压表，从"－"接线柱流出电压表。电压表的零刻度通常也在表盘左侧，且电压表指针的偏转方向与通过其中的电流方向密切相关。如果将"＋"、"－"接线柱接反，将使电压表指针反偏，造成碰弯指针等损坏电压表的事故。

3. 电压表量程的选择

电压表的量程，就是电压表所能测量的电压的最大值，待测电压值不能超过电压表的量程，并且尽量使读数准确。待测电压值如果超过电压表量程，容易烧坏电压表。所以，在用电压表测电压之前，应对待测电压值进行估计，无法估计则采用试触法。在不超过量程的前提下，用量程越小的电压表测量准确度越高。电压表可以直接并接在电源两极上。这一点与电流表不同，应加以区别。因为电源是提供电压的装置，电源的两极总是维持一定的电压，当电压表直接与电源并接时，电压表的示数就是电源提供的电压。

4. 电压表的示数读取

电压表使用前要调零，即在接入电压表之前，检查其指针是否对齐表盘上的"0"刻度，若有偏

47

差，应调节表盘上的调零旋钮，使指针指零刻度；查清电压表的量程和对应的准确度；读取电压示数时，应待指针稳定后再行读取，注意表示出准确度和估计位，同时写出正确的电压单位。

（二）电流表

电流表（又称安培表）是测量电流强度的仪表。一般在表盘上注有符号"A"的字样，标尺上的数字表明它的最大量限。当测量低于1A的电流时，用以mA作单位的电流表，叫作毫安表，表盘上注有符号"mA"的字样。当测量高于1000A的电流时，用以kA作单位的电流表，叫作千安表，表盘上注有符号"kA"的字样。电流表也有交流和直流的区别，但它们的接线方法都是与被测量的电路串联。

电流表根据电流种类而分为直流表、交流表和交直流两用表等三种。

1. 电流表的使用方法

电流表一定要串联在电路中。电流表的"+""−"接线柱接法要正确，将电流表接在电路中，必须使电流从"+"接线柱流入电流表，从"−"接线柱流出来，如果反接了，电流表指针将反向偏转，电流的大小将无法测出还有可能打坏电流表指针。被测电流不要超过电流表的量程。当被测电流超过电流表的量程时不仅测不出电流值，电流表的指针还会被打弯，甚至可能烧坏电流表。

2. 电流表的量程和读取

根据所使用的量程确认刻度盘上每一大格和小格各表示的电流值。用0~0.6A量程时，每大格是0.2A，每小格是0.02A，用0~3A时，每大格是1A，每小格是0.1A。电流表的所测电流值等于大格的电流值加上小格的格数乘以每小格所表示的电流值。读数时应使视线与刻度面垂直。

（三）万用表

万用表是电子测量中最常用的工具，它能测量电流、电压、电阻，有的还可以测量三极管的放大倍数，频率、电容值、分贝值等，具有用途多、量程广、使用方便等优点。

1. 万用表的工作原理

万用表的基本原理是利用一只灵敏的磁电式直流电流表（微安表）做表头。当微小电流通过表头，就会有电流指示。但表头不能通过大电流，所以必须在表头上并联与串联一些电阻进行分流或降压，从而测出电路中的电流、电压和电阻。

万用表的直流电流挡是多量程的直流电压表。表头并联闭路式分压电阻即可扩大其电压量程。同样表头串联分压电阻即可扩大其电压量程。分压电阻不同，相应的量程也不同。

万用表的表头为磁电系测量机构，它只能通过直流电，利用二极管将交流电变为直流电，从而实现交流电的测量。

在电流接法的基础上，加上电池，分电阻和波段开关，就构成了一个欧姆表。

2. 万用表测量电阻

先将表棒搭在一起短路，使指针向右偏转，随即调整"Ω"调零旋钮，使指针恰好指到0。然后将两根表棒分别接触被测电阻或电路两端，读出指针在欧姆刻度线（第一条线）上的读数，再乘以该挡标的数字，就是所测电阻的阻值。例如用 R×100 挡测量电阻，指针指在80，则所测得的电阻值为 $80 \times 100 = 8k\Omega$。由于"Ω"刻度线左部读数较密，难于看准，所以测量时应选择适当的欧姆挡，使指针在刻度线的中部或右部，这样读数比较清楚准确。每次换挡，都应重新将两根表棒短接，重新调整指针到零位，才能测准。

3. 万用表测量直流电压

首先估计一下被测电压的大小，然后将转换开关拨至适当的V量程，将正表棒接被测电压"+"端，负表棒接被测量电压"−"端。然后根据该挡量程数字与标直流符号"DC−"刻度线（第二条线）上的指针所指数字，来读出被测电压的大小。如用 V300 伏挡测量，可以直接读 0 - 300 的指示数值。如用 V30 伏挡测量，只需将刻度线上 300 这个数字去掉一个"0"，看成是 30，再依次把 200、100 等数字看成是 20、10 既可直接读出指针指示数值。例如用 V6 伏挡测量直流电压，指针指在 15，则所测得电压为 1.5V。

4. 万用表测量直流电流

先估计一下被测电流的大小，然后将转换开关拨至合适的 mA 量程，再把万用表串接在电路中。同时观察标有直流符号"DC"的刻度线，如电流量程选在 3mA 挡，这时，应把表面刻度线上 300 的数字，去掉两个"0"，看成 3，又依次把 200、100 看成是 2、1，这样就可以读出被测电流数值。例如用直流 3mA 挡测量直流电流，指针在 100，则电流为 1mA。

5. 万用表测量交流电压

测交流电压的方法与测量直流电压相似，所不同的是因交流电没有正、负之分，所以测量交流电时，表棒也就不需分正、负。读数方法与上述的测量直流电压的读法一样，只是数字应看标有交流符号"AC"的刻度线上的指针位置。

6. 万用表使用注意事项

（1）测量电流与电压不能旋错挡位。如果误将电阻挡或电流挡去测电压，就极易烧坏电表。万用表不用时，最好将挡位旋至交流电压最高挡，避免因使用不当而损坏。

（2）测量直流电压和直流电流时，注意" + "" – "极性，不要接错。如发现指针开始反转，既应立即调换表棒，以免损坏指针及表头。

（3）如果不知道被测电压或电流的大小，应先用最高挡，而后再选用合适的挡位来测试，以免表针偏转过度而损坏表头。所选用的挡位愈靠近被测值，测量的数值就愈准确。

（4）测量电阻时，不要用手触及元件的裸体的两端或两支表棒的金属部分，以免人体电阻与被测电阻并联，使测量结果不准确。

（5）测量电阻时，如将两支表棒短接，调"零欧姆"旋钮至最大，指针仍然达不到 0 点，这种现象通常是由于表内电池电压不足造成的，应换上新电池方能准确测量。

（6）万用表不用时，不要旋在电阻挡，因为内有电池，如不小心易使两根表棒相碰短路，不仅耗费电池，严重时甚至会损坏表头。

第二节 电气防火

由于电气方面原因产生火源而引起火灾，称为电气火灾。为了抑制电气火源的产生而采取的各种技术措施和安全管理措施，称为电气防火。

导致电气火灾的有许多，如过载、短路、接触不良、电弧火花、漏电、雷电或静电等都能引起火灾。从电气防火角度看，电气火灾大都是因电气线路和设备的安装或使用不当、电器产品质量差、雷击或静电以及管理不善等造成的。

一、过载

过载是指电气设备和电气线路在运行中超过安全载流量或额定值。过载使导体中的电能转变成热能，当导体和绝缘物局部过热，达到一定温度时，就会引起火灾。

（一）造成过载的原因

造成过载的主要原因有：

（1）设计、安装时选型不正确，使电气设备的额定容量小于实际负载容量。

（2）设备或导线随意装接，增加负荷，造成超载运行。

（3）检修、维护不及时，使设备或导线长期处于带病运行状态。

（二）防止过载的措施

通常防止过载的措施主要有：

（1）低压配电装置不能超负荷运行，其电压、电流指示值应在正常范围。

（2）正确选用和安装过载保护装置。

（3）电开关和插座应选用合格产品，并不能超负荷使用。

（4）正确选用不同规格的电线电缆，要根据使用负荷正确选择导线的截面。

（5）对于需用电动机的场合，要正确选型，避免"小马拉大车"导致过载。

二、短路、电弧和火花

短路是电气设备最严重的一种故障状态。相线与相线，相线与零线（或地线）在某一点相碰或相接，引起电器回路中电流突然增大的现象，称为短路。

短路时，在短路点或导线连接松动的电气接头处，会产生电弧或火花。电弧温度很高，可达6000℃以上，不但可引燃它本身的绝缘材料，还可将它附近的可燃材料、蒸气和粉尘引燃。电弧还可能由于接地装置不良或电气设备与接地装置间距过小，过电压时击穿空气引起。切断或接通大电流电路时，或大截面熔断器熔断时，也能产生电弧。

（一）造成短路的原因

造成短路的主要原因有：

（1）电气设备的使用和安装与使用环境不符，致使其绝缘在高温、潮湿、酸碱环境条件下受到破坏。

（2）电气设备使用时间过长，超过使用寿命，致使绝缘老化或受损脱落。

（3）金属等导电物质或鼠、蛇等小动物，跨越在输电裸线的两线之间或相对地之间。

（4）电导线由于拖拉、摩擦、挤压、长期接触尖硬物体等，绝缘层造成机械损伤。

（5）过电压使绝缘层击穿。

（6）错误操作或把电源投向故障线路。

（7）恶劣天气，如大风暴雨造成线路金属性连接。

（二）防止短路的措施

通常防止短路的措施主要有：

（1）电气线路应选用绝缘线缆。在高温、潮湿、酸碱条件下，应选用适应相应环境的防湿、防热、耐火或防腐线缆类型和保护附件。例如，高温场所应以石棉、玻璃丝、瓷珠、云母等做成耐热配线；三、四级耐火等级建筑闷顶内的电线应用金属管配线或带有金属保护的绝缘导线；明敷于潮湿场所的线管应采用水煤气钢管等等。

（2）确保电气线路的安装施工质量和加强日常安全检查，注意电气线路的线间、线与其他物体间保持一定安全间距，并防止导线机械性损伤导致绝缘性能降低。例如，室内明敷导线穿过墙壁或金属构件时须用绝缘套管保护；架空线路要注意敷设路径的安全性和安装的牢固度；及时检查发现放电打火的痕迹；及时更换老化线路等等。

（3）低压配电装置和大负荷开关安装灭弧装置，如灭弧栅、灭弧触头、灭弧罩、灭弧绝缘板等。

（4）配电箱、插座、开关等易产生电弧打火的设备附近不要放置易燃物品。

（5）插座和开关等设备应保持完好无损，在潮湿场所应采取防水、防溅措施。

（6）安装漏电监测与保护装置，及时发现线路和用电设备的绝缘故障，并提供保护。

三、接触不良

接触不良是指导线与导线、导线与电器设备的连接处由于接触面处理不好，接头松动，造成电阻过大，形成局部过热的现象。接触不良也会出现电弧、电火花，造成潜在点火源。

（一）造成接触电阻过大的原因

造成接触电阻过大的主要原因有：

（1）电气接头表面污损，接触电阻增加。

（2）电气接头长期运行，产生导电不良的氧化膜，未及时清除。

（3）电气接头因振动或冷热变化的作用，使连接处发生松动，氧化。

（4）铜铝连接处未按规定方法处理，发生电化学腐蚀。

（5）接头没有按规定方法连接，连接不牢。

（二）防止接触不良的措施

防止接触不良的措施主要有：

（1）导线的各种方式连接均要确保牢固可靠，接头应具有足够的机械强度，并耐腐蚀。

（2）铜铝线连接要防止接触面松动、受潮、氧化。

（3）检查或检测线路和设备的局部过热现象（包括直观检查、红外测温、热成像、温度监测报警系统等手段），及时消除隐患。

四、烘烤与摩擦

（一）烘烤

电热器具（如电炉、电熨斗、电热毯等），照明灯具，在正常通电的状态下，相当于一个火源或高温热源。当其安装不当或长期通电无人监护管理时，就可能使附近的可燃物受高温烘烤而起火。

通常防止高温烘烤起火的措施主要有：

（1）应根据环境场所的火灾危险性来选择照明灯具，并且照明装置应与可燃物、可燃结构之间保持一定的距离，严禁用纸、布或其他可燃物遮挡灯具。

（2）使用电熨斗必须有人监视，使用时切勿长时间通电，用完后不要忘记切断电源，并将其放置在专用的架子上自然降温，防止余热引起火灾。

（3）使用电热毯要选择优良产品，避免在保温良好的条件下长时间通电，下床后要切断电源。

（4）电热设备（电烘箱、电炉等）应设置在不燃材料之上，与周围可燃物须保持一定的安全距离，导线与电热元件接线处应牢固，引出线处要采用耐高温绝缘材料予以保护。

（二）摩擦

发电机和电动机等旋转电气设备，转子与定子相碰或轴承出现润滑不良、干枯产生干磨发热或虽润滑正常但出现高速旋转时，都会引起火灾。最危险的是轴承摩擦，轴承磨损后会发出不正常的声音，引起局部过热，以致润滑脂变稀而溢出轴承室，从而使温度更高。如果轴承球体被碾碎，电动机轴承被卡住，即电机会因过载而被烧毁。

选择、安装和运行保护是预防电动机火灾的几个主要方面，忽视任一个方面都可能引起事故，造成火灾。因此只有把好每一个环节的关，定期检查维修，才有可能避免烧毁电动机和由此引起火灾事故。

五、接地故障

接地装置是由接地体和接地线两部分组成的，其基本作用是给接地故障电流提供一条经大地通向变压器中性接地点的回路，也为雷电流和静电电流构成与大地间的通路。无论哪种电流，当其流过不良的接地装置时，均可能引起火灾。

（一）接地故障引起火灾的原因

接地故障引起火灾的主要原因有：

（1）当绝缘损坏时，相线与接地线或接地金属物之间漏电，会形成火花放电。

（2）在接地回路中，因接地线接头太松或腐蚀等，使电阻增加形成局部过热。

（3）在高阻值回路流通的故障电流，会沿邻近阻抗小的接地金属结构流散。若是向煤气管道弧光放电，则会将煤气管击穿，使煤气泄漏而着火。

（4）在低阻值回路，若接地线截面过小，会影响其热稳定性，使接地线产生过热现象。

（二）接地故障火灾的预防措施

接地故障火灾的预防措施主要有：

（1）在接地系统设计时要综合考虑，确保系统安全。一般在 PEN 线上不要装设开关和熔断器，防止接零设备上呈现危险的对地电压。

（2）保证接地装置足够的载流量和热稳定性和可靠性连接。

（3）低压配电系统实行等电位连接对防止触电和电气火灾事故的发生具有重要作用，等电位连接可降低接地故障的接触电压，从而减轻由于保护电器动作失误带来的危险。

（4）装设漏电保护器，将低压电路的故障利用对地短路电流或泄漏电流而自动切断电路，从而及时安全地切除故障电路，进一步提高用电安全水平。

六、静电

静电是一种处于相对稳定状态的电荷。它是正、负电荷在局部范围内失去平衡的结果，具有高电位、低电量、小电流和作用时间短的特点。静电放电产生的电火花，往往成为引火源，造成火灾。

（一）引起静电火灾的条件

大量实验表明，只要同时具备以下四个充分和必要条件时，就会引起静电火灾或爆炸事故。

（1）周围和空间必须有可燃物存在。

（2）具有产生和累积静电的条件。其中包括物体自身或其周围与它相接触物体的静电起电的条件。

（3）静电累积起足够高的静电电位后，必将周围的空气介质击穿而产生放电，构成放电的条件。

（4）静电放电的能量大于或等于可燃物的最小点火能量。

（二）防止静电的基本措施

根据形成静电火灾的基本条件，若控制任意一条件，则会防止静电火灾事故。

1. 控制静电场合的危险程度

（1）用非可燃物取代易燃介质（在清洗机器设备的零件时和在精密加工去油过程中，用非燃烧性的洗涤剂取代煤油或汽油，会减少静电危害的可能性）；

（2）降低爆炸混合物在空气中的浓度；

（3）减少氧含量或采取强制通风措施（减少空气中的氧含量可使用惰性气体，在一般的条件下，氧含量不超过8%时就不会使可燃物引起燃烧和爆炸。一旦可燃物接近爆炸浓度时采用强制通风的办法，使可燃物被抽走，新空气得到补充，则不会引起事故）。

2. 减少静电荷的产生

（1）正确地选择材料（选择不容易起电的材料、根据带电序列选用不同材料、选用吸湿性材料）。

（2）改革工艺的操作方法、操作程序等。

（3）降低摩擦速度和流速。

（4）减少特殊操作中的静电。

（5）减少静电荷的积累（增加空气的相对湿度、采用抗静电添加剂、采用静电消除器防止带电）。

（6）防止人体静电（人体接地、防止穿衣和佩带物带电）。

七、雷电

雷电是自然界的一种复杂放电现象。带着不同电荷的雷云之间或雷云与大地之间的绝缘（空间）被击穿，会产生放电现象。当地面上的建筑物和电力系统内的电气设备遭受直接雷击或雷电感应时，其放电电压可达数百万伏到数千万伏，电流达几十万安培，远远大于发、供电系统的正常值。雷电的破坏性极大，不仅能击毙人畜，劈裂树木，击毁电气设备，破坏建筑物及各种设施，还能引起火灾和爆炸事故。

（一）雷电的危害

雷电有以下三方面的破坏作用：

1. 电效应

电效应主要是雷电产生的数百万伏乃至更高的冲击电压，有可能击毁电气设备的绝缘，烧断电线或劈裂电杆，造成大规模停电；绝缘损坏还可能引起短路，导致火灾或爆炸事故，巨大的雷电流流经防雷装置时会造成防雷装置的电位升高，这样的高电位同样可以作用在电气线路、电气设备或其他金属管道上，它们之间会产生放电。这种接地导体由于电位升高而向带电导体或与地绝缘的其他金属物放电的现象，叫作反击。反击能引起电气设备绝缘破坏，造成高压窜入低压系统，可能直接导致接触电压和跨步电压造成严重事故，可使金属管道烧穿，甚至造成易燃易爆物品着火和爆炸。

2. 热效应

热效应主要是雷电流通过导体，在极短的时间内转换成大量的热能，造成易爆品燃烧或造成金属熔化飞溅而引起火灾或爆炸事故。

3. 机械效应

机械效应是指巨大的雷电流通过被击物时，使被击物缝隙中的气体剧烈膨胀，缝隙中的水分也急剧蒸发为大量气体，因而在被击物体内部出现强大的机械压力，致使被击物体遭受严重破坏摧毁。

（二）防雷的主要安全措施

1. 防直击雷的措施

防直击雷的措施主要有：设避雷针或避雷线、带（网），使建筑物及突出屋面的物体均处于接闪器的保护范围内。完整的一套防雷装置是由接闪器、引下线和接地装置三部分组成。接闪器是专门直接接受雷击的金属导体，利用其高出被保护物的突出位置，把雷电引向自身，然后通过引下线和接地装置，把雷电流导入大地，使被保护物免受雷击。避雷针、避雷线、避雷网和避雷带实际上都是接闪器。引下线是连接接闪器与接地装置的金属导体，应满足机械强度、耐腐蚀和热稳定性的要求。接地装置包括接地线和接地体，是防雷装置的重要组成部分。

2. 防雷电感应的措施

由于雷电影响，在距直接雷击处一定范围内，有时会产生"静电感应"所引起的电荷放电现象。为了避免雷电所引起的静电感应作用而形成的火花放电，必须将被保护物的一切金属部分可靠接地。同时为避免雷电电磁感应的危害，应将屋内的金属回路连接成一个闭合回路（接触电阻越小越好），形成静电屏蔽。

3. 防雷电波（流）侵入的措施

为了防止雷电的高电压沿架空线侵入室内，除了在供电系统中加强过电压保护外，最简单的方法是将线路绝缘瓷瓶的铁脚接地。在居住的房屋中如果有电视机或收音机的天线，要防止由天线引进的雷电高压电，应装避雷器或装一个防雷用的转换开关，在雷雨即将来临前，将天线转换到接地体上，使雷电流泻入大地中。

本章【学习目标】

通过学习，要求初、中级建（构）筑物消防员应基本了解电工学基础，重点掌握电气火灾的原因及一般的预防措施。高级以上建（构）筑物消防员必须全面掌握本章各节的基础知识。

思考与练习题

1. 什么是电路和电流？
2. 什么是电压、电位和电动势？
3. 什么是电阻？
4. 什么是欧姆定律？其数学表达式是什么？
5. 什么是串联电路？什么是并联电路？
6. 串联电路的特点是什么？并联电路的特点是什么？
7. 什么是电流的热效应？什么是焦耳－楞次定律？
8. 什么是交流电？什么是交流电的有效值？
9. 简述常用的电工仪表及用途。
10. 使用万用表的注意事项有哪些？
11. 简述造成过载的原因和防止过载的主要措施。
12. 简述造成短路的原因和防止短路的主要措施。
13. 简述防止接触不良的主要措施。
14. 简述防止高温烘烤起火的主要措施。
15. 简述接地故障引起火灾的原因和预防措施。
16. 简述引起静电火灾的条件。
17. 简述防止静电的基本措施。
18. 简述防雷的主要安全措施。

第六章　建筑消防基础知识

为确保建筑物的消防安全，在建造时应从防火（爆）、控火、耐火、避火、探火、灭火等方面预先采取相应的消防技术措施。防火主要是在建筑总平面布局、建筑构造、建筑构件材料选取等环节破坏燃烧或爆炸条件；控火是在建筑内部划分防火分区，将火控制在局部范围内，阻止火势蔓延扩大；耐火是要求建筑物应有一定的耐火等级，保证在火灾高温的持续作用下，建筑主要构件在一定时间内不破坏，不传播火灾，避免建筑结构失效或发生倒塌；防烟是安装防排烟设施，及时排除火灾时产生的有毒烟气；避火是设置安全疏散设施，保证人员及时疏散；探火是安装火灾自动报警系统，做到早期发现火灾；灭火是在建筑内设置消防给水、灭火系统和灭火器材等，若一旦发生火灾，及时灭火，最大限度地减少火灾损失。本章主要介绍建筑防火的基本知识，关于火灾自动报警系统、防烟排烟系统、自动灭火系统、消火栓系统等消防设施方面的基础知识，见第七章的相关内容。

第一节　建筑物的分类及构造

建筑物是指供人们生产、生活、工作、学习以及进行各种文化、体育、社会活动的房屋和场所。

一、建筑物的分类

建筑物可从不同角度划分为以下类型：

（一）按建筑物内是否有人员进行生产、生活活动分类

1. 建筑物

凡是直接供人们在其中生产、生活、工作、学习或从事文化、体育、社会等其他活动的房屋统称为"建筑物"，如厂房、住宅、学校、影剧院、体育馆等。

2. 构筑物

凡是间接地为人们提供服务或为了工程技术需要而设置的设施称为"构筑物"，如隧道、水塔、桥梁、堤坝等。

（二）按建筑物的使用性质分类

1. 民用建筑

民用建筑是指非生产性建筑如居住建筑、商业建筑、体育场馆、客运车站候车室、办公楼、教学楼等。

2. 工业建筑

工业建筑是指工业生产性建筑，如生产厂房和库房、发变配电建筑等。

3. 农业建筑

农业建筑是指农副业生产建筑，如粮仓、禽畜饲养场等。

（三）按建筑结构分类

1. 木结构建筑
木结构建筑是指承重构件全部用木材建造的建筑。

2. 砖木结构建筑
砖木结构建筑是指用砖（石）做承重墙，用木材做楼板、屋架的建筑。

3. 砖混结构建筑
砖混结构建筑是指用砖墙、钢筋混凝土楼板层、钢（木）屋架或钢筋混凝土屋面板建造的建筑。

4. 钢筋混凝土结构建筑
钢筋混凝土结构建筑是指主要承重构件全部采用钢筋混凝土。如采用装配式大板、大模板、滑模等工业化方法建造的建筑，用钢筋混凝土建造的大跨度、大空间结构的建筑。

5. 钢结构建筑
钢结构建筑是指主要承重构件全部采用钢材建造，多用于工业建筑和临时建筑。

（四）按建筑承重构件的制作方法、传力方式及使用的材料分类

1. 砌体结构
砌体结构是指竖向承重构件采用砌块砌筑的墙体，水平承重构件为钢筋混凝土楼板及屋顶板。一般多层建筑常采用砌体结构。

2. 框架结构
框架结构是指承重部分构件采用钢筋混凝土或钢板制作的梁、柱、楼板形成的骨架，墙体不承重而只起围护和分隔作用。该结构的特点是建筑平面布置灵活，可以形成较大的空间，能满足各类建筑不同的使用和生产工艺要求，且梁柱等构件易于预制，便于工厂制作加工和机械化施工，常用于高层和多层建筑中。

3. 钢筋混凝土板墙结构
钢筋混凝土板墙结构是指竖向承重构件和水平承重构件均为钢筋混凝土制作，施工时采用浇注或现场吊装的方式。这种结构常用于高层和多层建筑中。

4. 特种结构
特种结构是指承重构件采用网架、悬索、拱或壳体等形式。如影剧院、体育馆、展览馆、会堂等大跨度建筑常采用这种结构形式建造。

（五）按建筑高度分类

1. 高层建筑
高层民用建筑指 10 层及 10 层以上的居住建筑（包括首层设置商业服务网点的住宅）、建筑高度超过 24m 的 2 层及 2 层以上的公共建筑；高层工业建筑指建筑高度超过 24m 的 2 层及 2 层以上的厂房、库房。

2. 单层、多层建筑
单层、多层建筑是指 9 层及 9 层以下的居住建筑（包括设置商业服务网点的居住建筑）、建筑高度小于等于 24m 的多层公共建筑、建筑高度大于 24m 的单层公共建筑以及建筑高度大于 24m 的单层厂房和库房。

3. 地下建筑
地下建筑是在地下通过开挖、修筑而成的建筑空间，其外部由岩石或土层包围，只有内部空间，无外部空间。

（六）高层民用建筑按其使用性质、火灾危险性、疏散和扑救难度等进行分类

高层民用建筑根据其使用性质、火灾危险性、疏散和扑救难度等分为两类，详见表6-1。

表6-1 高层民用建筑分类

名称	一类	二类
居住建筑	19 层及 19 层以上的住宅	10 层至 18 层的住宅
公共建筑	1. 医院 2. 高级旅馆 3. 建筑高度超过 50m 或 24m 以上部分的任一楼层的建筑面积超过 1000m² 的商业楼、展览楼、综合楼、电信楼、财贸金融楼 4. 建筑高度超过 50m 或 24m 以上部分的任一楼层的建筑面积超过 1500m² 的商住楼 5. 中央级和省级（含计划单列市）广播电视楼 6. 网局级和省级（含计划单列市）电力调度楼 7. 省级（含计划单列市）邮政楼、防灾指挥调度楼 8. 藏书超过 100 万册的图书馆、书库 9. 重要的办公楼、科研楼、档案楼 10. 建筑高度超过 50m 的教学楼和普通的旅馆、办公楼、科研楼、档案楼等	1. 除一类建筑以外的商业楼、展览楼、综合楼、电信楼、财贸金融楼、商住楼、图书馆、书库 2. 省级以下的邮政楼、防灾指挥调度楼、广播电视楼、电力调度楼 3. 建筑高度不超过 50m 的教学楼和普通的旅馆、办公楼、科研楼、档案楼等

（七）工业建筑按生产类别及储存物品类别分类

工业建筑按生产类别及储存物品类别的火灾危险性特征，分为甲、乙、丙、丁、戊类五种类别，具体见现行国家标准《建筑设计防火规范》（GB50016）的有关规定。

二、建筑物的构造

各种不同类型的建筑物，尽管它们在结构形式、构造方式、使用要求、空间组合、外形处理及规模大小等方面各有其特点，但构成建筑物的主要部分都是由基础、墙或柱、楼地层、楼梯、门窗和屋顶等六大部分构成，如图6-1所示为民用建筑的组成示意图。此外，一般建筑物还有台阶、坡道、阳台、雨篷、散水以及其他各种配件和装饰部分等。

第二节 建筑火灾的发展和蔓延规律

建筑火灾发展规律有它的客观过程，在一定的原因下发生，在一定的条件下发展，到一定程度开始衰减。火灾初起通常是局部的、缓慢的，但随着热量聚集而愈烧愈烈，当达到最大值时，在某种作用下又逐渐衰落，甚至熄灭。研究建筑火灾的发展与蔓延，目的在于掌握其内在规律，以便采取相应的消防对策，保障建筑消防安全。

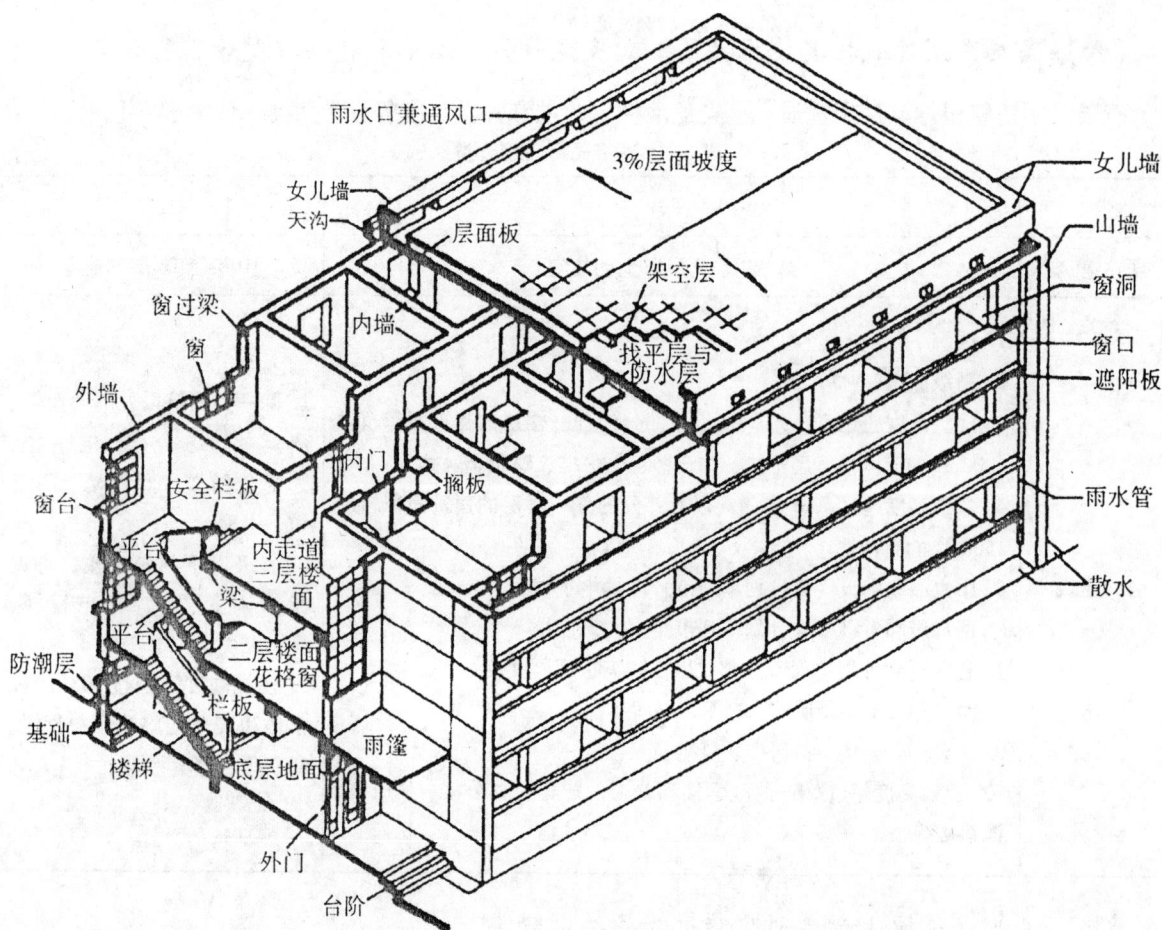

图 6-1　民用建筑的组成示意图

一、建筑火灾的发展过程

建筑火灾发展呈一定的规律，最初是发生在建筑物内的某个房间或局部区域，然后由此蔓延到相邻房间区域，以至整个楼层，最后蔓延到整个建筑物。通常，根据室内火灾温度随时间的变化特点，将其火灾发展分成初起、发展、猛烈、衰减四个阶段，如图 6-2 所示。

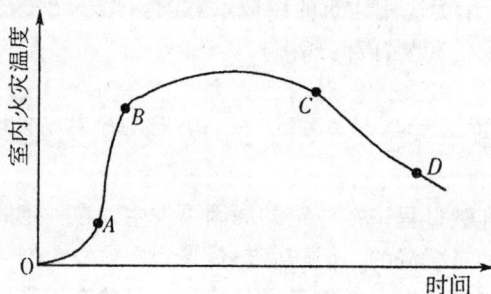

图 6-2　以时间－温度曲线表示的建筑火灾发展示意图

（一）火灾初起阶段

建筑物发生火灾后，最初阶段（图 6-2 中 OA 段）只是起火部位及其周围可燃物着火燃烧，这时火灾燃烧状况与好像在敞开空间进行一样。其火灾初起阶段的特点是：火灾燃烧面积不大，火灾仅限于初始起火点附近；室内温度差别大，在燃烧区域及其附近存在高温，而室内平均温度不高；火灾发展速度缓慢，火势不够稳定，它的持续时间取决于着火源的类型、可燃物质性质和分布、通风条件等，其长短差别很大，一般在 5min～20min 之间。

从初起阶段的特点可见，火灾初起燃烧面积小，用少量的灭火剂就可以把火扑灭，该阶段是灭火的最有利时机，故应争取及早发现，把火灾及时控制消灭在起火点。为此，在建筑物内设置火灾自动报警系统和自动灭火系统、配备适当数量的灭火器是很有必要的。初起阶段也是人员疏散的有利时机，发生火灾时人员若在这一阶段不能疏散出房间，就很危险了。初起阶段时间持续越长，就有更多的机会发现火灾和灭火，并有利于人员安全撤离。

（二）火灾发展阶段

在建筑火灾初起阶段后期，火灾燃烧面积迅速扩大，室内温度不断升高，热对流和热辐射显著增强。当发生火灾的房间温度达到一定值时（图 6-2 中 B 点），聚积在房间内的可燃物分解产生的可燃气体突然起火，整个房间都充满了火焰，房间内所有可燃物表面全部都卷入火灾之中，燃烧很猛烈，温度升高很快。

这种在一限定空间内，可燃物的表面全部卷入燃烧的瞬变状态称为轰燃。发生轰燃的临界条件，目前主要有两种观点：一种是以到达地面的热通量达到一定值为条件，认为要使室内发生轰燃，地面可燃物接受到的热通量应不小于 $20kW/m^2$；另一种是用顶棚下的烟气温度接近 600℃ 为临界条件。试验表明，在普通房间内，如果燃烧速率达不到 40g/s 是不会发生轰燃的。如果物品的燃烧速率足够高，一件物品也能发生轰燃。火场实践表明，当室内天棚及门窗充满高热浓烟，或烟从窗口上部喷出，并呈翻滚现象，这是室内有可能发生轰燃的预警信号；如果烟只是停留在天棚顶部，一般无轰燃危险，但当烟向下降并出现滚动现象时，也是轰燃即将发生的一种预警信号。总之，轰燃是室内火灾最显著的特征之一，其具有突发性。它的出现，标志着火灾从成长期（图 6-2 中 AB 段）进入猛烈燃烧阶段。即火灾发展到不可控制的程度，增大了周边建筑物着火的可能性，若在轰燃之前，火场被困人员仍未从室内逃出，就会有生命危险。

（三）火灾猛烈阶段

轰燃发生后，室内所有可燃物都在猛烈燃烧，放热量加大，因而房间内温度升高很快，并出现持续性高温，最高温度可达 1100℃ 左右。火焰、高温烟气从房间的开口大量喷出，把火灾蔓延到建筑物的其他部分。这个时期是火灾最盛期（图 6-2 中 BC 段），其破坏力极强，门窗玻璃破碎，建筑物的可燃构件均被烧着，建筑结构可能被毁坏，或导致建筑物局部或整体倒塌破坏。这阶段的延续时间与起火原因无关，而主要决定于室内可燃物的性质和数量、通风条件等。为了减少火灾损失，针对最盛期阶段温度高、时间长的特点，在建筑防火中应采取的主要措施是：在建筑物内设置具有一定耐火性能的防火分隔物，把火灾控制在一定的范围之内，防止火灾大面积蔓延；适当地选用耐火时间较长的建筑结构，使其在猛烈的火焰作用下，保持应有的强度和稳定性，确保建筑物发生火灾时不倒塌破坏，为火灾时人员疏散、消防队扑救火灾以及火灾后建筑物修复、继续使用创造条件。

（四）火灾衰减阶段

经过猛烈燃烧之后，室内可燃物大都被烧尽，火灾燃烧速度递减，温度逐渐下降，燃烧向着自行熄灭的方向发展。一般把室内平均温度降到温度最高值的 80% 时，作为猛烈燃烧阶段与衰减阶段（图 6-2 中 CD 段）的分界。该阶段虽然有燃烧停止，但在较长时间火场的余热还能维持一段时间的高温，大约在 200℃～300℃。衰减阶段温度下降速度是比较慢的，当可燃物基本烧光之后，火势即趋于熄灭。针对该阶段的特点，应注意防止建筑构件因较长时间受高温作用和灭火射水的冷却作用而出现裂缝、下沉、倾斜或倒塌破坏，确保消防人员的人身安全。

由此可见，火灾在初起阶段容易控制和扑灭，如果发展到猛烈阶段，不仅需要动用大量的人力和物力进行扑救，而且可能造成严重的人员伤亡和财产损失。

二、建筑火灾蔓延的方式和途径

（一）建筑火灾蔓延的方式

建筑火灾蔓延是通过热的传播进行的。在起火房间内，火由起火点开始，主要是靠直接燃烧和热的辐射进行扩大蔓延的。在起火的建筑物内，火由起火房间转移到其他房间的过程，主要是靠可燃构件的直接燃烧、热的传导、热的辐射和热对流的方式实现的。

1. 热传导

在起火房间燃烧产生的热量，通过热传导的方式蔓延扩大的火灾，有两个比较明显的特点：一是热量必须经导热性能好的建筑构件或建筑设备，如金属构件、金属设备或薄壁隔墙等的传导，使火灾蔓延到相邻上下层房间；二是蔓延的距离较近，一般只能是相邻的建筑空间。可见通过传导蔓延扩大的火灾，其规模是有限的。

2. 热辐射

在火场上，起火建筑物能将距离较近的相邻建筑物烤着燃烧，这就是热辐射的作用。热辐射是相邻建筑之间火灾蔓延的主要方式，同时也是起火房间内部燃烧蔓延的主要方式之一。建筑防火中的防火间距，主要是考虑预防热辐射引起相邻建筑着火而设置的间隔距离。

3. 热对流

热对流是建筑物内火灾蔓延的一种主要方式。它可以使火灾区域的高温燃烧产物与火灾区域外的冷空气发生强烈流动，将高温燃烧产物流传到较远处，造成火势扩大。燃烧时烟气热而轻，易上窜升腾，燃烧又需要空气，这时冷空气就会补充，形成对流。建筑物发生轰燃后，火灾可能从起火房间烧毁门窗，门窗破坏，形成了良好的通风条件，使燃烧更加剧烈，升温更快，此时，房间内外的压差更大，因而流入走廊、喷出窗外的烟火，喷流速度更快，数量更多。烟火进入走廊后，在更大范围内进行热对流，除在水平方向对流蔓延外，火灾在竖向管道井也是由热对流方式蔓延的。

（二）建筑火灾蔓延的途径

研究火灾蔓延途径是设置防火分隔的依据。综合建筑火灾实际的发展过程，可以看出火从起火房间向外蔓延的途径，主要有以下方面：

1. 火灾在水平方向的蔓延

烟火从起火房间的门窜出后，首先进入室内走廊，如果与起火房间依次相邻房间内的门没关闭，就会进入这些房间，将室内物品烤燃。如果这些房间的门没开启，则烟火要待房间的门被烧穿以后才能进入。即使在走道和楼梯间没有任何可燃物的情况下，高温热对流仍可从一个房间经过走道传到另一房间。造成火灾沿水平方向蔓延扩大的主要途径和原因包括：

（1）未设防火分区

对于主体为耐火结构的建筑来说，造成水平蔓延的主要原因之一是建筑物内未设水平防火分区，没有防火墙及相应的防火门等形成控制火灾的区域。

（2）洞口分隔不完善

对于耐火建筑来说，火灾水平蔓延的另一途径是洞口处的分隔处理不完善。如户门为可燃的木质门，火灾时被烧穿；普通防火卷帘无水幕保护，导致卷帘失去隔火作用；管道穿孔处未用不燃材料密封等，都能使火灾从一侧向另一侧蔓延。

（3）火灾在吊顶内部空间蔓延

有不少装设吊顶的建筑，房间与房间、房间与走廊之间的分隔墙只做到吊顶底部，吊顶上部仍为连通空间，一旦起火极易在吊顶内部蔓延，且难以及时发现，导致灾情扩大。就是没有设吊顶，隔墙如不砌到结构底部，留有孔洞或连通空间，也会成为火灾蔓延和烟气扩散的途径。

（4）火灾通过可燃的隔墙、吊顶、地毯等蔓延

可燃构件与装饰物在火灾时直接成为火灾荷载，由于它们的燃烧因而导致火灾扩大。

2. 火灾通过竖井蔓延

建筑物内部有大量的电梯、楼梯、设备等竖井，这些竖井往往贯穿整个建筑，若未作周密完善的防火分隔，一旦发生火灾，烟火就可以通过竖井垂直方向蔓延到建筑的其他楼层。

（1）火灾通过楼梯间蔓延

建筑的楼梯间，若未按防火、防烟要求进行分隔处理，则在火灾时犹如烟囱一般，烟火很快会由此向上蔓延。

（2）火灾通过电梯井蔓延

电梯间未设防烟前室及防火门分隔，在其井道形成一座座竖向"烟囱"，发生火灾时则会抽拔烟火，导致火灾沿电梯井迅速向上蔓延。

（3）火灾通过其他竖井蔓延

建筑中的通风竖井、管道井、电缆井、垃圾井也是建筑火灾蔓延的主要途径。此外，垃圾道内存在很多可燃物，是容易着火的部位，也是火势蔓延的主要通道。

3. 火灾由窗口向上层蔓延

在现代建筑中，从起火房间窗口喷出的烟气和火焰，往往会沿窗间墙及上层窗口向上蹿越，烧毁上层窗户，引燃房间内的可燃物，使火灾蔓延到上部楼层。若建筑物采用带形窗，火灾房间喷出的火焰被吸附在建筑物表面，有时甚至会卷入上层窗户内部。

4. 火灾通过空调系统管道蔓延

建筑空调系统未按规定设防火阀、采用可燃材料风管或采用可燃材料做保温层都容易造成火灾蔓延。

通风管道蔓延火灾一般有两种方式：一是通风管道本身起火并向连通的空间（房间、吊顶、内部、机房等）蔓延；二是通风管道把起火房间的烟火送到其他空间，使在远离火场的其他空间再喷吐出来，造成大量人员因烟气中毒而死亡。因此，在通风管道穿通防火分区处，一定要设置具有自动关闭功能的防火阀门。

可见，在建筑内搞好防火分隔，对于阻止火势蔓延和保证人员安全、减少火灾损失，具有十分重要的作用。

第三节　建筑材料的分类及燃烧性能分级

一、建筑材料的分类

建筑材料是指单一物质或若干物质均匀散布的混合物，例如金属、石材、木材、混凝土、含均匀散布叫胶合剂或聚合物的矿物棉等。建筑材料因组分各异、用途不一，其种类繁多。

（一）按材料的化学构成分类

建筑材料按材料的化学构成不同，分为无机材料、有机材料和复合材料三大类。

1. 无机材料

无机材料包括混凝土与胶凝材料类、砖、天然石材与人造石材类、建筑陶瓷与建筑玻璃类、石膏

制品类、无机涂料类、建筑金属及五金类等。

无机材料一般都是不燃性材料。

2. 有机材料

有机材料包括建筑木材类、建筑塑料类、有机涂料类、装修性材料类、功能性材料类等。

有机材料的特点是质量轻，隔热性好，耐热应力作用，不易发生裂缝和爆裂等，热稳定性比无机材料差，且一般都具有可燃性。

3. 复合材料

复合材料是将有机材料和无机材料结合起来的材料，如复合板材等。复合材料一般都含有一定的可燃成分。

（二）按在建筑中的主要用途分类

建筑材料按在建筑中的主要用途不同，分为结构材料、构造材料、防水材料、地面材料、装修材料、绝热材料、吸声材料、卫生工程材料、防火等其他特殊材料。

二、建筑材料燃烧性能分级

（一）建筑材料燃烧性能的含义

建筑材料的燃烧性能是指当材料燃烧或遇火时所发生的一切物理和（或）化学变化。

建筑材料的燃烧性能是依据在明火或高温作用下，材料表面的着火性和火焰传播性、发烟、炭化、失重以及毒性生成物的产生等特性来衡量，它是评价材料防火性能的一项重要指标。

（二）建筑材料燃烧性能分级

根据材料燃烧火焰传播速率、材料燃烧热释放速率、材料燃烧热释放量、材料燃烧烟气浓度、材料燃烧烟气毒性等材料的燃烧特性参数，国家标准《建筑材料及制品燃烧性能分级》（GB8624 - 2006），将建筑材料的燃烧性能分为 A1、A2、B、C、D、E、F 七个级别。

1. A1 级材料

A1 级材料是指对包括充分发展火灾在内的所有火灾阶段都不会作出贡献。如无机矿物材料等。

2. A2 级材料

A2 级材料是指在充分发展火灾条件下，它对火灾荷载和火势增长不会产生明显增加，如金属材料等。

3. B 级材料

B 级材料是指在受到单一燃烧物的热攻击下，产生少量的横向火焰蔓延，其本身单独不会导致轰燃。如用有机物填充的混凝土和水泥刨花板等。

4. C 级材料

C 级材料是指在单体燃烧试验火源的热轰击下试样产生有限的横向火焰传播。

5. D 级材料

D 级材料是指在较长时间内能阻挡小火焰轰击而无明显火焰传播的制品。此外，它还能承受单体燃烧试验火源的热轰击，伴随产生足够滞后且有限的热释放量。

6. E 级材料

E 级材料是指短时间内能阻挡小火焰轰击而无明显火焰传播的材料。

7. F 级材料

F 级材料是指未做燃烧性能试验的材料和不符合 A1、A2、B、C、D、E 级的材料。如各类天然木材、木制人造板、竹材、纸制装饰板等。

建筑材料的燃烧性能等级和其燃烧性能的对应关系见表6-2。

表6-2 建筑材料及制品（铺地材料除外）燃烧性能分级

等级	试验标准		分级判据	附加分级
A1	GB/T5464[a] 且		$\Delta T \leqslant 30℃$，且 $\Delta m \leqslant 50\%$，且 $tf = 0$（无持续燃烧）	
	GB/T14402		$PCS \leqslant 2.0MJ/kg^a$ 且 $PCS \leqslant 2.0MJ/kg^b$ 且 $PCS \leqslant 1.4MJ/m^{2c}$ 且 $PCS \leqslant 2.0MJ/kg^d$ 且	
A2	GB/T5464[a] 或	且	$\Delta T \leqslant 50℃$，且 $\Delta m \leqslant 50\%$，且 $tf \leqslant 20s$	
	GB/T14402		$PCS \leqslant 3.0MJ/kg^a$ 且 $PCS \leqslant 4.0MJ/kg^b$ 且 $PCS \leqslant 4.0MJ/m^{2c}$ 且 $PCS \leqslant 3.0MJ/kg^d$	
	GB/T20284 且		$FIGRA \leqslant 120W/s$ 且 $LFS <$ 试样边缘且 $THR600s \leqslant 7.5MJ$	产烟量[e] 且 燃烧滴落物/微粒[f]
	GB/T20285			产烟毒性[i]
B	GB/T20284 且		$FIGRA \leqslant 120W/s$ 且 $LFS <$ 试样边缘且 $THR600s \leqslant 7.5MJ$	产烟量[e] 且 燃烧滴落物/微粒[f]
	GB/T8626[h] 点火时间 = 30s 且		60s 内 $Fs \leqslant 150mm$	
	GB/T20285			产烟毒性[i]
C	GB/T20284 且		$FIGRA \leqslant 250W/s$ 且 $LFS <$ 试样边缘且 $THR600s \leqslant 15MJ$	产烟量[e] 且 燃烧滴落物/微粒[f]
	GB/T8626[h] 点火时间 = 30s 且		60s 内 $Fs \leqslant 150mm$	
	GB/T20285			产烟毒性[i]
D	GB/T20284 且		$FIGRA \leqslant 750W/s$	产烟量[e] 和 燃烧滴落物/微粒[f]
	GB/T8626[h] 点火时间 = 30s 且		60s 内 $Fs \leqslant 150mm$	
E	GB/T8626[h] 点火时间 = 15s		20S 内 $Fs \leqslant 150mm$	燃烧滴落物/微粒[g]
F	无性能要求			

续表

a 匀质制品和非匀质制品的主要组分；

b①非匀质制品的外部次要组分；

②另一个可选择的判据是：对 PCS≤2.0MJ/m² 的外部次要组分，则要求满足 FIGRA≤20W/s、LFS＜试样边缘、THR600s≤4.0MJ、s¹ 和 d0；

c 非匀质制品的任一内部次要组分；

d 整体制品；

e 在试验程序的最后阶段，需对烟气测量系统进行调整，烟气测量系统的影响需进一步研究。由此导致评价产烟量的参数或极限值的调整。

s¹＝SMOGRA≤30m²/s² 且 TSP600s≤50m²；s²＝SMOGRA≤180m²/s² 且 TSP600s≤200m²；s³＝未达到 s¹ 或 s²；

fd0＝按 GB/T20284 规定，600s 内无燃烧滴落物/微粒；

d1＝按 GB/T20284 规定，600s 内燃烧滴落物/微粒持续时间不超过 10s；

d2＝未达到 d0 或 d1；

按照 GB/T8626 规定，过滤纸被引燃，则该制品为 d2 级；

g 通过＝过滤纸未被引燃；

未通过＝过滤纸被引燃（d2 级）；

h 火焰轰击制品的表面和（如果适合该制品的最终应用）边缘。

i —t0＝按 GB/T20285 规定的试验方法，达到 ZA1 级；

　—t1＝按 GB/T20285 规定的试验方法，达到 ZA3 级；

　—t2＝未达到 t0 或 t1。

第四节　建筑构件的燃烧性能和耐火极限

建筑构件是指构成建筑物的基础、墙体或柱、楼板、楼梯、门窗、屋顶承重构件等各个部分。建筑构件的燃烧性能和耐火极限是判定建筑构件承受火灾能力的两个基本要素。

一、建筑构件的燃烧性能

建筑构件的燃烧性能是由制成建筑构件的材料的燃烧性能来决定的。因此，建筑构件的燃烧性能取决于制成建筑构件的材料的燃烧性能。

根据建筑材料的燃烧性能不同，建筑构件的燃烧性能分为以下三类：

1. 不燃烧体

不燃烧体是指用不燃材料做成的建筑构件。如砖墙体、钢筋混凝土梁或楼板、钢屋架等构件。

2. 难燃烧体

难燃烧体是指用难燃材料做成的建筑构件或用可燃材料做成而用不燃材料做保护层的建筑构件。如经阻燃处理的木质防火门、木龙骨板条抹灰隔墙体、水泥刨花板等。

3. 燃烧体

燃烧体是指用可燃材料做成的建筑构件。如木柱、木屋架、木梁、木楼板等构件。

二、建筑构件的耐火极限

建筑构件起火或受热失去稳定性，能使建筑物倒塌破坏，造成人员伤亡和损失增大。为了安全疏散人员、抢救物质和扑灭火灾，要求建筑物应具有一定的耐火能力。建筑物耐火的能力取决于建筑构件的耐火极限。

（一）建筑构件耐火极限的含义

建筑构件的耐火极限是指在标准耐火试验条件下，建筑构件、配件或结构从受到火的作用时起，到失去稳定性、完整性或隔热性时止的这段时间，一般用小时表示。

（二）建筑构件耐火极限的判定条件

判定建筑构件是否达到了耐火极限有以下三个条件，当任一条件出现时，都表明该建筑构件达到了耐火极限。

1. 失去稳定性

失去稳定性，即构件失去支持能力，是指构件在受到火焰或高温作用下，由于构件材质性能的变化，自身解体或垮塌，使承载能力和刚度降低，承受不了原设计的荷载而破坏。如受火作用后钢筋混凝土梁失去支承能力、非承重构件自身解体或垮塌等，均属于失去支持能力的象征。

2. 失去完整性

失去完整性，即构件完整性被破坏，是指薄壁分隔构件在火灾高温作用下，发生爆裂或局部塌落，形成穿透裂缝或孔隙，火焰穿过构件，使其背火面可燃物起火。如受火作用后的板条抹灰墙，内部可燃板条先行自燃，一定时间后其背火面的抹灰层龟裂脱落，引起燃烧起火。

3. 失去隔热性

失去隔热性，即构件失去隔火作用，是指具有分隔作用的构件，背火面任一点的温度达到220℃时，构件失去隔火作用。以背火面温度升高到220℃作为界限，主要是因为构件上如果出现穿透裂缝，火能通过裂缝蔓延，或者构件背火面的温度达到220℃，这时虽然没有火焰过去，但这种温度已经能够使靠近构件背面的纤维制品自燃了。如纤维系列的棉花、纸张、化纤品等一些燃点较低的可燃物烤焦以致起火。

（三）主要构件耐火极限的影响因素

墙体的耐火极限与其材料和厚度有关；柱的耐火极限与其材料及截面尺度有关。钢柱虽为不燃烧体，但有无保护层可使其耐火极限差别很大。钢筋混凝土柱和砖柱都属不燃烧体，其耐火极限是随其截面的加大而上升；现浇整体式肋形钢筋混凝土楼板为不燃材料，其耐火极限取决于钢筋保护层的厚度。

第五节　建筑耐火等级

一、建筑耐火等级的含义

建筑耐火等级指根据有关规范或标准的规定，建筑物、构筑物或建筑构件、配件、材料所应达到的耐火性分级。

建筑耐火等级是衡量建筑物耐火程度的标准，它是由组成建筑物的墙体、柱、梁、楼板等主要构件的燃烧性能和最低耐火极限决定的。

二、建筑耐火等级的划分

（一）建筑耐火等级划分的目的

划分建筑耐火等级的目的，在于根据建筑物的不同用途提出不同的耐火等级要求，做到既有利于安全，又利于节约投资。大量火灾案例表明，耐火等级高的建筑，火灾时烧坏、倒塌的很少，造成的损失也小，而耐火等级低的建筑，火灾时不耐火，燃烧快，损失也大。因此，为了确保基本建筑构件能在一定的时间内不破坏、不传播火焰，从而起到延缓或阻止火势蔓延的作用，并为人员的疏散、物资的抢救和火灾的扑灭赢得时间以及为火灾后结构修复创造条件，应根据建筑物的使用性质确定其相应的耐火等级。

（二）建筑耐火等级的划分依据

我国现行国家有关标准选择楼板作为确定建筑构件耐火极限的基准。因为在诸多建筑构件中楼板是最具代表性的一种至关重要的构件。它作为直接承受人和物的构件，其耐火极限的高低对建筑物的损失和室内人员在火灾情况下的疏散有极大的影响。在制定分级标准时，首先确定各耐火等级建筑物中楼板的耐火极限，然后将其他建筑构件与楼板相比较，在建筑结构中所占的地位比楼板重要者，其耐火极限应高于楼板；比楼板次要者，其耐火极限可适当降低。

（三）建筑耐火等级的划分

按照建筑设计、施工及建筑结构的实际情况，并参考国外划分耐火等级的经验，我国建筑耐火等级的划分情况如下：

现行国家标准《建筑设计防火规范》（GB50016）将建筑耐火等级从高到低划分为以下四类：一级耐火等级、二级耐火等级、三级耐火等级、四级耐火等级。其中厂房、仓库的建筑构件的燃烧性能和耐火极限不应低于表6-3的要求，单、多层民用建筑的建筑构件的燃烧性能和耐火极限不应低于表6-4的要求。

表6-3　厂房（仓库）建筑构件的燃烧性能和耐火极限（h）

构件名称		耐火等级			
		一级	二级	三级	四级
墙	防火墙	不燃烧体3.00	不燃烧体3.00	不燃烧体3.00	不燃烧体3.00
	承重墙	不燃烧体3.00	不燃烧体2.50	不燃烧体2.00	难燃烧体0.50
	楼梯间和电梯井的墙	不燃烧体2.00	不燃烧体2.00	不燃烧体1.50	难燃烧体0.50
	疏散走道两侧的隔墙	不燃烧体1.00	不燃烧体1.00	不燃烧体0.50	难燃烧体0.25
	非承重外墙	不燃烧体0.75	不燃烧体0.50	难燃烧体0.50	难燃烧体0.25
	房间隔墙	不燃烧体0.75	不燃烧体0.50	难燃烧体0.50	难燃烧体0.25
柱		不燃烧体3.00	不燃烧体2.50	不燃烧体2.00	难燃烧体0.50
梁		不燃烧体2.00	不燃烧体1.50	不燃烧体1.00	难燃烧体0.50
楼板		不燃烧体1.50	不燃烧体1.00	不燃烧体0.75	难燃烧体0.50
屋顶承重构件		不燃烧体1.50	不燃烧体1.00	难燃烧体0.50	燃烧体
疏散楼梯		不燃烧体1.50	不燃烧体1.00	不燃烧体0.75	燃烧体
吊顶（包括吊顶搁栅）		不燃烧体0.25	难燃烧体0.25	难燃烧体0.15	燃烧体

注：二级耐火等级建筑的吊顶采用不燃烧体时，其耐火极限不限。

现行国家标准《高层民用建筑设计防火规范》（GB50045）将建筑耐火等级从高到低划分为一级耐火等级和二级耐火等级两类，其建筑构件的燃烧性能和耐火极限不应低于表6-5的要求。

三、建筑构件燃烧性能、耐火极限与建筑耐火等级之间的关系

建筑构件的燃烧性能、耐火极限与建筑耐火等级三者之间有着密切的关系。在同样厚度和截面尺寸条件下，不燃烧体与燃烧体相比，前者的耐火等级肯定比后者高许多。不同耐火等级的建筑物除规定了建筑构件最低耐火极限外，对其燃烧性能也有具体要求，概括起来是：一级耐火等级建筑的主要构件，都是不燃烧体；二级耐火等级的主要建筑的构件，除吊顶为难燃烧体外，其余构件都是不燃烧体；三级耐火等级建筑的构件，除吊顶和隔墙体为难燃烧体外，其余构件为不燃烧体；四级耐火等级建筑的构件，除防火墙体外其余构件有的用难燃烧体，有的用燃烧体。

表6-4　单、多层民用建筑建筑构件的燃烧性能和耐火极限（h）

名称		耐火等级			
构件		一级	二级	三级	四级
墙	防火墙	不燃烧体 3.00	不燃烧体 3.00	不燃烧体 3.00	不燃烧体 3.00
	承重墙	不燃烧体 3.00	不燃烧体 2.50	不燃烧体 2.00	难燃烧体 0.50
	非承重外墙	不燃烧体 1.00	不燃烧体 1.00	不燃烧体 0.50	燃烧体
	楼梯间的墙 电梯井的墙 住宅单元之间的墙 住宅分户墙	不燃烧体 2.00	不燃烧体 2.00	不燃烧体 1.50	难燃烧体 0.50
	疏散走道两侧的隔墙	不燃烧体 1.00	不燃烧体 1.00	不燃烧体 0.50	难燃烧体 0.25
	房间隔墙	不燃烧体 0.75	不燃烧体 0.50	难燃烧体 0.50	难燃烧体 0.25
柱		不燃烧体 3.00	不燃烧体 2.50	不燃烧体 2.00	难燃烧体 0.50
梁		不燃烧体 2.00	不燃烧体 1.50	不燃烧体 1.00	难燃烧体 0.50
楼板		不燃烧体 1.50	不燃烧体 1.00	不燃烧体 0.50	燃烧体
燃烧体		屋顶承重构件	不燃烧体 1.50	不燃烧体 1.00	燃烧体
疏散楼梯		不燃烧体 1.50	不燃烧体 1.00	不燃烧体 0.50	燃烧体
吊顶（包括吊顶搁栅）		不燃烧体 0.25	难燃烧体 0.25	难燃烧体 0.15	燃烧体

注：1. 除本规范另有规定者外，以木柱承重且以不燃烧材料作为墙体的建筑物，其耐火等级应按四级确定；

2. 二级耐火等级建筑的吊顶采用不燃烧体时，其耐火极限不限；

3. 在二级耐火等级的建筑中，面积不超过100m² 的房间隔墙，如执行本表的规定确有困难时，可采用耐火极限不低于0.30h 的不燃烧体；

4. 一、二级耐火等级建筑疏散走道两侧的隔墙，按本表规定执行确有困难时，可采用耐火极限不低于0.75h 的不燃烧体；

5. 住宅建筑构件的耐火极限和燃烧性能可按现行国家标准《住宅建筑规范》（GB50368）的规定执行。

表6-5 高层民用建筑的建筑构件的燃烧性能和耐火极限（h）

构件名称		一级	二级
墙	防火墙	不燃烧体 3.00	不燃烧体 3.00
	承重墙、楼梯间的墙、电梯井的墙、住宅单元之间的墙、住宅分户墙	不燃烧体 2.00	不燃烧体 2.00
	非承重外墙、疏散走道两侧的隔墙	不燃烧体 1.00	不燃烧体 1.00
	房间隔墙	不燃烧体 0.75	不燃烧体 0.50
柱		不燃烧体 3.00	不燃烧体 2.50
梁		不燃烧体 2.00	不燃烧体 1.50
楼板、疏散楼梯、屋顶承重构件		不燃烧体 1.50	不燃烧体 1.00
吊顶		不燃烧体 0.25	难燃烧体 0.25

四、建筑耐火等级的选定

建筑耐火等级的选择主要根据建筑物的重要性、建筑物的高度和其在使用中的火灾危险性进行确定，具体应符合国家消防技术标准的有关规定。如一类高层民用建筑耐火等级应为一级，二类高层民用建筑耐火等级不应低于二级，裙房的耐火等级不应低于二级，高层民用建筑地下室的耐火等级应为一级。

五、建筑耐火等级的检查评定

在实践中检查评定建筑物的耐火等级，可根据建筑结构类型进行判定。通常情况下：钢筋混凝土的框架结构及板墙结构、砖混结构，可定为一、二级耐火等级建筑；用木结构屋顶、钢筋混凝土楼板和砖墙组成的砖木结构，可定为三级耐火等级建筑；以木柱、木屋架承重，难燃烧体楼板和墙的可燃结构建筑可定为四级耐火等级建筑。

第六节 建筑总平面布局防火要求

建筑总平面布局是建筑防火需考虑的一项重要内容，其要满足城市规划和消防安全的要求。通常应根据建筑物的使用性质、生产经营规模、建筑高度、建筑体积及火灾危险性、所处的环境、地形、风向等因素等，合理确定其建筑位置、防火间距、消防车道和消防水源等，以消除或减少建筑物之间及周边环境的相互影响和火灾危害。

一、建筑选址

（一）周围环境选择

各类建筑在规划建设时，要考虑周围环境的相互影响。特别是工厂、仓库选址时，既要考虑本单位的安全，又要考虑邻近的企业和居民的安全。生产、储存和装卸易燃易爆危险物品的工厂、仓库和专用车站、码头，必须设置在城市的边缘或者相对独立的安全地带。易燃易爆气体和液体的充装站、供应站、调压站，应当设置在合理的位置，符合防火防爆要求。

（二）地势条件选择

建筑选址时，还要充分考虑和利用自然地形、地势条件。甲、乙、丙类液体的仓库，宜布置在地势较低的地方，以免火灾对周围环境造成威胁。遇水产生可燃气体容易发生火灾爆炸的企业，严禁布置在可能被水淹没的地方。生产、储存爆炸物品的企业，宜利用地形，选择多面环山、附近没有建筑的地方。

（三）考虑主导风向

散发可燃气体、可燃蒸气和可燃粉尘的车间、装置等，宜布置在明火或散发火花地点的常年主导风向的下风或侧风向。液化石油气储罐区宜布置在本单位或本地区全年最小频率风向的上风侧，并选择通风良好的地点独立设置。易燃材料的露天堆场宜设置在天然水源充足的地方，并宜布置在本单位或本地区全年最小频率风向的上风侧。

（四）划分功能区

规模较大的企业，要根据实际需要，合理划分生产区、储存区（包括露天储存区）、生产辅助设施区、行政办公和生活福利区等。同一企业内，若有不同火灾危险的生产建筑，则应尽量将火灾危险性相同的或相近的建筑集中布置，以利采取防火防爆措施，便于安全管理。易燃、易爆的工厂、仓库的生产区、储存区内不得修建办公楼、宿舍等民用建筑。

二、防火间距

（一）防火间距的含义

防止着火建筑的辐射热在一定时间内引燃相邻建筑，且便于消防扑救的间隔距离称为防火间距。为了防止建筑物发生火灾后，因热辐射等作用向相邻建筑物之间相互蔓延，并为消防扑救创造条件，各类建（构）筑物、堆场、储罐、电力设施等之间应保持一定的防火间距。

（二）防火间距的影响因素

影响防火间距的因素较多、条件各异，从火灾蔓延角度看，主要有热辐射、热对流、风向与风速、外墙材料的燃烧性能及其开口面积大小、室内堆放的可燃物种类及数量、相邻建筑物的高度、室内消防设施情况、消防扑救力量等。

（三）防火间距的确定

在综合考虑满足扑救火灾需要、防止火势向邻近建筑蔓延扩大以及节约用地等因素基础上，现行国家标准《建筑设计防火规范》（GB50016）、《高层民用建筑设计防火规范》（GB50045）、《汽车库、修车库、停车场设计防火规范》（GB50067）等对各类建（构）筑物、堆场、储罐、电力设施等之间的防火间距均作了具体规定。

三、消防车道和消防扑救面

（一）消防车道

1. 设置消防车道的目的

设置消防车通道的目的是为了保证发生火灾时，消防车能畅通无阻，迅速到达火场，及时扑灭火灾，减少火灾损失。

2. 消防车道的设置

消防车道的设置应考虑消防车的通行，并满足灭火和抢险救援的需要。消防车道的具体设置应符合国家有关消防技术标准的规定。

（二）消防扑救面

1. 消防扑救面的含义

消防扑救面是指登高消防车能靠近高层主体建筑，便于消防车作业和消防人员进入高层建筑进行救人和灭火的建筑立面。

2. 消防扑救面的设置

高层民用建筑和高层工业建筑应设置消防扑救面，其具体设置要求应符合现行国家标准《高层民用建筑设计防火规范》（GB50045）、《建筑设计防火规范》（GB50016）的有关规定。

第七节　建筑防火、防烟分区

一、建筑防火分区

（一）建筑防火分区的含义

所谓防火分区是指在建筑内部采用防火墙、耐火楼板及其他防火分隔设施分隔而成，能在一定时间内防止火灾向同一建筑的其余部分蔓延的局部空间。

（二）划分防火分区的目的

建筑防火分区是控制建筑物火灾的基本空间单元。当建筑物的某空间发生火灾，火势便会从门、窗、洞口，沿水平方向和垂直方向向其他部位蔓延扩大，最后发展成为整座建筑的火灾。因此，在建筑物内划分防火分区的目的，就在于发生火灾时将火控制在局部范围内，阻止火势蔓延，以便于人员安全疏散，有利于消防扑救，减少火灾损失。

（三）建筑防火分区的类型

建筑防火分区分水平防火分区和垂直防火分区。

1. 水平防火分区

所谓水平防火分区是指在同一个水平面（同层）内，采用具有一定耐火能力的防火分隔物（如防火墙或防火门、防火卷帘等），将该楼层在水平方向分隔为若干个防火区域、防火单元，阻止火灾在水平方向蔓延。

2. 垂直防火分区

所谓垂直防火分区是指上、下层分别用一定耐火性能的楼板和窗间墙等构件进行分隔，防止火势沿着建筑物各种竖向通道向上部楼层蔓延。

（四）建筑防火分区的划分原则

防火分区的划分应根据建筑物使用性质、火灾危险性以及建筑物耐火等级、建筑物规模、室内容纳人员和可燃物的数量、消防扑救能力和力量配置、人员疏散难易程度及建设投资等方面进行综合考虑，既要从限制火势蔓延，减少损失方面考虑，又要顾及平时使用管理，以节约投资。具体国家有关消防技术标准对防火分区的最人允许建筑面积都有明确规定。建筑防火分区的划分原则是：

1. 分区的划分必须与使用功能的布置相统一；

2. 分区应保证安全疏散的正常和优先；

3. 分隔物应首先选用固定分隔物；

4. 越重要、越危险的区域防火分区面积越小；

5. 设有自动灭火系统的防火分区，其允许最大建筑面积可按要求增加一倍；当局部设自动灭火系统时，增加面积可按该局部面积的一倍计算。

二、建筑防烟分区

（一）防烟分区的含义

防烟分区是指在建筑屋顶或顶棚、吊顶下采用具有挡烟功能的构配件分隔而成，且具有一定蓄烟的空间。

（二）划分防烟分区的目的

建筑物内应根据需要划分防烟分区，其目的是为了在火灾初期阶段将产生的烟气控制在一定区域内，并通过排烟设施将烟气迅速有组织地排出室外，防止烟气侵入疏散通道或蔓延到其他区域，以满足人员安全疏散和消防扑救的需要。

（三）防烟分区划分构件

防烟分区划分构件可采用：挡烟隔墙、挡烟梁（突出顶棚不小于50cm）、挡烟垂壁（用不燃材料制成，从顶棚下垂不小于50cm的固定或活动的挡烟设施）。

（四）防烟分区的划分原则

防烟分区划分遵循以下原则：

1. 防烟分区不应跨越防火分区；

2. 每个防烟分区所占据的建筑面积一般应控制在500m^{2}以内，当建筑物顶棚高度在3m以上时允许适当扩大，但最大不超过1000m^2；

3. 净空高度超过6m的房间，不划分防烟分区，防烟分区的面积等于防火分区的面积。

本章【学习目标】

通过学习，要求初、中级建（构）筑物消防员基本了解建筑物的分类和构造、建筑材料的分类及燃烧性能分级、建筑耐火等级、建筑火灾的发展过程，重点掌握建筑火灾的蔓延方式和途径、防火间距、消防车道和消防扑救面、建筑防火分区和防烟分区。高级以上建（构）筑物消防员必须全面掌握本章各节的基础知识。

思考与练习题

1. 建筑物分为哪些类型？

2. 高层民用建筑按使用性质、火灾危险性、疏散和扑救难度等分为哪几类？

3. 工业建筑按生产类别及储存物品类别的火灾危险性特征分为哪几类？

4. 建筑物由哪几大部分构成？

5. 简述建筑火灾的发展和蔓延规律。

6. 简述建筑火灾蔓延的方式和途径。

7. 建筑材料如何分类？

8. 建筑材料燃烧性能如何分级？

9. 建筑构件的燃烧性能分为哪三类？

10. 何谓建筑构件的耐火极限？如何判定？

11. 何谓建筑耐火等级？不同建筑耐火等级有何规定？高层民用建筑的耐火等级如何选定？

12. 简述建筑防火分区的含义。建筑物为什么要划分防火分区？建筑防火分区的划分原则是什么？

13. 简述防烟分区的含义。划分防烟分区的目的是什么？划分防烟分区可采用哪些构件？

第七章 建筑消防设施基础知识

建筑消防设施是指建、构筑物中设置的用于火灾报警、灭火、人员疏散、防火分隔、灭火救援行动等设施的总称。其主要包括：火灾自动报警系统、自动灭火系统、消火栓系统、防烟排烟系统以及应急广播和应急照明、防火分隔、安全疏散设施等。

本章只重点介绍火灾自动报警系统、防烟排烟系统和灭火设施方面的基础知识。关于防火分隔、安全疏散设施、应急广播和应急照明设施方面的相关基础知识，详见本书第二篇第一章的有关内容。

第一节 火灾自动报警系统

一、火灾自动报警系统的作用

火灾自动报警系统是一种设置在建、构筑物中，用以实现火灾早期探测和报警、向各类消防设备发出控制信号，进而实现预定消防功能的一种自动消防设施。火灾自动报警系统对早期发现和通报火灾，及时通知人员疏散并进行灭火，以及预防和减少人员伤亡、控制火灾损失等方面起着至关重要的作用。

二、火灾自动报警系统的设置场所

现行国家标准《建筑设计防火规范》（GB50016）、《高层民用建筑设计防火规范》（GB50045）、《人民防空工程设计防火规范》（GB50098）、《汽车库、修车库、停车场设计防火规范》（GB50067）、《飞机库设计防火规范》（GB50284）、《石油库设计规范》（GB50074）、《石油化工企业设计防火规范》（GB50160）、《钢铁冶金企业设计防火规范》（GB50414）等中对火灾自动报警系统的设置场所分别作了具体规定。因此，系统设置时应符合现行国家标准的有关规定。

三、火灾自动报警系统的构成及工作原理

（一）火灾自动报警系统的构成

火灾自动报警系统一般由火灾探测报警系统、消防联动控制系统、可燃气体探测报警系统和电气火灾监控系统等构成。

1. 火灾探测报警系统

火灾探测报警系统由触发器件、火灾报警装置、火灾警报装置等设备组成，完成火灾探测报警功能，如图7-1所示。

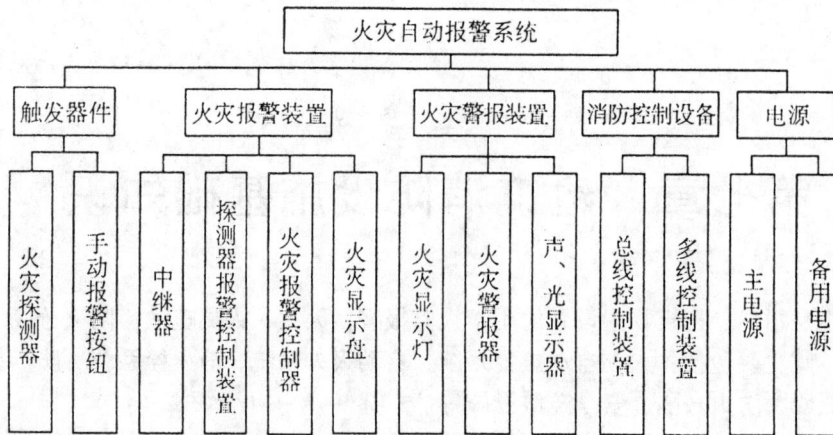

图 7-1　火灾自动报警系统组成示意图

2. 消防联动控制系统

消防联动控制系统由消防联动控制器、模块、消防电气控制装置、消防电动装置等设备组成，完成消防联动控制功能；并能接收和显示消防应急广播系统、消防应急照明和疏散指示系统、防排烟系统、防火门及卷帘系统、消火栓系统、各类灭火系统、消防电梯等消防系统或设备的动态信息。

3. 可燃气体探测报警系统

可燃气体探测报警系统应由可燃气体报警控制器和可燃气体探测器组成。

4. 电气火灾监控系统

电气火灾监控系统应由电气火灾监控设备和电气火灾监控探测器组成。

（二）火灾自动报警系统的工作原理

火灾自动报警系统的工作原理是：平时安装在建、构筑物内的火灾探测器长年累月地实时监测被警戒的现场或对象。当建、构筑物内某一被监视现场发生火灾时，火灾探测器探测到火灾产生的烟雾、高温、火焰及火灾特有的气体等信号并转换成电信号，立即传送到火灾报警控制器，控制器接收到火警信号，经过与正常状态阈值或参数模型分析比较，若确认着火，则输出两回路信号：一路指令声光报警显示装置动作，显示火灾现场地址（楼层、房号等），记录下发生火灾的时间，同时启动警报装置发出音响报警，告诫火场现场人员投入灭火操作或从火灾现场疏散；另一路指令启动消防控制设备，自动联动启动断电控制装置、防排烟设施、防火卷帘、消防电梯、火灾应急照明、消火栓、自动灭火系统等消防设施，防止火灾蔓延、控制火势、及时扑救火灾。一旦火灾被扑灭，火灾自动报警系统又回到正常监控状态。另外，为了防止系统失控或执行器中组件、阀门失灵而贻误救火时间，现场附近还设有手动报警按钮，用以手动报警以及控制执行器动作，以便及时扑灭火灾。

第二节　防排烟系统

一、防排烟系统的作用

大量火灾表明，烟气是导致建筑火灾人员伤亡的最主要原因，建筑物内设置防排烟系统，主要有以下三个方面的作用。

（一）为安全疏散创造有利条件

火灾统计和试验表明，凡设有完善的防排烟设施和自动喷水灭火系统的建筑，很少由于浓烟或高温作用，使室内人员睁不开眼，透不过气的情况，对疏散方向、路线较为清楚，一般都能为安全疏散创造有利条件。

（二）为消防扑救创造有利条件

当建筑物发生火灾处于熏烧阶段，房间充满烟雾、门窗处于紧闭状态，在这种情况下，当消防人员进入火场时，由于浓烟和热气的作用，往往使消防人员睁不开眼，看不清火场情况，不能迅速而准确地确定起火点，大大影响了灭火战斗。但如果采取了防排烟设施，则就可避免以上现象，从而为消防扑救创造有利条件。

（三）控制火势蔓延

试验表明，设有完善防排烟设施的建筑，发生火灾时不但能排除大量烟气，还能排出一场火灾中70%～80%的热量，从而起到控制火势蔓延的作用。

二、防排烟系统的设置场所

现行国家标准《建筑设计防火规范》（GB50016）、《高层民用建筑设计防火规范》（GB50045）、《人民防空工程设计防火规范》（GB50098）、《汽车库、修车库、停车场设计防火规范》（GB50067）等中对防排烟系统的设置场所分别作了具体规定。因此，系统设置时应符合现行国家标准的有关规定。

三、防排烟系统的组成及工作原理

防排烟系统分为防烟系统和排烟系统。防烟系统是指采用机械加压送风方式或自然通风方式，防止建筑物发生火灾时烟气进入疏散通道和避难场所的系统。排烟系统是指采用机械排烟方式或自然通风方式，将烟气排至建筑物外，控制建筑内的有烟区域保持一定能见度的系统。自然排烟系统主要有自然排烟口等组成，相对较简单，下面主要介绍机械排烟系统和机械加压送风防烟系统的组成及工作原理。

（一）机械排烟系统的组成及工作原理

机械排烟系统是由排烟口、排烟防火阀、排烟管道、排烟风

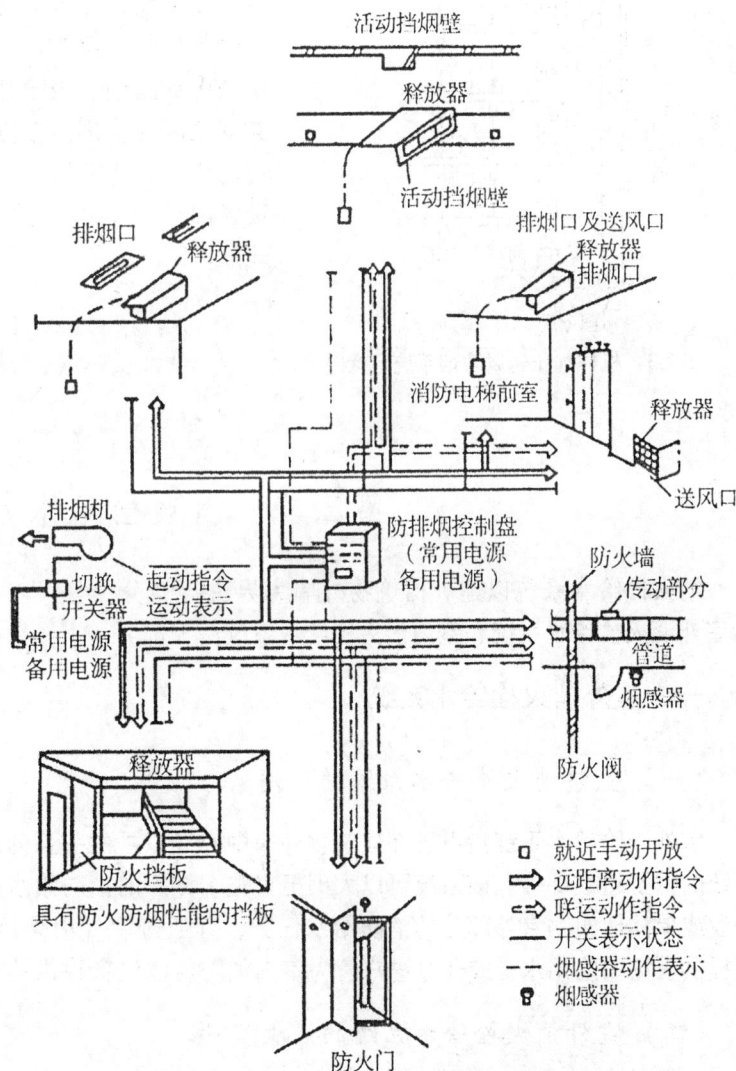
图 7-2 机械排烟系统的组成示意图

机、排烟出口及防排烟控制器等组成，如图7-2所示。当建筑物内发生火灾时，由火场人员手动控制或由感烟探测器将火灾信号传递给防排烟控制器，开启活动的挡烟垂壁将烟气控制在发生火灾的防烟分区内，并打开排烟口以及和排烟口联动的排烟防火阀，同时关闭空调系统和送风管道内的防火调节阀防止烟气从空调、通风系统蔓延到其他非着火房间，最后由设置在屋顶的排烟机将烟气通过排烟管道排至室外。

（二）机械加压送风防烟系统的组成及工作原理

机械加压送风防烟系统主要由送风口、送风管道、送风机和风机控制柜等组成，如图7-3所示。

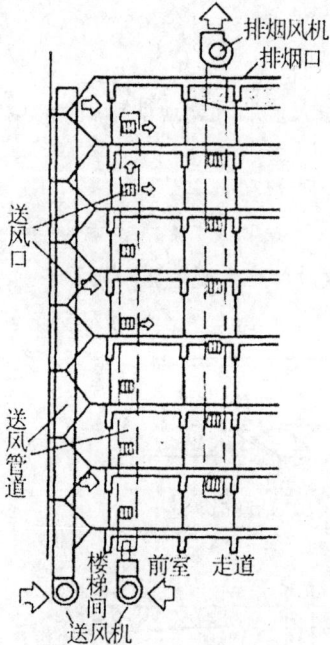

机械防烟是在疏散通道等需要防烟的部位送入足够的新鲜空气，使其维持高于建筑物其他部位的压力，从而把着火区域所产生的烟气堵截于防烟部位之外。图7-4为加压送风防烟原理图，其中图7-4（a）为前室加压送风、楼梯间加压送风、走道排烟；图7-4（b）为前室加压送风、楼梯间自然排烟（楼梯间靠外墙）、走道排烟。为保证疏散通道不受烟气侵害使人员安全疏散，发生火灾时，从安全性角度出发，建筑内可分为四个安全区：第一类安全区为防烟楼梯间、避难层；第二类安全区为防烟楼梯间前室、消防电梯间前室或合用前室；第三类安全区为走道；第四类安全区为房间。依据上述原则，加压送风时应使防烟楼梯间压力＞前室压力＞走道压力＞房间压力，同时还要保证各部分之间的压差不要过大，以免造成开门困难影响疏散。

图7-3　机械加压送风防烟系统示意图

第三节　消火栓给水系统

消火栓给水系统以建、构筑物外墙为界进行划分，分为室外消火栓给水系统和室内消火栓给水系统两大部分。

一、室外消火栓给水系统

（一）室外消火栓给水系统的作用

室外消防给水系统指设置在建筑物外墙中心线以外的一系列消防给水工程设施，是建筑消防给水系统的重要组成部分。该系统可以大到担负整个城镇的消防给水任务，小到可能仅担负居住区、工矿企业或单体建筑物室外部分的消防给水任务，其通过室外消火栓（或消防水鹤）为消防车等消防设备提供火场消防用水，或通过进户管为室内消防给水设备提供消防用水。

（二）室外消火栓给水系统的设置场所

现行国家标准《建筑设计防火规范》（GB50016）、《高层民用建筑设计防火规范》（GB50045）、

《汽车库、修车库、停车场设计防火规范》（GB50067）、《石油化工企业设计防火规范》（GB50160）、《钢铁冶金企业设计防火规范》（GB50414）等中对室外消火栓给水系统的设置分别作了具体规定。因此，系统设置时应符合现行国家标准的有关规定。

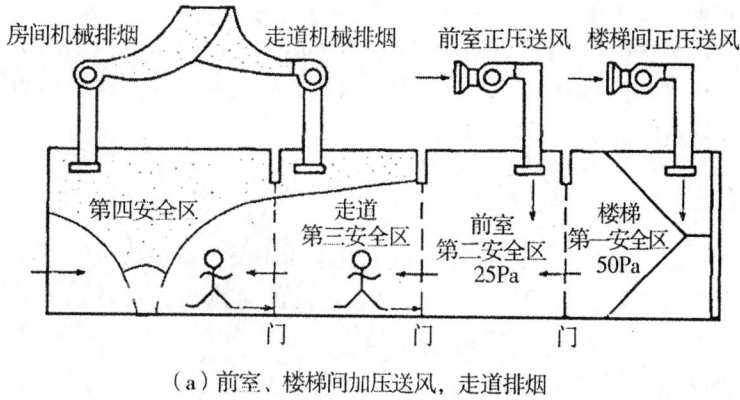

（a）前室、楼梯间加压送风，走道排烟

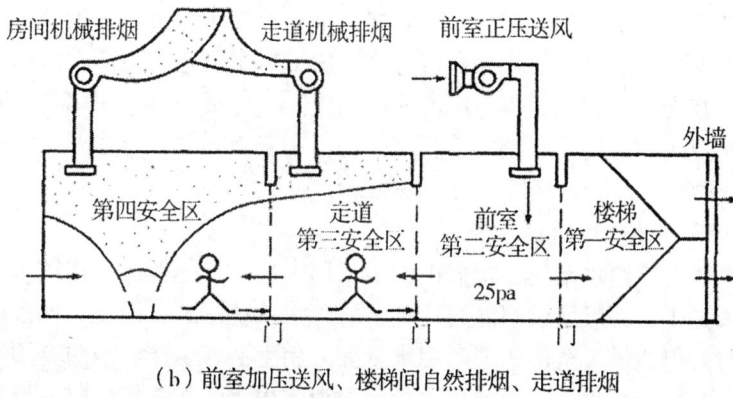

（b）前室加压送风、楼梯间自然排烟、走道排烟

图 7-4 加压送风防烟的原理图

（三）室外消火栓给水系统的组成

根据室外消火栓给水系统的类型和水源、水质等情况不同，系统在组成上不尽相同。有的比较复杂，像生活、生产、消防合用室外给水系统，如图 7-5 所示，通常由消防水源、取水设施、水处理设施、给水设备、给水管网和室外消火栓等设施所组成。而独立消防给水系统相对就比较简单，省缺了水处理设施。

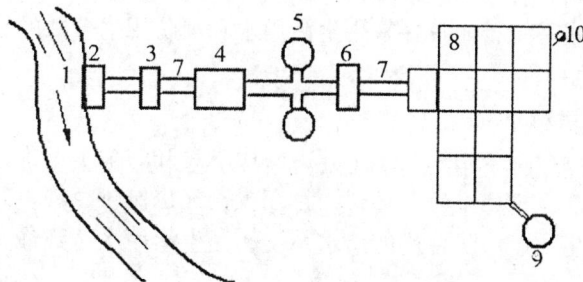

图 7-5 室外消防给水系统组成示意图

1—消防水源；2—取水设施；3——级泵站；4—净化水处理设施；5—清水池；
6—二级泵泵站；7—输水管；8—给水管网；9—水塔；10—室外消火栓

（四）室外消防给水系统的类型

1. 按水压不同分类

（1）室外低压消防给水系统

室外低压消防给水系统，指系统管网内平时水压较低，一般只负担提供消防用水量，火场上水枪所需的压力，由消防车或其他移动式消防水泵加压产生。一般城镇和居住区多为这种系统。采用低压消防给水系统时，其管道内的供水压力应保证灭火时最不利点消火栓处的水压不小于0.1MPa（从室外地面算起）。

（2）室外临时高压消防给水系统

室外临时高压消防给水系统，指系统管网内平时水压不高，发生火灾时，临时启动泵站内的高压消防水泵，使管网内的供水压力达到高压消防给水管网的供水压力要求。一般在石油化工厂或甲、乙、丙类液体、可燃气体储罐区内多采用这种系统。

（3）室外高压消防给水系统

室外高压消防给水系统指无论有无火警，系统管网内经常保持足够的水压和消防用水量，火场上不需使用消防车或其他移动式消防水泵加压，直接从消火栓接出水带、水枪即可实施灭火。在有可能利用地势设置高地水池时，或设置集中高压消防水泵房，可采用室外高压消防给水系统。采用室外高压消防给水系统时，其管道内的供水压力应能保证在生产、生活和消防用水量达到最大用水量时，布置在保护范围内任何建筑物最高处水枪的充实水柱仍不小于10m。

2. 按用途不同分类

（1）生产、生活、消防合用给水系统

生产、生活、消防合用给水系统，指居民的生活用水、工厂企业的生产用水及城镇的消防用水统一由一个给水系统来提供。一般城镇都采用这种消防给水系统形式，因此，该系统应满足在生产、生活用水量达到最大时，仍能供应全部的消防用水量。采用生活、生产、消防合用给水系统可以节省投资，且系统利用率高，特别是生活、生产用水量大而消防用水量相对较小时，这种系统更为适宜。但应该指出，目前我国许多城市缺水现象严重，消防用水量难以满足，存在着消火栓数量不够、水压不足的问题，针对这种情况，应采取相应的补救措施，例如，可视具体情况考虑设置一些必要的储存消防用水设施。

（2）生产、消防合用给水系统

在某些企事业单位内，可设置生产、消防共用一个给水系统，但要保证当生产用水量达到最大小时流量时，仍能保证全部的消防用水量，并且还应确保消防用水时不致引起生产事故、生产设备检修时不致引起消防用水的中断。生产用水与消防用水的水压要求往往相差很大，在消防用水时可能影响生产用水，或由于水压提高，生产用水量增大而影响消防用水量。因此，在工厂企业内较少采用生产用水和消防用水合并的给水系统，而较多采用生活用水和消防用水合并的给水系统，并辅以独立的生产给水系统。

（3）生活、消防合用给水系统

城镇和机关事业单位内广泛采用生活用水和消防用水合并的给水系统。这种系统形式可以保持管网内的水经常处于流动状态，水质不易变坏，而且在投资上也比较经济，并便于日常检查和保养，消防给水较安全可靠。采用生活、消防合用的给水系统，当生活用水达到最大小时流量时，仍应保证全部消防用水量。

（4）独立的消防给水系统

工业企业内生产和生活用水较小而消防用水量较大时，或生产用水可能被易燃、可燃液体污染时，以及易燃液体和可燃气体储罐区，常采用独立的消防给水系统。独立消防给水系统只在灭火时才使用，投资较大，因此，往往建成临时高压给水系统。

二、室内消火栓给水系统

（一）室内消火栓给水系统的作用

室内消火栓给水系统是指一种既可供火灾现场人员使用消火栓箱内的消防水喉或水枪扑救建筑物的初期火灾，又可供消防队员扑救建筑物大火的室内灭火系统。在以水为灭火剂的消防给水系统中，室内消火栓给水系统在灭火效果和扑灭火灾的及时迅速方面不如自动喷水灭火系统，但工程造价低，节省投资，适合我国国情。因此，该系统是建、构筑物应用最广泛的一种主要灭火系统。

（二）室内消火栓给水系统的设置场所

现行国家标准《建筑设计防火规范》（GB50016）、《高层民用建筑设计防火规范》（GB50045）、《人民防空工程设计防火规范》（GB50098）、《汽车库、修车库、停车场设计防火规范》（GB50067）、《石油化工企业设计防火规范》（GB50160）、《钢铁冶金企业设计防火规范》（GB50414）等中对室内消火栓给水系统的设置场所分别作了具体规定。因此，系统设置时应符合现行国家标准的有关规定。

（三）室内消火栓给水系统的组成

室内消火栓给水系统由消防水源、消防给水设施、消防给水管网、室内消火栓设备、控制设备等组件组成，如图7-6所示。其中消防给水设施包括消防水泵、消防水箱、水泵接合器等，该设施的主要任务是为系统储存并提供灭火用水；给水管网包括进水管、水平干管、消防竖管等，其任务是向室内消火栓设备输送灭火用水；室内消火栓设备包括水带、水枪、水喉等，它是供人员灭火使用的主要工具；控制设备用于启动消防水泵，并监控系统的工作状态。通过这些设施有机协调的工作，确保系统的灭火效果。

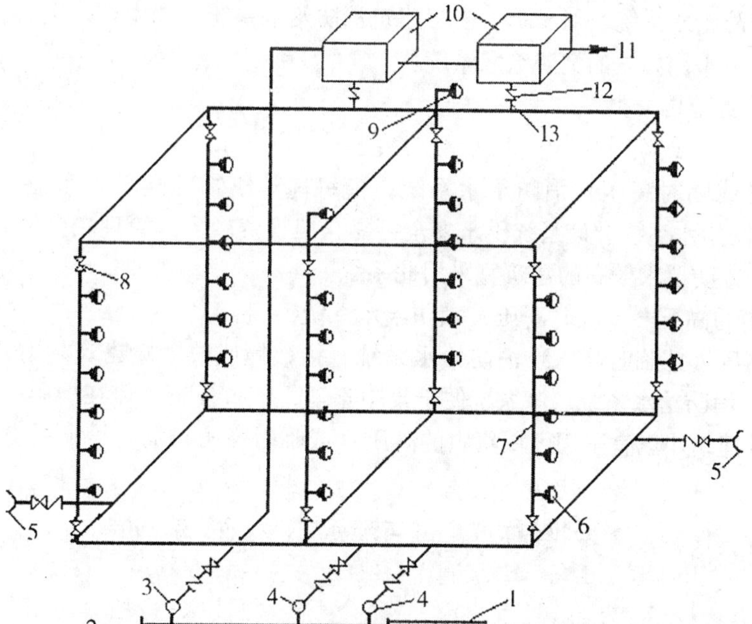

图7-6　室内消火栓给水系统组成示意图

1—进水管；2—消防水池；3—生活泵；4—消防水泵；5—水泵接合器；6—室内消火栓；
7—室内消防给水管网；8—阀门；9—屋顶消火栓；10—消防水箱；11—生产、生活用水出水管；
12—单向阀；13—消防用水出水管；L—水流指示器

（四）室内消火栓给水系统的类型

1. 按压力高低分类

（1）室内高压消防给水系统

室内高压消防给水系统（又称常高压消防给水系统），指无论有无火警系统经常能保证最不利点灭火设备处有足够高的水压，火灾时不需要再开启消防水泵加压。一般当室外有可能利用地势设置高位水池（例如在山岭上较高处设置消防水池）或设置区域集中高压消防给水系统时，才具备高压消防给水系统的条件。

（2）临时高压消防给水系统

临时高压消防给水系统，指系统平时仅能保证消防水压而不能保证消防用水量，发生火灾时，通过启动消防水泵提供灭火用水量。独立的高层建筑消防给水系统，一般均为临时高压消防给水系统。

2. 按用途分类

（1）合用的消防给水系统

合用的消防给水系统又分生产、生活和消防合用给水系统、生活和消防合用给水系统、生产和消防合用给水系统。当室内生活与生产用水对水质要求相近，消防用水量较小，室外给水系统的水压较高，管径较大，且利用室外管网直接供水的低层公共建筑和厂房可采用生产、生活和消防合用给水系统；对生活用水量较小，而消防用水量较大的低层工业与民用建筑，为节约投资，可采用生活和消防合用给水系统；对生产用水量很大，消防用水量较小，而且在消防用水时不会引起生产事故，生产设备检修时不会引起消防用水中断的低层厂房可采用生产和消防合用给水系统。由于生产和消防用水的水质和水压要求相差较大，一般很少采用生产和消防合用给水系统。

（2）独立的消防给水系统

对于高层建筑，为满足发生火灾立足于自救，保证充足的消防用水量和水压，该建筑消防给水系统应采用独立的消防给水系统。对于单、多层建筑消防给水系统，如生产、生活、消防合并不经济或技术上不可能时，可采用独立的消防给水系统。

3. 按系统的服务范围分类

（1）独立的高压（或临时高压）消防给水系统

独立的高压（或临时高压）消防给水系统，指每幢建筑物独立设置水池、水泵和水箱的高压（或临时高压）消防给水系统。该系统供水安全可靠，但投资较大，管理较分散。对于重要的高层建筑以及在地震区、人防要求较高的建筑宜采用此系统。

（2）区域集中的高压（或临时高压）消防给水系统

区域集中的高压（或临时高压）消防给水系统，指数幢或数十幢建筑共用一个加压水泵房的高压（或临时高压）消防给水系统。该系统便于集中管理，节省投资，但在地震区安全性较低。因此，对于有合理规划的建筑小区宜采用区域集中的高压（或临时高压）消防给水系统。

第四节　自动喷水灭火系统

一、自动喷水灭火系统的作用

自动喷水灭火系统是指由洒水喷头、报警阀组、水流报警装置（水流指示器或压力开关）等组件以及管道、供水设施组成，并能在发生火灾时喷水的自动灭火系统。该系统平时处于准工作状态，当设置场所发生火灾时，喷头或报警控制装置探测火灾信号后立即自动启动喷水，用于扑救建、构筑物初期火灾。

二、自动喷水灭火系统的设置场所

现行国家标准《建筑设计防火规范》（GB50016）、《高层民用建筑设计防火规范》（GB50045）、《人民防空工程设计防火规范》（GB50098）、《汽车库、修车库、停车场设计防火规范》（GB50067）、《飞机库设计防火规范》（GB50284 - 98）、《石油化工企业设计防火规范》（GB50160）等中对自动喷水灭火系统的设置场所分别作了具体规定。因此，设置时应符合现行国家标准的有关规定。

三、自动喷水灭火系统的类型

自动喷水灭火系统，按安装的喷头开闭形式不同分为闭式（包括湿式系统、干式系统、预作用系统、重复启闭预作用系统和自动喷水 - 泡沫联用系统）和开式系统（包括雨淋系统和水幕系统）两大类型。

（一）湿式系统

湿式系统是指准工作状态时管道内充满用于启动系统的有压水的闭式系统。湿式系统由闭式喷头、湿式报警阀组、管道系统、水流指示器、报警控制装置和末端试水装置、给水设备等组成，如图7-7所示。其工作原理为：火灾发生时，火源周围环境温度上升，火焰或高温气流使闭式喷头的热敏感元件动作，喷头被打开喷水灭火。此时，水流指示器由于水的流动被感应并送出电信号，在报警控制器上显示某一区域已在喷水，湿式报警阀后的配水管道内的水压下降，使原来处于关闭状态的湿式报警阀开启，压力水流向配水管道。随着报警阀的开启，报警信号管路开通，压力水冲击水力警铃发出声响报警信号，同时，安装在管路上的压力开关接通发出相应的电信号，直接或通过消防控制中心自动启动消防水泵向系统加压供水，达到持续自动喷水灭火的目的。

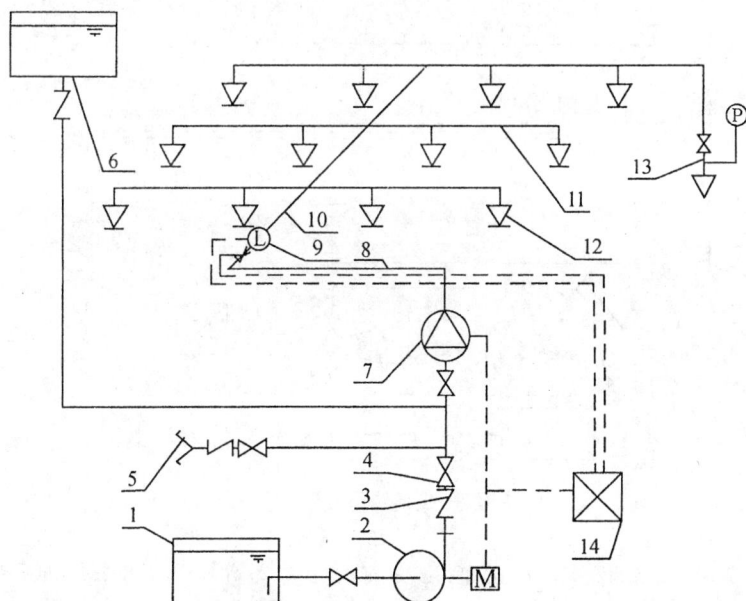

图 7-7 湿式系统组成示意图

1—水池；2—消防水泵；3—止回阀；4—闸阀；5—水泵接合器；6—消防水箱；7—湿式报警阀组；
8—配水干管；9—水流指示器；10—配水管；11—配水支管；12—闭式喷头；13—末端试水装置；
14—报警控制器；P—压力表；M—驱动电机；L—水流指示器

湿式系统是自动喷水灭火系统中最基本的系统形式，在实际工程中最常用。其具有结构简单，施工、管理方便，灭火速度快，控火效率高，建设投资和经常管理费用省，适用范围广等优点，但使用受到环境温度的限制，适用于环境温度不低于4℃且不高于70℃的建（构）筑物。

（二）干式系统

干式系统是指准工作状态时配水管道内充满用于启动系统的有压气体的闭式系统。干式系统主要由闭式喷头、管网、干式报警阀组、充气设备、报警控制装置和末端试水装置、给水设施等组成，如图7-8所示。其工作原理是：平时，干式报警阀后配水管道及喷头内充满有压气体，用充气设备维持报警阀内气压大于水压，将水隔断在干式报警阀前，干式报警阀处于关闭状态。发生火灾时，闭式喷头受热开启首先喷出气体，排出管网中的压缩空气，于是报警阀后管网压力下降，干式报警阀阀前的压力大于阀后压力，干式报警阀开启，水流向配水管网，并通过已开启的喷头喷水灭火。在干式报警阀被打开的同时，通向水力警铃和压力开关的报警信号管路也被打开，水流推动水力警铃和压力开关发出声响报警信号，并启动消防水泵加压供水。干式系统的主要工作过程与湿式系统无本质区别，只是在喷头动作后有一个排气过程，这将影响灭火的速度和效果。因此，为使压力水迅速进入充气管网，缩短排气时间，及早喷水灭火，干式系统的配水管道应设快速排气阀。有压充气管道的快速排气阀入口前应设电磁阀。

干式系统适用于环境温度低于4℃或高于70℃的场所。

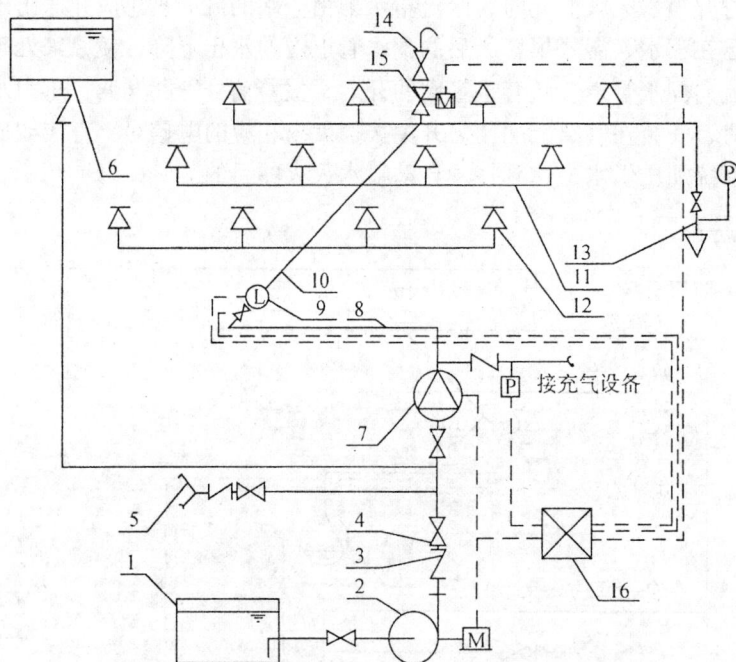

图7-8 干式系统组成示意图

1—水池；2—水泵；3—止回阀；4—闸阀；5—水泵接合器；6—消防水箱；7—干式报警阀组；
8—配水干管；9—水流指示器；10—配水管；11—配水支管；12—闭式喷头；13—末端试水装置；
14—快速排气阀；15—电动阀；16—报警控制器

（三）预作用系统

预作用系统是指准工作状态时配水管道内不充水，由火灾自动报警系统或闭式喷头作为探测元件，自动开启雨淋阀或预作用报警阀组后，转换为湿式系统的闭式系统。预作用系统主要由闭式喷头、预作用报警阀组或雨淋阀组、充气设备、管道系统、给水设备和火灾探测报警控制装置等组成，如图7-9所示。其工作原理：该系统在报警阀后的管道内平时无水，充以有压或无压气体，呈干式。发生火灾时，保护区内的火灾探测器，首先发出火警报警信号，报警控制器在接到报警信号后作声光显示的同时即启动电磁阀排气，报警阀随即打开，使压力水迅速充满管道，这样原来呈干式的系统迅速自动转变成湿式系统，完成了预作用过程。待闭式喷头开启后，便即刻喷水灭火。对于充气式预作用系统，火灾发生时，即使由于火灾探测器发生故障，导致火灾探测系统不能发出报警信号来启动预作用阀，使配水管道充水，也能够因喷头在高温作用下自行开启，使配水管道内气压迅速下降，引起压力开关报警，并启动预作用阀供水灭火。因此，对于充气式预作用系统，即使火灾探测器发生故障，预作用系统仍能正常工作。

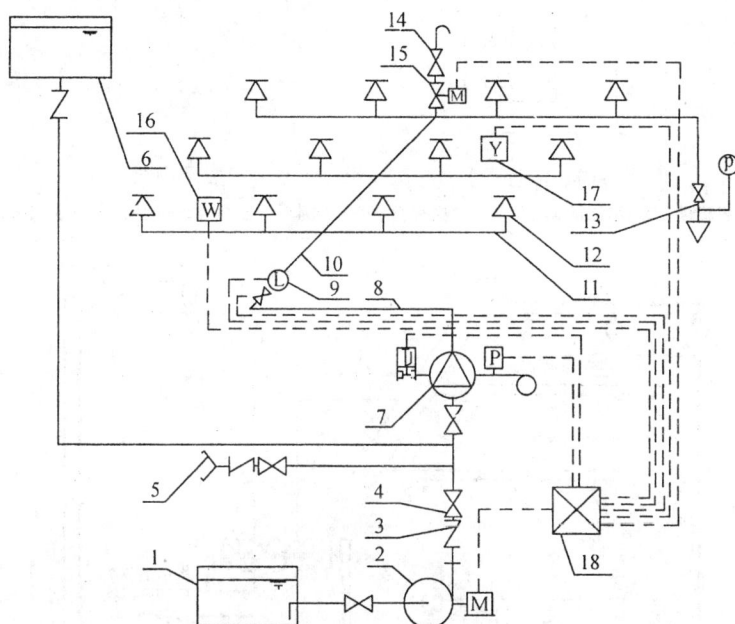

图 7-9 预作用系统组成示意图

1—水池；2—水泵；3—止回阀；4—闸阀；5—水泵接合器；6—消防水箱；7—预作用报警阀组；8—配水干管；9—水流指示器；10—配水管；11—配水支管；12—闭式喷头；13—末端试水装置；14—快速排气阀；15—电动阀；16—感温探测器；17—感烟探测器；18—报警控制器；D—电磁阀

具有下列要求之一的场所应采用预作用系统：系统处于准工作状态时，严禁管道漏水；严禁系统误喷；替代干式系统。

（四）自动喷水－泡沫联用系统

自动喷水－泡沫联用系统是在自动喷水灭火系统的基础上，增设了泡沫混合液供给设备，并通过自动控制实现在喷头喷放初期的一段时间内喷射泡沫的一种高效灭火系统。其主要由自动喷水灭火系统和泡沫混合液供给装置、泡沫液输送管网等部件组成，见图7-10。

存在较多易燃液体的场所（如地下车库、装卸油品的栈桥、易燃液体储存仓库、油泵房、燃油锅炉房等），宜按下列方式之一采用自动喷水－泡沫联用系统：采用泡沫灭火剂强化闭式系统性能；雨淋系统前期喷水控火，后期喷泡沫强化灭火效能；雨淋系统前期喷泡沫灭火，后期喷水冷却防止复燃。

（五）雨淋系统

雨淋系统是指由火灾自动报警系统或传动管控制，自动开启雨淋阀和启动消防水泵后，向开式洒水喷头供水的自动喷水灭火系统。雨淋系统由开式喷头、雨淋阀启动装置、雨淋阀组、管道以及供水设施等组成，如图7-11所示。

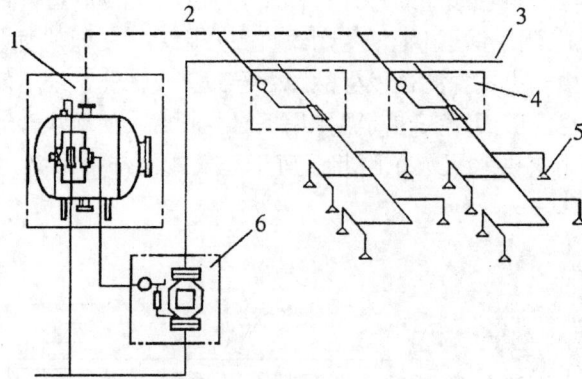

图 7-10　自动喷水 – 泡沫联用灭火系统组成示意图
1—泡沫液储罐；2—泡沫液输送管；3—输水管；4—比例混合器组；5—喷头；6—湿式报警阀

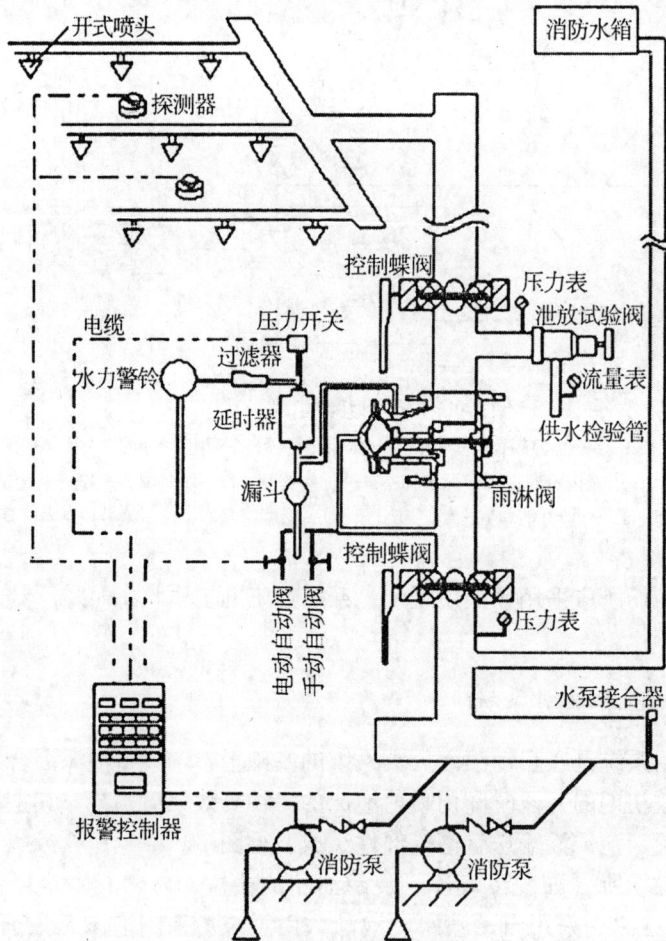

图 7-11　雨淋系统组成示意图

雨淋阀入口侧与进水管相通，出口侧接喷水灭火管路，平时雨淋阀处于关闭状态。发生火灾时，雨淋阀开启装置探测到火灾信号后，通过传动阀门自动地释放掉传动管网中有压力的水，使传动管网中的水压骤然降低，于是雨淋阀在进水管的水压推动下瞬间自动开启，压力水便立即充满灭火管网，系统上所有开式喷头同时喷水，可以在瞬间喷出大量的水，覆盖或阻隔整个火区，实现对保护区的整体灭火或控火。

具有下列条件之一的场所，应采用雨淋系统：火灾的水平蔓延速度快、闭式喷头的开放不能及时使喷水有效覆盖着火区域；室内净空高度超过闭式系统最大允许净空高度，且必须迅速扑救初期火灾；严重危险级Ⅱ级。

（六）水幕系统

水幕系统是指由开式洒水喷头或水幕喷头、雨淋阀组或感温雨淋阀，以及水流报警装置（水流指示器或压力开关）等组成（图7-12），用于挡烟阻火和冷却分隔物的喷水系统。水幕系统按其用途不同，分为防火分隔水幕（密集喷洒形成水墙或水帘的水幕）和防护冷却水幕（冷却防火卷帘等分隔物的水幕）两种类型。

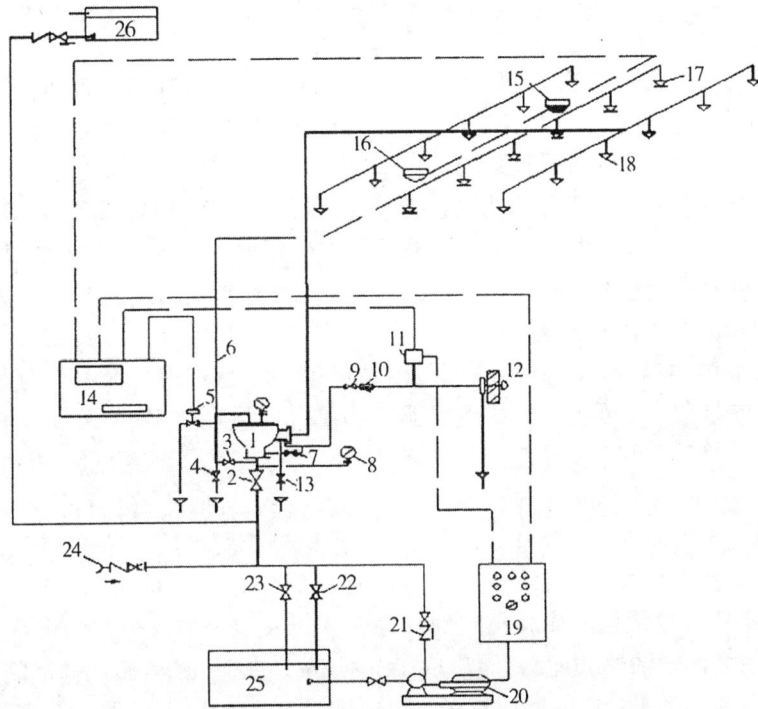

图 7-12　水幕系统组成示意图

1—雨淋阀组；2—总供水阀；3—压力腔供水阀；4—手动阀；5—电磁阀；
6—传动管；7—试铃阀；8—供水侧压力表；9—报警信号管路阀门；10—过滤器；11—压力开关；
12—水力警铃；13—排水阀；14—报警控制装置；15—感温探测器；16—感烟探测器；17—闭式喷头；
18—水幕喷头；19—水泵控制柜；20—消防水泵；21—止回阀；22—泄压阀；23—水泵试验阀；
24—水泵接合器；25—消防水池；26—消防水箱

水幕系统适用在下列部位设置：设置防火卷帘或防火幕等简易防火分隔物的上部；不能用防火墙分隔的开口部位（如舞台口）；相邻建筑物之间的防火间距不能满足要求时，建筑物外墙上的门、窗、洞口处；石油化工企业中的防火分区或生产装置设备之间。

第五节　水喷雾与细水雾灭火系统

一、水喷雾灭火系统

（一）水喷雾灭火系统的作用

水喷雾灭火系统是利用水雾喷头在较高的水压力作用下，将水流分离成 0.2mm～2mm 甚至更小的细小水雾滴，喷向保护对象，由于雾滴受热后很容易变成蒸汽，因此，水喷雾灭火系统的灭火机理主要是通过表面冷却、窒息、稀释、冲击乳化和覆盖等作用。在实际应用中，水喷雾的灭火作用往往是几种作用的综合结果，对某些特定部位，可能是其中一两个要素起主要作用，而其他灭火作用是辅助的。水喷雾灭火系统的防护目的有灭火和防护冷却两种。

（二）水喷雾灭火系统的设置场所

现行国家标准《高层民用建筑设计防火规范》（GB50045）、《建筑设计防火规范》（GB50016）、《钢铁冶金企业设计防火规范》（GB50414）以及《石油天然气工程设计防火规范》（GB50183）规定，下列场所和部位宜设置水喷雾灭火系统：

1. 高层民用建筑内的可燃油油浸电力变压器、充可燃油的高压电容器和多油开关室等房间。

2. 单台容量在 40MVA 及以上的厂矿企业油浸电力变压器、单台容量在 90MVA 及以上的油浸电厂电力变压器，或单台容量在 125MVA 及以上的独立变电所油浸电力变压器。

3. 飞机发动机试验台的试车部位。

4. 钢铁冶金企业内的单台设备油量 100kg 以上的配电室、大于等于 8MVA 且小于 40MVA 的油浸变压器室、油浸电抗器室、有可燃介质的电容器室，单台容量在 40MVA 及以上的油浸电力变压器，单台容量在 125MVA 及以上的总降压变电所油浸电力变压器，总装机容量 >400kVA 的柴油发电机房，电气地下室、厂房内的电缆隧（廊）道、厂房外的连接总降压变电所〔或其他变（配）电所〕的电缆隧（廊）道、建筑面积 >500m² 的电缆夹层，厂房外长度 >100m 的非连接总降压变电所〔或其他变（配）电所〕且电缆桥架层数 ≥4 层的电缆隧（廊）道，建筑面积 ≤500m² 的电缆夹层，与电缆夹层、电气地下室、电缆隧（廊）道连通或穿越 3 个及以上防火分区的电缆竖井，储油总容积 ≥2m³ 的地下液压站和润滑油站（库），储油总容积 ≥10m³ 的地下油管廊和储油间，距地坪标高 24m 以上且储油总容积 ≥2m³ 的平台封闭液压站房，距地坪标高 24m 以下且储油总容积 ≥10m³ 的地上封闭液压站和润滑油站（库），热连轧高速轧机机架（未设油雾抑制系统）。

5. 天然气凝液、液化石油气罐区总容量大于 50m³ 或单罐容量大于 20m³ 时。

（三）水喷雾灭火系统的组成及工作原理

水喷雾灭火系统是由水源、供水设备、管道、雨淋阀组、过滤器、水雾喷头和火灾自动探测控制设备等组成，如图 7-13 所示。系统的自动开启雨淋阀装置，可采用带火灾探测器的电动控制装置和带闭式喷头的传动管装置。该系统在组成上与雨淋系统的区别主要在于喷头的结构和性能不同，而工作原理与雨淋系统基本相同。它是利用水雾喷头在较高的水压力作用下，将水流分离成细小水雾滴，喷向保护对象实现灭火和防护冷却作用的。

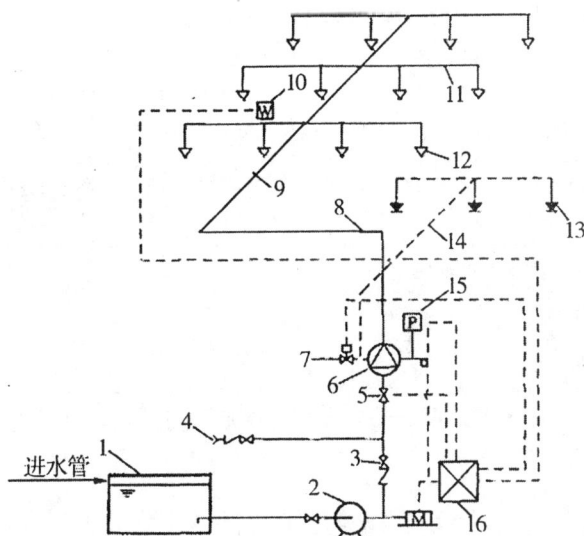

图 7-13　水喷雾灭火系统组成示意图

1—水池；2—消防水泵；3—闸阀；4—水泵接合器；5—信号蝶阀；6—雨淋阀组；
7—电磁阀；8—配水干管；9—配水管；10—火灾探测器；11—配水支管；12—水雾喷头；
13—闭式喷头；14—传动管；15—压力开关；16—报警控制装置

二、细水雾灭火系统

（一）细水雾灭火系统的作用

细水雾灭火系统是指通过细水雾喷头在适宜的工作压力范围内将水分散成细水雾，在发生火灾时向保护对象或空间喷放进行扑灭、抑制或控制火灾的自动灭火系统。细水雾灭火系统的灭火机理主要通过吸收热量（冷却）、降低氧浓度（窒息）、阻隔辐射热三种方式达到控火、灭火的目的。与一般水雾相比较，细水雾的雾滴直径更小，水量也更少。因此，其灭火有别于水喷雾灭火系统，类似于二氧化碳等气体灭火系统。

（二）细水雾灭火系统的设置场所

现行国家标准《钢铁冶金企业设计防火规范》（GB50414）对细水雾灭火系统的设置场所作了具体规定，见表 7-1。

（三）细水雾灭火系统的组成及工作原理

不同类型的细水雾灭火系统，其组成及工作原理有所不同。

1. 泵组式细水雾灭火系统

泵组式细水雾灭火系统由细水雾喷头、泵组、储水箱、控制阀组、安全泄放阀、过滤器、信号反馈装置、火灾报警控制装置、系统附件、管道等部件组成，图 7-14 为典型泵组式细水雾灭火系统组成示意图。泵组式细水雾灭火系统以储存在储水箱内的水为水源，利用泵组产生的压力，使压力水流通过管道输送到喷头产生细水雾。

表 7-1　细水雾灭火系统的设置场所

设置场所		设置要求
控制室、电气室、通讯中心（含交换机室、总配线室和电力室等）、操作室、调度室		宜设细水雾灭火系统
变配电系统	单台设备油量100kg以上的配电室、大于等于8MVA且小于40MVA的油浸变压器室、油浸电抗器室、有可燃介质的电容器室	宜设细水雾灭火系统
	单台容量在40MVA及以上的油浸电力变压器	宜设细水雾灭火系统
柴油发电机房	总装机容量>400kVA	应设细水雾灭火系统
	总装机容量≤400kVA	应设细水雾灭火系统
电气地下室、厂房内的电缆隧（廊）道、厂房外的连接总降压变电所〔或其他变（配）电所〕的电缆隧（廊）道、建筑面积>500m² 的电缆夹层		应设细水雾灭火系统
厂房外长度>100m的非连接总降压变电所〔或其他变（配）电所〕且电缆桥架层数≥4层的电缆隧（廊）道，建筑面积≤500m² 的电缆夹层，与电缆夹层、电气地下室、电缆隧（廊）道连通或穿越3个及以上防火分区的电缆竖井		宜设细水雾灭火系统
液压站、润滑油站（库）、轧制油系统、集中供油系统、储油间、油管廊	储油总容积≥2m³ 的地下液压站和润滑油站（库），储油总容积≥10m³ 的地下油管廊和储油间；距地坪标高24m以上且储油总容积≥2m³ 的平台封闭液压站房；距地坪标高24m以下且储油总容积≥10m³ 的地上封闭液压站和润滑油站（库）	应设细水雾灭火系统
油质淬火间、地下循环油冷却库、成品涂油间、燃油泵房、桶装油库、油箱间、油加热器间、油泵房（间）		宜设细水雾灭火系统
热连轧高速轧机机架（未设油雾抑制系统）		宜设细水雾灭火系统

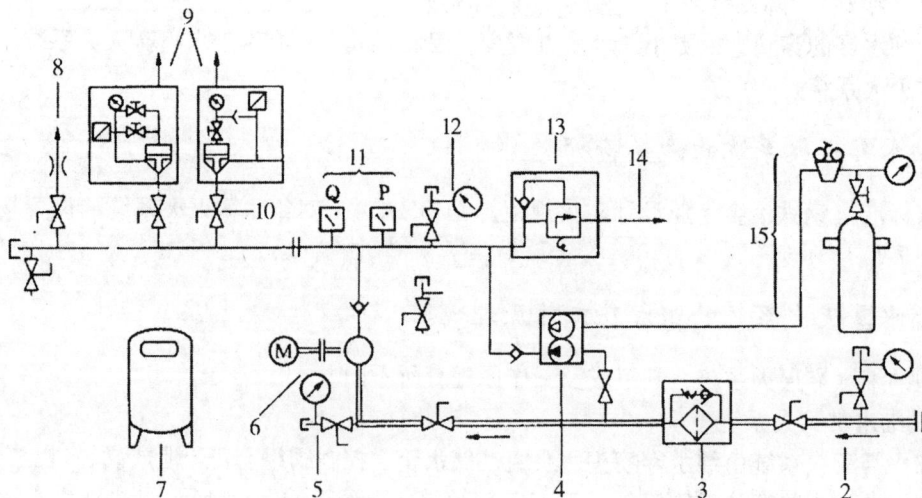

图 7-14　典型泵组式细水雾灭火系统组成示意图

1—接储水箱；2—压力表；3—过滤器；4—稳压泵；5—真空表；6—泵组；7—泵组控制盘；
8—接口；9—控制阀组；10—手动截止阀；11—信号反馈装置；12—压力表；13—安全泄放阀；
14—泄放管道；15—稳压泵供气管道；M—驱动电机

2. 瓶组式细水雾火火系统

瓶组式细水雾灭火系统主要由细水雾喷头、储水瓶组、储气瓶组、释放阀、过滤器、驱动装置、分配阀、安全泄放装置、气体单向阀、减压装置、信号反馈装置、火灾报警控制装置、检漏装置、连接管、管道管件等组成，如图7-15所示。瓶组式细水雾灭火系统利用储存在高压储气瓶中的高压氮气为动力，将储存在储水瓶组中的水压出或将一部分气体混入水流中，通过管道输送至细水雾喷头产生细水雾。

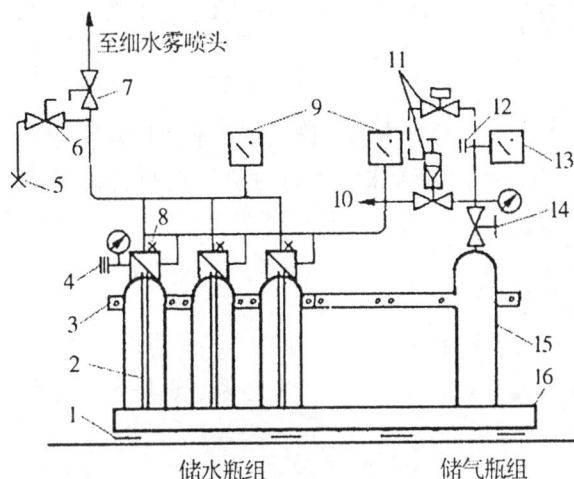

图7-15　瓶组式细水雾灭火系统组成示意图

1—检漏装置；2—储水瓶组；3—容器支架；4—充装接口；5—试验口；
6—试验连接口和排水口；7—分配阀；8—储水容器的排气口；9—压力开关；10—低泄高阻阀；
11—电磁释放阀；12—安全泄放装置；13—压力表；14—容器阀；15—储气瓶；16—钢质支架

第六节　消防炮灭火系统

一、固定消防炮灭火系统

固定消防炮灭火系统是指由固定消防炮和相应配置的系统组件组成的固定灭火系统。

（一）固定消防炮灭火系统的设置场所

1. 单层、多层建筑

现行国家标准《建筑设计防火规范》（GB50016）规定，建筑面积大于3000㎡且无法采用自动喷水灭火系统的展览厅、体育馆观众厅等人员密集场所，建筑面积大于5000㎡且无法采用自动喷水灭火系统的丙类厂房，宜设置固定消防炮等灭火系统。

2. 飞机库

现行国家标准《飞机库设计防火规范》（GB50284）规定，Ⅱ类飞机库飞机停放和维修区内应设置远控泡沫炮灭火系统。

3. 石油天然气工程

现行国家标准《石油天然气工程设计防火规范》（GB50183）规定，三级天然气净化厂生产装置区的高大塔架及其设备群宜设置固定水炮；三级天然气凝液装置区，有条件时可设固定泡沫炮保护。

（二）固定消防炮灭火系统的类型

1. 按喷射介质分类

固定消防炮灭火系统按喷射介质不同，分为水炮系统、泡沫炮系统和干粉炮系统三种类型。

（1）水炮系统

水炮系统是指喷射水灭火剂的固定消防炮系统。水炮系统由水源、消防泵组、消防水炮、管路、阀门、动力源和控制装置等组成。水炮系统适用于一般固体可燃物火灾场所，不得用于扑救遇水发生化学反应而引起燃烧、爆炸等物质的火灾。

（2）泡沫炮系统

泡沫炮系统是指喷射泡沫灭火剂的固定消防炮系统。泡沫炮系统主要由水源、泡沫液罐、消防泵组、泡沫比例混合装置、管道、阀门、泡沫炮、动力源和控制装置等组成。泡沫炮系统适用于甲、乙、丙类液体火灾、固体可燃物火灾场所。但不得用于扑救遇水发生化学反应而引起燃烧、爆炸等物质的火灾。

（3）干粉炮系统

干粉炮系统是指喷射干粉灭火剂的固定消防炮系统。干粉炮系统主要由干粉罐、氮气瓶组、管道、阀门、干粉炮、动力源和控制装置等组成。干粉炮系统适用于液化石油气、天然气等可燃气体火灾场所。

2. 按安装形式分类

固定消防炮根据消防炮安装形式的不同，分为固定式系统和移动式系统两种类型。

（1）固定式系统

固定式系统由永久固定消防炮和相应配置的系统组件组成，当防护区发生火灾时，开启消防水泵及管路阀门，灭火介质通过固定消防炮喷嘴射向火源，起到迅速扑灭或抑制火灾的作用。固定式消防炮灭火系统是应用范围最广的消防炮系统。

（2）移动炮系统

移动炮系统以移动式消防炮为核心，由灭火剂供给装置（如车载/手抬消防泵、泡沫比例混合装置等）、管路及阀门等部件组成，若使用带遥控功能的远程控制移动式消防炮还应配备无线遥控装置。移动炮系统是一种能够迅速接近火源、实施就近灭火的系统，它主要配备消防部队或企事业单位消防队的专业人员使用。

3. 按控制方式分类

消防炮灭火系统根据操作方式不同，分为远控消防炮系统和手动消防炮灭火系统两种类型。

（1）远控消防炮系统

远控消防炮系统是指可以远距离控制消防炮向保护对象喷射灭火剂灭火的固定消防炮灭火系统。远控消防炮系统一般都配备电气控制装置，分为有线遥控和无线遥控两种方式。

下列场所宜选用远控消防炮系统：有爆炸危险性的场所；有大量有毒气体产生的场所；燃烧猛烈，产生强烈辐射热的场所；火灾蔓延面积较大且损失严重的场所；高度超过8m且火灾危险性较大的室内场所；发生火灾时，灭火人员难以及时接近或撤离固定消防炮位的场所。

（2）手动消防炮灭火系统

手动消防炮灭火系统是指只能在现场手动操作消防炮的固定消防炮灭火系统。手动消防炮灭火系统以手动消防炮为核心，由灭火剂供给装置、管路及阀门、塔架等部件组成。这类系统操作简单，但应有安全的操作平台。

手动消防炮灭火系统适用于热辐射不大、人员便于靠近的场所。

二、智能消防炮灭火系统

智能消防炮灭火系统是指能够在无人工干预的情况下自动发现火灾并展开灭火作业的消防炮灭火系统。

（一）智能消防炮灭火系统的设置场所

凡按照国家有关标准要求应设置自动喷水灭火系统，火灾类别为 A 类，但由于空间高度较高，采用自动喷水灭火系统难以有效探测、扑灭及控制火灾的大空间场所，宜设置智能消防炮灭火系统。

（二）智能消防炮灭火系统的类型

智能消防炮灭火系统有寻的式和扫射式两种不同类型。

1. 寻的式智能消防炮灭火系统

寻的式智能消防炮灭火系统由智能消防炮、CCD 传感器、管路及电动阀、供水/液系统、控制系统等部分组成，如图 7-16 所示。其工作流程是：发生火灾时由火灾探测器探测火灾，寻找到火源，并将火源点坐标传送至控制系统，同时发出火警信号。控制系统接到火警信号后，一方面启动供水/液设备准备进行灭火作业，另一方面根据火源点坐标参数及数据库中消防炮不同的俯仰及水平喷射角度对应的射流溅落点坐标，确定消防炮应转动的角度，并驱动消防炮做相应的回转动作。在灭火中，系统不断根据探测器监测的结果调整消防炮的喷射角度，以达到最佳的灭火效果。当由探测器给出火灾已被扑灭，或者达到系统程序规定的灭火时间时，系统自动关闭相关设备，结束灭火作业。该系统具有精确、快速的特点，适用于室内大空间场所。

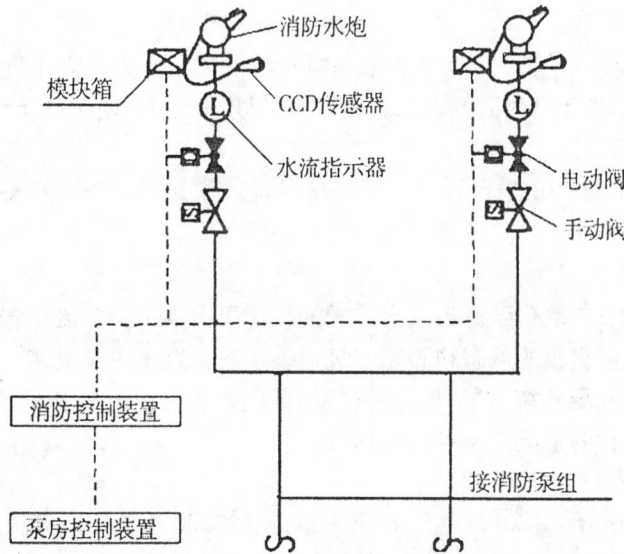

图 7-16　寻的式智能消防炮系统原理图

2. 扫射式智能消防炮灭火系统

扫射式智能消防炮灭火系统的组成及工作原理与寻的式智能消防炮灭火系统基本相同，区别在于该系统使用的消防炮为扫射式智能消防炮（自摆炮），且设有消防炮喷射角度与射流溅落点坐标数据库，从而解决了实际应用中由于意外条件对消防炮射流溅落点的影响。因此，该系统可以应用在室外的危险场所。

第七节　气体灭火系统

一、气体灭火系统的作用

气体灭火系统是以某些在常温、常压下呈现气态的物质作为灭火介质，通过这些气体在整个防护区内或保护对象周围的局部区域建立起灭火浓度实现灭火。该系统的灭火速度快，灭火效率高，对保护对象无任何污损，不导电，但系统一次投资较大，不能扑灭固体物质深位火灾，且某些气体灭火剂排放对大气环境有一定影响。因此，根据气体灭火系统特有的性能特点，其主要用于保护重要且要求洁净的特定场合，它是建筑灭火设施中的一种重要形式。

二、气体灭火系统的设置场所

现行国家标准《建筑设计防火规范》（GB50016）、《高层民用建筑设计防火规范》（GB50045）、《人民防空工程设计防火规范》（GB50098）、《汽车库、修车库、停车场设计防火规范》（GB50067）、《钢铁冶金企业设计防火规范》（GB50414）等中对气体灭火系统的设置场所分别作了具体规定。因此，系统设置时应符合现行国家标准的有关规定。

三、气体灭火系统的类型

为满足各种保护对象的需要，最大限度地降低火灾损失，气体灭火系统具有多种应用形式。

（一）按使用的灭火剂分类

1. 卤代烷1211灭火系统

卤代烷1211灭火系统是以哈龙1211（二氟一氯一溴甲烷）作为灭火介质的气体灭火系统。虽然哈龙1211灭火效果好，但由于其对大气臭氧层有较大的破坏作用，使用已受到严格限制。

2. 卤代烷1301灭火系统

卤代烷1301灭火系统是以哈龙1301（三氟一溴甲烷）作为灭火介质的气体灭火系统。由于其对大气臭氧层有较大的破坏作用，故其应用同样也已受到严格限制。

3. 二氧化碳灭火系统

二氧化碳灭火系统是以二氧化碳作为灭火介质的气体灭火系统。二氧化碳是一种惰性气体，对燃烧具有良好的窒息作用，喷射出的液态和固态二氧化碳在气化过程中要吸热，具有一定的冷却作用。

二氧化碳灭火系统有高压系统（指灭火剂在常温下储存的系统）和低压系统（指将灭火剂在$-18℃ \sim -20℃$低温下储存的系统）两种应用形式。

4. 惰性气体灭火系统

惰性气体灭火系统，包括：IG01（氩气）灭火系统、IG100（氮气）灭火系统、IG55（氩气、氮气）灭火系统、IG541（氩气、氮气、二氧化碳）灭火系统。由于惰性气体纯粹来自于自然，是一种无毒、无色、无味、惰性及不导电的纯"绿色"压缩气体，故又称为洁净气体灭火系统。

5. 七氟丙烷灭火系统

以七氟丙烷作为灭火介质的气体灭火系统。七氟丙烷灭火剂属于卤代烷灭火剂系列，具有灭火能力强、灭火剂性能稳定的特点，但与卤代烷1301和卤代烷1211灭火剂相比，臭氧层损耗能力（ODP）为0，全球温室效应潜能值（GWP）很小，不会破坏大气环境。但七氟丙烷灭火剂及其分解产物对人有毒性危害，使用时应引起重视。

6. 热气溶胶灭火系统

热气溶胶灭火系统是以固体化学混合物（热气溶胶发生剂）经化学反应生成具有灭火性质的气溶胶作为灭火介质的灭火系统。按气溶胶发生剂的主要化学组成可分为 S 型热气溶胶、K 型热气溶胶和其他型热气溶胶。

（二）按灭火方式分类

1. 全淹没气体灭火系统

指在规定的时间内向防护区喷射设计规定用量的气体灭火剂，并使其均匀地充满整个防护区的气体灭火系统。全淹没气体灭火系统的喷头均匀布置在保护房间的顶部，喷射的灭火剂能在封闭空间内迅速形成浓度比较均匀的灭火剂气体与空气的混合气体，并在灭火必需的"浸渍"时间内维持灭火浓度，即通过灭火剂气体将封闭空间淹没实施灭火的系统形式。

2. 局部应用气体灭火系统

指由在规定时间内直接向燃烧着的可燃物体区域喷射一定数量的灭火剂，在燃烧体附近空间内形成局部高浓度的气体灭火系统。局部应用气体灭火系统的喷头均匀布置在保护对象的四周围，将灭火剂直接而集中地喷射到燃烧着的物体上，使其笼罩整个保护物外表面，在燃烧物周围局部范围内达到较高的灭火剂气体浓度的系统形式。

（三）按一套灭火剂储存装置保护的防护区数量分类

1. 组合分配灭火系统

用一套灭火剂储存装置同时保护多个防护区的气体灭火系统称为组合分配系统。组合分配系统是通过选择阀的控制，实现灭火剂释放到着火的保护区。组合分配系统具有同时保护但不能同时灭火的特点。对于几个不会同时着火的相邻防护区或保护对象，可采用组合分配灭火系统。

2. 单元独立灭火系统

在每个防护区各自设置气体灭火系统保护的系统称为单元独立灭火系统。若几个防护区都非常重要或有同时着火的可能性，为了确保安全，宜采用单元独立灭火系统。

（四）按灭火系统的结构特点分类

1. 管网灭火系统

管网灭火系统是指按一定的应用条件进行计算，将灭火剂从储存装置经由干管、支管输送至喷放组件实施喷放的灭火系统。

2. 预制灭火系统

预制灭火系统是指按一定的应用条件，将灭火剂储存装置和喷放组件等预先设计、组装成套且具有联动控制功能的灭火系统。该系统又分柜式气体灭火装置和悬挂式气体灭火装置两种类型，其适应于较小的、无特殊要求的防护区

（五）按加压方式分类

1. 自压式气体灭火系统

指灭火剂无需加压而是依靠自身饱和蒸气压力进行输送的灭火系统。

2. 内储压式气体灭火系统

指灭火剂在瓶组内用惰性气体进行加压储存，系统动作时灭火剂靠瓶组内的充压气体进行输送的系统。

3. 外储压式气体灭火系统

指系统动作时灭火剂由专设的充压气体瓶组按设计压力对其进行充压的系统。

四、气体灭火系统的组成及工作原理

充装不同种类灭火剂、采用不同增压方式等的气体灭火系统，其系统部件组成是不同的，随之其工作原理也不尽相同，以下分别进行说明。

（一）卤代烷1211、1301灭火系统与高压二氧化碳灭火系统、内储压式七氟丙烷灭火系统

这类系统由灭火剂瓶组、驱动气体瓶组（可选）、单向阀、选择阀、驱动装置、集流管、连接管、喷头、信号反馈装置、安全泄放装置、控制盘、检漏装置、管道管件及吊钩支架等部件构成，见图7-17。其工作原理：平时，系统处于准工作状态。当防护区发生火灾，产生烟雾、高温和光辐射使感烟、感温、感光等探测器探测到火灾信号，探测器将火灾信号转变成电信号传送到报警灭火控制器，控制器自动发出声光报警并经逻辑判断后，启动联动装置（关闭开口、停止空调等），经一定的时间延时（视情况确定），发出系统启动信号，启动驱动气体瓶组上的容器阀释放驱动气体，打开通向发生火灾的防护区的选择阀，之后（或同时）打开灭火剂瓶组的容器阀，各瓶组的灭火剂经连接管汇集到集流管，通过选择阀到达安装在防护区内的喷头进行喷放灭火，同时安装在管道上的信号反馈装置动作，信号传送到控制器，由控制器启动防护区外的释放警示灯和警铃。另外，通过压力开关监测系统是否正常工作，若启动指令发出，而压力开关的信号迟迟不返回，说明系统故障，值班人员听到事故报警，应尽快到储瓶间，手动开启储存容器上的容器阀，实施人工启动灭火。

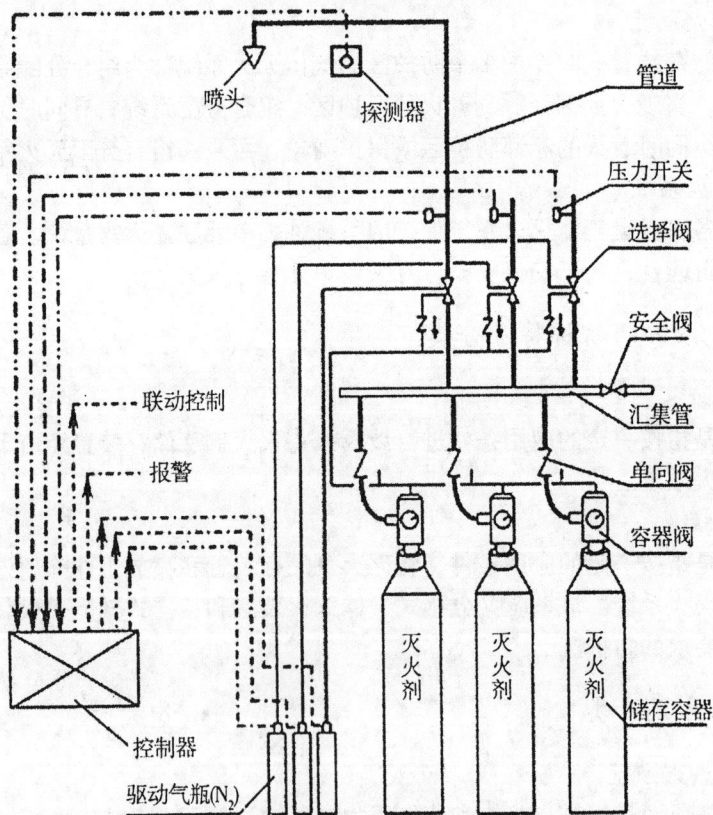

图7-17 气体灭火系统组成示意图

（二）外储压式七氟丙烷灭火系统

该系统由灭火剂瓶组、加压气体瓶组、驱动气体瓶组（可选）、单向阀、选择阀、减压装置、驱

动装置、集流管、连接管、喷头、信号反馈装置、安全泄放装置、控制盘、检漏装置、管道管件及吊钩支架等部件构成，见图7-18。其工作原理：控制器发出系统启动信号，启动驱动气体瓶组上的容器阀释放驱动气体，打开通向发生火灾的防护区的选择阀，之后（或同时）加压单元气体瓶组的容器阀，加压气体经减压进入灭火剂瓶组，加压后的灭火剂经连接管汇集到集流管，通过选择阀到达安装在防护区内的喷头进行喷放灭火。

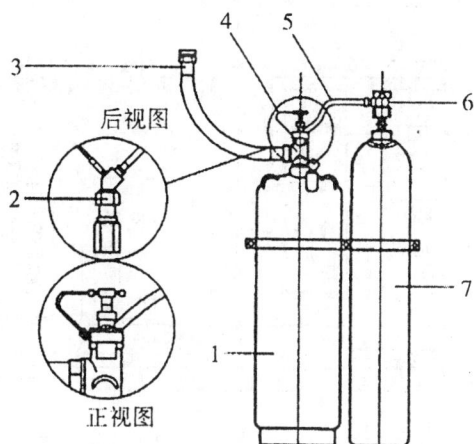

图7-18 外储压式七氟丙烷灭火系统局部简图

1—灭火剂瓶组；2—减压装置；3—连接管；4—灭火剂瓶组气动启动组件；
5—加压气体输送软管；6—加压气体瓶组容器阀；7—加压气体瓶组

（三）惰性气体灭火系统

惰性气体灭火系统由灭火剂瓶组、驱动气体瓶组（可选）、单向阀、选择阀、减压装置、驱动装置、集流管、连接管、喷头、信号反馈装置、安全泄放装置、控制盘、检漏装置、管道管件及吊钩支架等部件构成。其工作原理与内储压式七氟丙烷灭火系统基本相同。

（四）低压二氧化碳灭火系统

低压二氧化碳灭火系统一般由灭火剂储存装置、总控阀、驱动器、喷头、管道超压泄放装置、信号反馈装置、控制器等部件构成，见图7-19。其中，灭火剂储存装置由灭火剂储存容器、检修阀、充装阀、平衡阀、安全阀、容器超压泄放阀、压力控制显示装置、灭火剂量显示装置、制冷系统等组成。

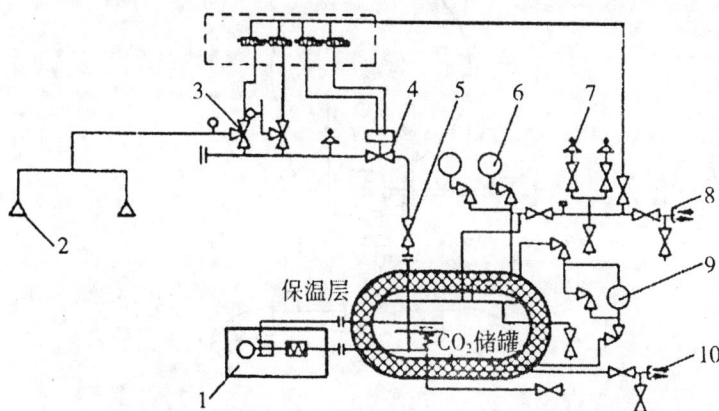

图7-19 低压二氧化碳灭火系统组成示意图

1—制冷系统；2—喷头；3—选择阀；4—总控阀；5—检修阀；6—压力控制与显示装置；
7—安全泄放阀；8—平衡阀；9—液位计；10—充装口

低压二氧化碳灭火系统灭火流程见图7-20。

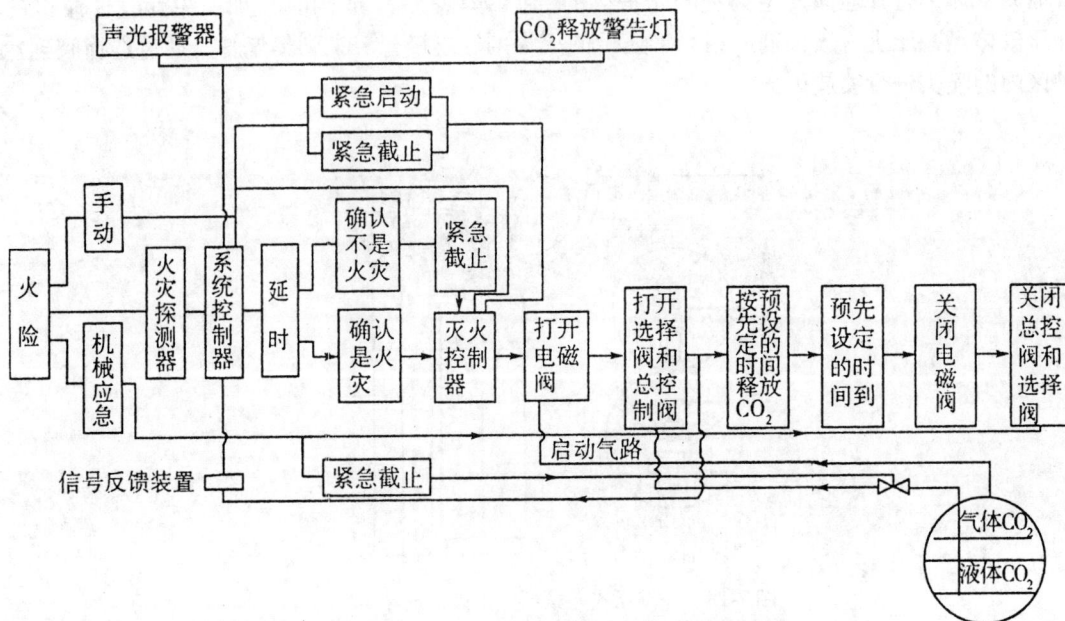

图7-20　低压二氧化碳灭火系统灭火流程图

（五）预制灭火系统

1. 柜式气体灭火装置

柜式气体灭火装置一般由灭火剂瓶组、驱动气体瓶组（可选）、容器阀、减压装置（针对惰性气体灭火装置）、驱动装置、集流管（只限多瓶组）、连接管、喷嘴、信号反馈装置、安全泄放装置、控制盘、检漏装置、管道管件等部件组成。

2. 悬挂式气体灭火装置

悬挂式气体灭火装置由灭火剂储存容器、启动释放组件、悬挂支架等组成，见图7-21。

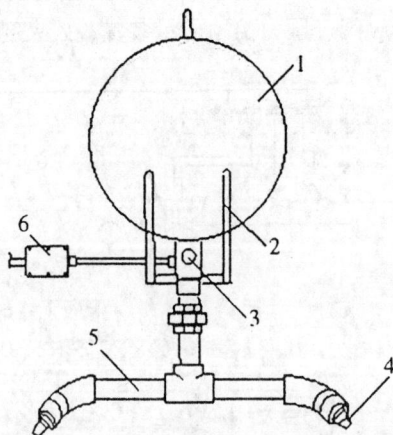

图7-21　悬挂式气体灭火装置

1—储存容器；2—支架；3—电爆阀；4—喷头；5—短管；6—接线盒

第八节 泡沫灭火系统

一、泡沫灭火系统的作用

泡沫灭火系统是指将泡沫灭火剂与水按一定比例混合，经泡沫产生装置产生灭火泡沫的灭火系统。由于该系统具有安全可靠、经济实用、灭火效率高、无毒性的特点，从20世纪初开始应用至今，目前已在石油化工企业、油库、地下工程、汽车库、各类仓库、煤矿、大型飞机库、船舶等场所得到广泛的应用，是扑灭甲、乙、丙类液体火灾和某些固体火灾的一种主要灭火设施。

二、泡沫灭火系统的设置场所

现行国家标准《石油库设计规范》（GB50074）、《石油化工企业设计防火规范》（GB50160）、《石油天然气工程设计防火规范》（GB50183）、《飞机库设计防火规范》（GB50284）、《汽车库、修车库、停车场设计防火规范》（GB50067）等中对泡沫灭火系统的设置场所作了具体规定。因此，系统设置时应符合现行国家标准的有关规定。

三、泡沫灭火系统的组成及工作原理

泡沫灭火系统由泡沫产生装置、泡沫比例混合器、泡沫混合液管道、泡沫液储罐、消防泵、消防水源、控制阀门等组成，其工作原理是：保护场所起火后，自动或手动启动消防泵，打开出水阀门，水流经过泡沫比例混合器后，将泡沫液与水按规定比例混合形成混合液，然后经混合液管道输送至泡沫产生装置，将产生的泡沫施放到燃烧物的表面上，将燃烧物表面覆盖，从而实施灭火，灭火过程如图7-22所示。

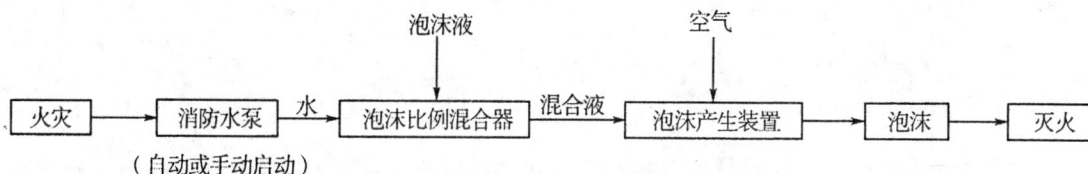

图7-22 泡沫灭火系统工作过程框图

四、泡沫灭火系统的类型

（一）按安装方式分类

1. 固定式泡沫灭火系统

指由固定的消防水源、消防泵、泡沫比例混合器、泡沫产生装置和管道组成，永久安装在使用场所，当被保护场所发生火灾需要使用时，不需其他临时设备配合的泡沫灭火系统。

2. 半固定式泡沫系统

指由固定的泡沫产生装置、局部泡沫混合液管道和固定接口以及移动式的泡沫混合液供给设备组成的灭火系统。当被保护场所发生火灾时，用消防水带将泡沫消防车或其他泡沫混合液供给设备与固定接口连接起来，通过泡沫消防车或其他泡沫供给设备向保护场所内供给泡沫混合液实施灭火。

3. 移动式泡沫灭火系统

指用水带将消防车或机动消防泵、泡沫比例混合装置、移动式泡沫产生装置等临时连接组成的灭火系统。当被保护对象发生火灾时，靠移动式泡沫产生装置向着火对象供给泡沫灭火。需要指出，移动式泡沫灭火系统的各组成部分都是针对所保护对象设计的，其泡沫混合液供给量、机动设施到场时间等方面都有要求，而不是随意组合的。

（二）按发泡倍数分类

1. 低倍数泡沫灭火系统

指发泡倍数小于 20 的泡沫灭火系统。

2. 中倍数泡沫灭火系统

指发泡倍数为 21～200 的泡沫灭火系统。

3. 高倍数泡沫灭火系统

指发泡倍数为 201～1000 的泡沫灭火系统。

高倍数泡沫灭火系统分为全淹没式（指用管道输送高倍数泡沫液和水，发泡后连续地将高倍数泡沫施放并按规定的高度充满被保护区域，并将泡沫保持到所需的时间，进行控火或灭火的固定系统）、局部应用式（指向局部空间喷放高倍数泡沫，进行控火或灭火的固定、半固定系统）、移动式（指车载式或便携式系统）三种类型。

（三）按泡沫喷射形式不同分类

低倍泡沫灭火系统按泡沫喷射形式不同分为以下五种类型。

1. 液上喷射泡沫灭火系统

指将泡沫产生装置安装在罐体的上方，使泡沫从液面上喷入罐内，并顺罐壁流下覆盖燃烧油品液面的灭火系统，如图 7-23 所示。

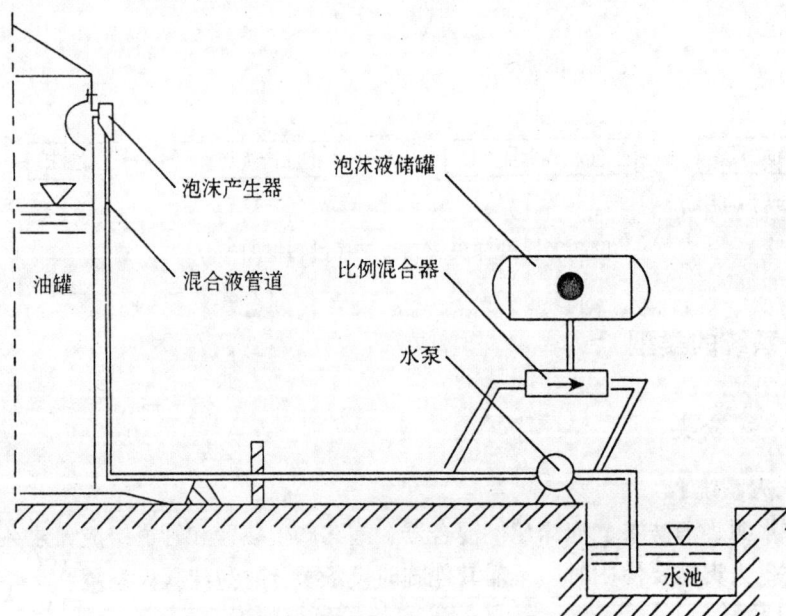

图 7-23　固定式液上喷射泡沫灭火系统示意图

2. 液下喷射泡沫灭火系统

将泡沫从液面下喷入罐内，泡沫在初始动能和浮力的推动下到达燃烧液面实施灭火的系统，如图 7-24 所示。

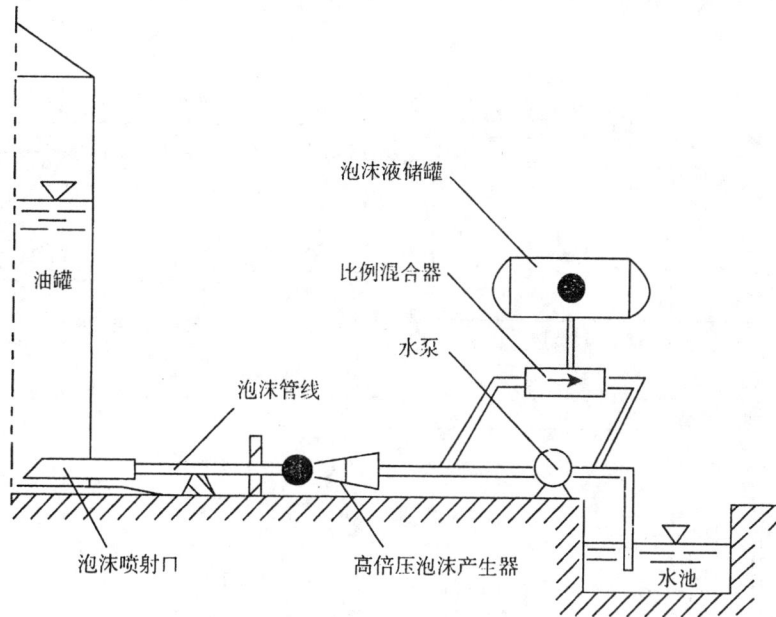

图 7-24　固定式液下喷射泡沫灭火系统示意图

3. 半液下喷射泡沫灭火系统

将一轻质软带卷存于液下喷射管内，当使用时，在泡沫压力和浮力的作用下软带漂浮到燃烧液表面使泡沫从燃烧液表面上施放出来实现灭火，如图 7-25 所示。

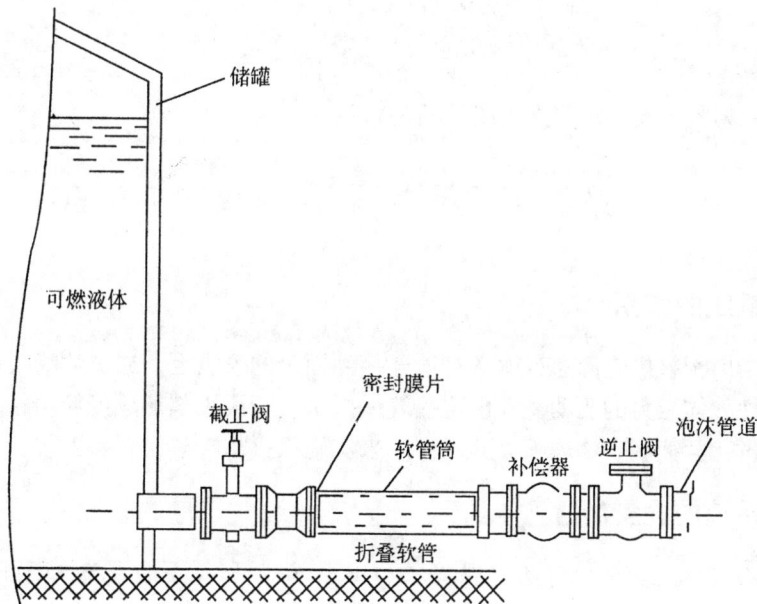

图 7-25　半液下喷射泡沫灭火系统示意图

4. 泡沫喷淋灭火系统

泡沫喷淋灭火系统是在自动喷水灭火系统的基础上发展起来的一种灭火系统，其主要由火灾自动报警及联动控制设施、消防供水设施、泡沫比例混合器、雨淋阀组、泡沫喷头等组成，如图 7-26 所示。其工作原理与雨淋系统类似，利用设置在防护区上方的泡沫喷头，通过喷淋或喷雾的形式释放泡沫或释放水成膜泡沫混合液，覆盖和阻隔整个火区，用来扑救室内外甲、乙、丙类液体初期溢流火灾。

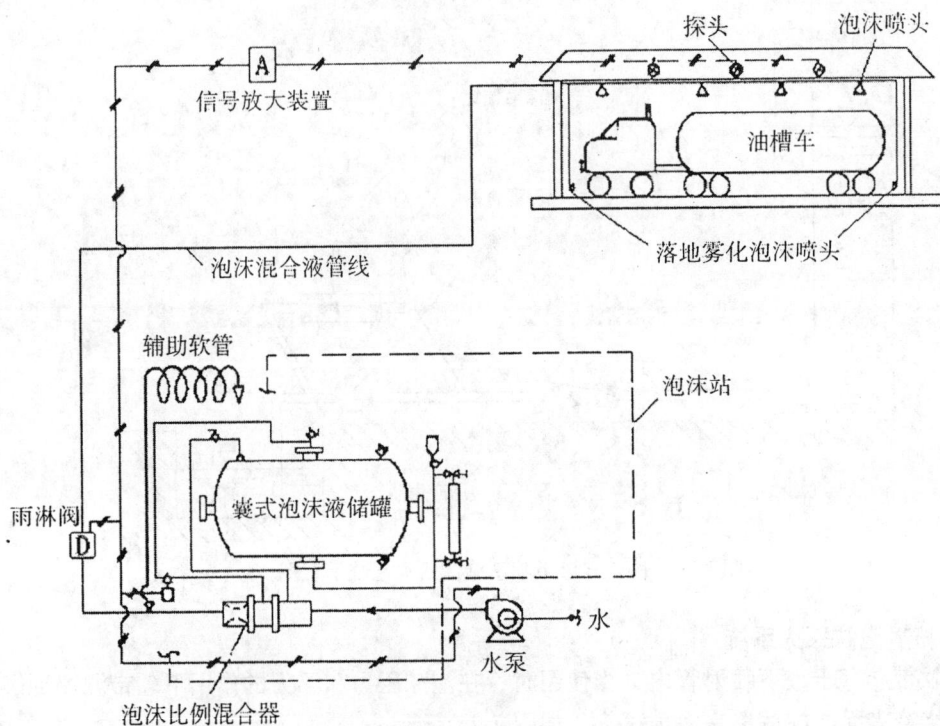

图 7-26　泡沫喷淋灭火系统示意图

5. 泡沫炮灭火系统

相关内容参阅本章第六节固定消防炮系统的相关内容。

第九节　干粉灭火系统

一、干粉灭火系统的作用

干粉灭火系统是指由干粉供应源通过输送管道连接到固定的喷嘴上，通过喷嘴喷放干粉的灭火系统。该系统借助于惰性气体压力的驱动，并由这些气体携带干粉灭火剂形成气粉两相混合流，经管道输送至喷嘴喷出，通过化学抑制和物理灭火共同作用来实施灭火。

二、干粉灭火系统的设置场所

现行国家标准《石油化工企业设计防火规范》（GB50160）和《石油天然气工程设计防火规范》（GB50183）规定：

1. 石油化工企业内烷基铝类催化剂配制区宜设置局部喷射式 D 类干粉灭火系统。
2. 火车、汽车装卸液化石油气栈台宜设置干粉灭火设施。

三、干粉灭火系统的组成及工作原理

干粉灭火系统在组成上与气体灭火系统相类似，由灭火剂供给源、输送灭火剂管网、干粉喷嘴、火灾探测与控制启动装置等组成，如图 7-27 所示。

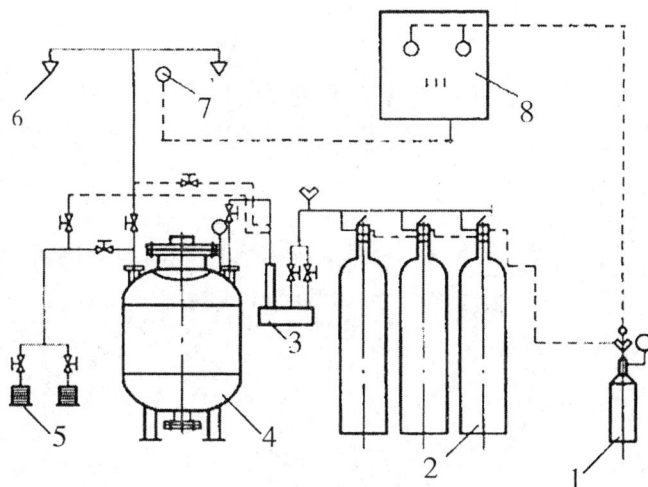

图 7-27 干粉灭火系统组成示意图

1—启动气体瓶组；2—高压驱动气体瓶组；3—减压器；4—干粉罐；
5—干粉枪及卷盘；6—喷嘴；7—火灾探测器；8—控制装置

干粉灭火系统工作原理是：当保护对象着火后，温度迅速上升达到规定的数值，探测器发出火灾信号到控制器，当启动机构接收到控制器的启动信号后，将启动瓶打开，启动瓶中的一部分气体通过报警喇叭发出火灾报警，大部分气体通过管道上的止回阀，把高压驱动气体气瓶的瓶头阀打开，瓶中的高压驱动气体进入集气管，经高压阀进入减压阀，减压至规定的压力后，通过进气阀进入干粉储罐内，搅动罐中干粉灭火剂，使罐中干粉灭火剂疏松形成便于流动的粉气混合物，当干粉罐内的压力上升到规定压力数值时，定压动作机构开始动作，将干粉罐出口的球阀打开，干粉灭火剂则经总阀门、选择阀、输粉管和喷嘴喷向着火对象，或者经喷枪喷射到着火对象的表面，实施灭火。

四、干粉灭火系统类型

（一）按灭火方式分类

1. 全淹没式干粉灭火系统

指将干粉灭火剂释放到整个防护区，通过在防护区空间建立起灭火浓度来实施灭火的系统形式。该系统的特点是对防护区提供整体保护，适用于较小的封闭空间、火灾燃烧表面不宜确定且不会复燃的场合，如油泵房等类场合。

2. 局部应用式干粉灭火系统

指通过喷嘴直接向火焰或燃烧表面喷射灭火剂实施灭火的系统。当不宜在整个房间建立灭火浓度或仅保护某一局部范围、某一设备、室外火灾危险场所等，可选择局部应用式干粉灭火系统，例如用于保护甲、乙、丙类液体的敞顶罐或槽，不怕粉末污染的电气设备以及其他场所等。

3. 手持软管干粉灭火系统

手持软管干粉灭火系统具有固定的干粉供给源，并配备有一条或数条输送干粉灭火剂的软管及喷枪，火灾时通过人来操作实施灭火。

（二）按设计情况分类

1. 设计型干粉灭火系统

指根据保护对象的具体情况，通过设计计算确定的系统形式。该系统中的所有参数都需经设计确定，并按设计要求选择各部件设备的型号。一般较大的保护场所或有特殊要求的保护场所宜采用设计系统。

2. 预制型干粉灭火系统

指由工厂生产的系列成套干粉灭火设备，系统的规格是通过对保护对象做灭火试验后预先设计好的，即所有设计参数都已确定，使用时只需选型，不必进行复杂的设计计算。当保护对象不很大且无特殊要求的场合，一般选择预制系统。

（三）按系统保护情况分类

1. 组合分配系统

当一个区域有几个保护对象且每个保护对象发生火灾后又不会蔓延时，可选用组合分配系统，即用一套系统同时保护多个保护对象。

2. 单元独立系统

若火灾的蔓延情况不能预测，则每个保护对象应单独设置一套系统保护，即单元独立系统。

（四）按驱动气体储存方式分类

1. 储气式干粉灭火系统

指将驱动气体（氮气或二氧化碳气体）单独储存在储气瓶中，灭火使用时，再将驱动气体充入干粉储罐，进而携带驱动干粉喷射实施灭火。干粉灭火系统大多数采用的是该种系统形式。

2. 储压式干粉灭火系统

指将驱动气体与干粉灭火剂同储于一个容器，灭火时直接启动干粉储罐。这种系统结构比储气系统简单，但要求驱动气体不能泄漏。

3. 燃气式干粉灭火系统

指驱动气体不采用压缩气体，而是在火灾时点燃燃气发生器内的固体燃料，通过其燃烧生成的燃气压力来驱动干粉喷射实施灭火，其组成如图 7-28 所示。

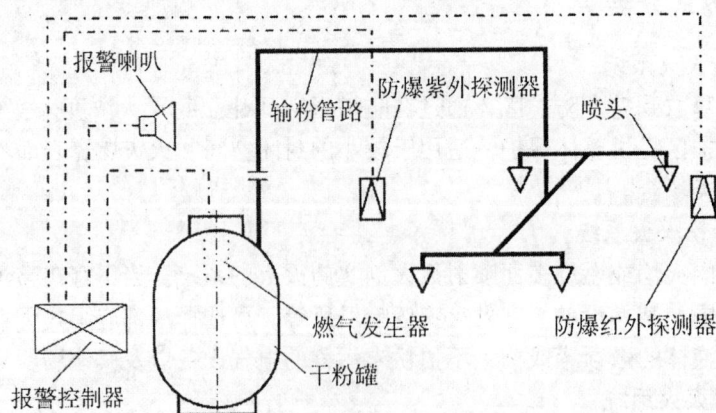

图 7-28　燃气干粉系统组成示意图

第十节　建筑火灾逃生避难器材

一、逃生避难器材的作用

建筑火灾逃生避难器材（以下简称逃生避难器材）是在发生建筑火灾的情况下，遇险人员逃离火场时所使用的辅助逃生器材。它是对建筑物内应急疏散通道的必要补充。

二、逃生避难器材的类型

（一）按器材结构分类

1. 绳索类

（1）逃生缓降器（又称救生缓降器）

逃生缓降器是一种使用者靠自重以一定的速度自动下降并能往复使用的逃生器材，由安全钩、安全带、绳索、调速器、金属连接件及绳索卷盘等组成，如图7-29。

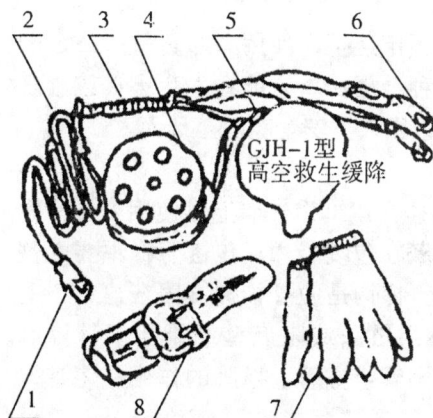

图7-29　逃生缓降器的组成

1—安全挂钩；2—缓降滑带；3—调速器；4—绳索卷盘；5—救生包；6—连接钩；7—手套；8—安全带

（2）应急逃生器

应急逃生器是指使用者靠自重以一定的速度下降且具有刹停功能的一次性使用的逃生器材，由操作手柄、速度控制机构、绳索、下滑控制机构等构成，如图7-30所示。

（3）逃生绳

逃生绳是指供使用者手握滑降逃生的纤维绳索。它是用有一定强度且有较好耐火性的麻类等天然纤维制作而成，是从楼房或其他高处逃生或救人使用的最简单器材。

2. 滑道类

即逃生滑道，指使用者靠自重以一定的速度下滑逃生的一种柔性通道。由柔性材料为主体制成的带有特殊阻尼套的长条形通道式结构，如图7-31所示，其由外层防火套、中间阻尼套和内层导套三层组成，三层重叠后固定在入口圈上。救生滑道的工作原理是利用阻尼层对下滑人员产生横向阻力来减慢下滑速度，使得下滑人员安全着陆。逃生滑道通常安装在建筑物内，也可以随举高消防车使用。使用逃生滑道滑降逃生时，人员下落速度平缓，且不会受到炙烧、燃烧和烟熏的伤害，老幼病残者无需预先练习都可以成功地使用。

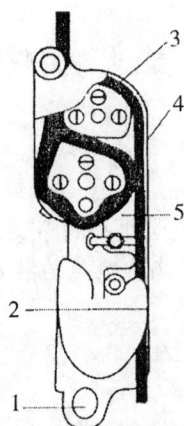

图 7-30　应急逃生器结构图
1—操作手柄；2—速度控制机构；3—绳索；4—减速机构；5—下滑控制机构

3. 梯类

（1）固定式逃生梯

固定式逃生梯是指与建筑物固定连接，使用者靠自重以一定的速度自动下降并能循环使用的一种金属梯。它能在发生火灾或紧急情况时，在短时间内连续将高楼被困人员安全疏散至地面。

（2）悬挂式逃生梯

悬挂式逃生梯是指展开后悬挂在建筑物外墙上供使用者自行攀爬逃生的一种软梯，其平时可收藏在包装袋内。该逃生梯主要由钢制梯钩、边索、踏板和撑脚组成。梯钩是使悬挂梯紧固在建筑物上的金属构件。边索由钢丝绳、钢质链条或阻燃型纤维编织带等制成。踏板是具有防滑功能条纹的圆管或方管。撑脚的作用是使悬挂式逃生梯能与墙体保持一定距离。

4. 呼吸器类

呼吸器类包括消防过滤式自救呼吸器和化学氧消防自救呼吸器两类。

图 7-31　救生滑道

（二）按器材工作方式分类

1. 单人逃生类

单人逃生类，如逃生缓降器、应急逃生器、逃生绳、悬挂式逃生梯、消防过滤式自救呼吸器、化学氧消防自救呼吸器等。

2. 多人逃生类

多人逃生类，如逃生滑道、固定式逃生梯等。

三、逃生避难器材的适用场所和适用楼层（高度）

（一）逃生避难器材的适用场所

1. 绳索类、滑道类或梯类等逃生避难器材适用于人员密集的公共建筑的 2 层及 2 层以上楼层。

2. 呼吸器类逃生避难器材适用于人员密集的公共建筑的 2 层及 2 层以上楼层和地下公共建筑。

（二）逃生避难器材的适用楼层（高度）

逃生避难器材的适用楼层（高度）见表7-2。

表7-2 逃生避难器材适用楼层（高度）

器材	固定式逃生梯	逃生滑道	逃生缓降器	悬挂式逃生梯	应急逃生器	逃生绳	过滤式自救呼吸器	化学氧自救呼吸器
适用楼层（高度）	≤60m	≤60m	≤30m	≤15m	≤15m	≤6m	地上建筑	地上及地下公共建筑

四、逃生避难器材的设置位置

逃生避难器材的设置位置应符合下列要求：

1. 逃生缓降器、逃生梯、逃生滑道、应急逃生器、逃生绳应安装在建筑物袋形走道尽头或室内的窗边、阳台凹廊以及公共走道、屋顶平台等处。室外安装应有防雨、防晒措施。

2. 逃生缓降器、逃生梯、应急逃生器、逃生绳供人员逃生的开口高度应在1.5m以上，宽度应在0.5m以上，开口下沿距所在楼层地面高度应在1m以上。

3. 自救呼吸器应放置在室内明显且便于取用的位置。

本章【学习目标】

通过学习，要求初、中级建（构）筑物消防员基本了解防排烟系统、水喷雾与细水雾灭火系统、消防炮灭火系统、气体灭火系统、泡沫灭火系统干粉灭火系统和建筑火灾逃生避难器材，重点掌握火灾自动报警系统、消火栓给水系统、自动喷水灭火系统。高级以上建（构）筑物消防员必须全面掌握本章各节的基础知识。

思考与练习题

1. 简述火灾自动报警系统的组成及工作原理。
2. 简述防排烟系统的作用。
3. 简述机械排烟系统的组成及工作原理。
4. 简述机械加压送风防烟系统的组成及防烟原理。
5. 室外消防给水系统有哪些类型？
6. 室外消火栓给水系统通常由哪些部分组成？
7. 室内消火栓给水系统通常由哪些部分组成？
8. 室内消火栓给水系统有哪些类型？
9. 简述自动喷水灭火系统的含义及作用。
10. 简述湿式系统的含义、组成及工作原理与适用范围。
11. 简述干式系统的含义、组成及工作原理与适用范围。
12. 简述预作用系统的含义、组成及工作原理与适用范围。
13. 简述雨淋系统的含义、组成及工作原理与适用范围。
14. 简述水幕系统的作用及类型。
15. 简述水喷雾灭火系统的组成及防护目的。
16. 何谓细水雾灭火系统？细水雾灭火系统有哪些类型？

17. 简述泵组式细水雾灭火系统的组成及工作原理。
18. 简述瓶组式细水雾灭火系统的组成及工作原理。
19. 固定消防炮灭火系统有哪些类型？各适用何种场所？
20. 简述气体灭火系统的组成及工作原理。
21. 气体灭火系统有哪些类型？
22. 简述泡沫灭火系统的组成及工作原理。
23. 泡沫灭火系统有哪些类型？
24. 简述干粉灭火系统的含义及作用。
25. 简述干粉灭火系统的组成及工作原理。
26. 干粉灭火系统有哪些类型。
27. 简述逃生避难器材的含义及作用。
28. 逃生避难器材有哪些类型？

第八章　消防安全检查基础知识

第一节　单位的消防安全检查

单位消防安全检查是指单位内部结合自身情况，适时组织的督促、查看、了解本单位内部消防安全工作情况以及存在的问题和隐患的一项消防安全管理活动。单位消防安全检查是依据《消防法》和《机关、团体、企业、事业单位消防安全管理规定》等有关法律法规对单位提出的具体要求，并作为一项制度确定下来的。

一、单位消防安全检查的目的和形式

（一）消防安全检查的目的

单位通过消防安全检查，对本单位消防安全制度、安全操作规程的落实和遵守情况进行检查，以督促规章制度、措施的贯彻落实，这是单位自我管理、自我约束的一种重要手段，是及时发现和消除火灾隐患、预防火灾发生的重要措施。

（二）消防安全检查的形式

消防安全检查是一项长期的、经常性的工作，在组织形式上应采取经常性检查和定期性检查相结合、重点检查和普遍检查相结合的方式方法。具体检查形式主要有以下几种：

1. 一般日常性检查

这种检查是按照岗位消防责任制的要求，以班组长、安全员、义务消防员为主对所处的岗位和环境的消防安全情况进行检查，通常以班前、班后和交接班时为检查的重点。

一般日常性检查能及时发现不安全因素，及时消除安全隐患，它是消防安全检查的重要形式之一。

2. 防火巡查

防火巡查是单位保证消防安全的严格管理措施之一，它是消防安全重点单位常用的一种消防检查形式。

3. 定期防火检查

这种检查是按规定的频次进行，或者按照不同的季节特点，或者结合重大节日进行检查。这种检查通常由单位领导组织，或由有关职能部门组织，除了对所有部位进行检查外，还要对重点部门进行重点检查。

4. 专项检查

根据单位实际情况以及当前主要任务和消防安全薄弱环节开展的检查，如用电检查、用火检查、疏散检查、消防设施检查、危险品储存与使用检查等，专项检查应有专业技术人员参加。

5. 夜间检查

夜间检查是预防夜间发生大火的有效措施，检查主要依靠夜间值班干部、警卫和专、兼职消防管

理人员。重点是检查火源电源以及其他异常情况，及时堵塞漏洞，消除隐患。

6. 其他形式的检查

根据需要进行的其他形式检查，如重大活动前的检查、季节性检查等。

二、单位的防火巡查

（一）单位防火巡查的频次及要求

消防安全重点单位应当进行每日防火巡查，并确定巡查的人员、内容、部位和频次。其他单位可以根据需要组织防火巡查。

公众聚集场所在营业期间的防火巡查应当至少每2小时一次；营业结束时应当对营业现场进行检查，消除遗留火种。医院、养老院、寄宿制的学校、托儿所、幼儿园应当加强夜间防火巡查，其他消防安全重点单位可以结合实际组织夜间防火巡查。

防火巡查人员应当及时纠正违章行为，妥善处置火灾危险，无法当场处置的，应当立即报告。发现初起火灾应当立即报警并及时扑救。

防火巡查应当填写巡查记录，巡查人员及其主管人员应当在巡查记录上签名。

（二）单位防火巡查的内容

单位进行防火巡查的内容应当包括：

1. 用火、用电有无违章情况；
2. 安全出口、疏散通道是否畅通，安全疏散指示标志、应急照明是否完好；
3. 消防设施、器材和消防安全标志是否在位、完整；
4. 常闭式防火门是否处于关闭状态，防火卷帘下是否堆放物品影响使用；
5. 消防安全重点部位的人员在岗情况；
6. 其他消防安全情况。

三、单位的防火检查

（一）单位防火检查的频次及要求

机关、团体、事业单位应当至少每季度进行一次防火检查，其他单位应当至少每月进行一次防火检查。

防火检查应当填写检查记录。检查人员和被检查部门负责人应当在检查记录上签名。

（二）单位防火检查的内容

单位进行防火检查的内容应当包括：

1. 火灾隐患的整改情况以及防范措施的落实情况；
2. 安全疏散通道、疏散指示标志、应急照明和安全出口情况；
3. 消防车通道、消防水源情况；
4. 灭火器材配置及有效情况；
5. 用火、用电有无违章情况；
6. 重点工种人员以及其他员工消防知识的掌握情况；
7. 消防安全重点部位的管理情况；
8. 易燃易爆危险物品和场所防火防爆措施的落实情况以及其他重要物资的防火安全情况；

9. 消防（控制室）值班情况和设施运行、记录情况；

10. 防火巡查情况；

11. 消防安全标志的设置情况和完好、有效情况；

12. 其他需要检查的内容。

四、单位消防安全检查的方法

消防安全检查的方法是指单位为达到实施消防安全检查的目的所采取的各种措施和手段。消防安全检查手段直接影响检查的质量，单位消防安全管理人员在进行自身消防安全检查时应根据检查对象的情况，灵活运用以下各种手段，了解检查对象的消防安全管理情况。

（一）查阅消防档案

消防档案是单位履行消防安全职责、反映单位消防工作基本情况和消防管理情况的载体。查阅消防档案应注意以下问题：

1. 消防安全重点单位的消防档案应包括消防安全基本情况和消防安全管理情况。其内容必须按照《机关、团体、企业、事业单位消防安全管理规定》中第42条、第43条的规定，全面翔实地反映单位消防工作的实际状况。

2. 制定的消防安全制度和操作规程是否符合相关法规和技术规程。

3. 灭火和应急救援预案是否可靠。

4. 查阅公安机关消防机构填发的各种法律文书，尤其要注意责令改正或重大火灾隐患限期整改的相关内容是否得到落实。

（二）询问员工

询问员工是消防安全管理人员实施消防安全检查时最常用的方法。为在有限的时间之内获得对检查对象的大致了解，并通过这种了解掌握被检查对象的消防安全状况，建、构筑物消防人员可以通过询问或测试的方法直接而快速地获得相关的信息。

1. 询问各部门、各岗位的消防安全管理人，了解其实施和组织落实消防安全管理工作的概况以及对消防安全工作的熟悉程度。

2. 询问消防安全重点部位的人员，了解单位对其培训的概况。

3. 询问消防控制室的值班、操作人员，了解其是否具备岗位资格。

4. 公众聚集场所应随机抽询数名员工，了解其组织引导在场群众疏散的知识和技能以及报火警和扑救初起火灾的知识和技能。

（三）查看消防通道、防火间距、灭火器材、消防设施等情况

消防通道、消防设施、灭火器材、防火间距等是建筑物或场所消防安全的重要保障，国家的相关法律与技术规范对此都作了相应的规定。查看消防通道、消防设施、灭火器材、防火间距等，主要是通过眼看、耳听、手摸等方法，判断消防通道是否畅通，防火间距是否被占用，灭火器材是否配置得当并完好有效，消防设施各组件是否完整齐全无损、各组件阀门及开关等是否置于规定启闭状态、各种仪表显示位置是否处于正常允许范围等。

（四）测试消防设施

使用专用检测设备测试消防设施设备的工况，要求防火检查员应具备相应的专业技术基础知识，熟悉各类消防设施的组成和工作原理，掌握检查测试方法以及操作中应注意的事项。对一些常规消防

设施的测试项目主要包括：利用专用检测设备对火灾报警器报警、消防电梯强制性停靠、室内外消火栓压力、消火栓远程启泵、压力开关和水力警铃、末端试水装置、防火卷帘启闭等。

第二节　火灾隐患的认定及整改

及时发现和消除火灾隐患，保障人民生命和社会财产的安全，是单位自身进行防火检查的主要目的之一。建（构）筑物消防员在实施防火检查时，对单位存在的火灾隐患，应采取相应的处理措施，及时消除火灾隐患，纠正违法行为。

一、火灾隐患的含义

火灾隐患通常是指单位、场所、设备以及人们的行为违反消防法律、法规，有引起火灾或爆炸事故、危及生命财产安全、阻碍火灾扑救等潜在的危险因素和条件。

二、火灾隐患的分级

根据不安全因素引发火灾的可能性大小和可能造成的危害程度的不同，火灾隐患可分为一般火灾隐患和重大火灾隐患。

（一）一般火灾隐患

一般火灾隐患是指存在的不安全因素有引发火灾的可能，且发生火灾会造成一定的危害后果，但危害后果不严重。

（二）重大火灾隐患

重大火灾隐患是指违反消防法律法规，可能导致火灾发生或火灾危害增大，并由此可能造成特大火灾事故后果和严重社会影响的各类潜在不安全因素。

三、火灾隐患的认定

具有下列情形之一的，应当确定为火灾隐患：

1. 影响人员安全疏散或者灭火救援行动，不能立即改正的；
2. 消防设施未保持完好有效，影响防火灭火功能的；
3. 擅自改变防火分区，容易导致火势蔓延、扩大的；
4. 在人员密集场所违反消防安全规定，使用、储存易燃易爆危险品，不能立即改正的；
5. 不符合城市消防安全布局要求，影响公共安全的；
6. 其他可能增加火灾实质危险性或者危害性的情形。

重大火灾隐患按照现行国家标准《重大火灾隐患判定方法》（GA653）进行认定。

四、单位对自身存在的火灾隐患的整改

单位对存在的火灾隐患，应当及时予以消除。

（一）火灾隐患当场改正

对下列违反消防安全规定的行为，单位应当责成有关人员当场改正并督促落实：

1. 违章进入生产、储存易燃易爆危险物品场所的；
2. 违章使用明火作业或者在具有火灾、爆炸危险的场所吸烟、使用明火等违反禁令的；

3. 将安全出口上锁、遮挡，或者占用、堆放物品影响疏散通道畅通的；

4. 消火栓、灭火器材被遮挡影响使用或者被挪作他用的；

5. 常闭式防火门处于开启状态，防火卷帘下堆放物品影响使用的；

6. 消防设施管理、值班人员和防火巡查人员脱岗的；

7. 违章关闭消防设施、切断消防电源的；

8. 其他可以当场改正的行为。

违反前款规定的情况以及改正情况应当有记录并存档备查。

（二）火灾隐患限期整改

对不能当场改正的火灾隐患，消防工作归口管理职能部门或者专、兼职消防管理人员应根据本单位的管理分工，及时将存在的火灾隐患向单位的消防安全管理人或者消防安全责任人报告，提出整改方案。消防安全管理人或者消防安全责任人应当确定整改的措施、期限以及负责整改的部门、人员，并落实整改资金。

在火灾隐患未消除之前，单位应当落实防范措施，保障消防安全。不能确保消防安全，随时可能引发火灾或者一旦发生火灾将严重危及人身安全的，应当将危险部位停产停业整改。

火灾隐患整改完毕，负责整改的部门或者人员应当将整改情况记录报送消防安全责任人或者消防安全管理人签字确认后存档备查。

对于涉及城市规划布局而不能自身解决的重大火灾隐患，以及机关、团体、事业单位确无能力解决的重大火灾隐患，单位应当提出解决方案并及时向其上级主管部门或者当地人民政府报告。

对公安机关消防机构责令限期改正的火灾隐患，单位应当在规定的期限内改正并写出火灾隐患整改复函，报送公安机关消防机构。

本章【学习目标】

通过学习，要求初、中级建（构）筑物消防员基本了解火灾隐患的认定，重点掌握单位防火巡查与检查内容与方法。高级以上建（构）筑物消防员必须全面掌握本章各节的基础知识。

思考与练习题

1. 简述单位内部消防安全检查的含义及目的。

2. 单位消防安全检查有哪几种形式？

3. 简述单位防火巡查的频次、要求及内容。

4. 简述单位防火检查的频次、要求及内容。

5. 单位防火检查可采用哪些方法？

6. 何谓火灾隐患？火灾隐患如何分级？

7. 如何认定火灾隐患？

8. 简述火灾隐患当场改正的情形。

9. 常规消防设施测试包括哪些项目？

第九章　初起火灾处置基础知识

任何单位和个人在发现火灾时，都有报告火警的义务。任何单位和成年人都有参加有组织的灭火工作的义务。

第一节　报告火警

在火灾发生时，及时报警是及时扑灭火灾的前提，这对于迅速扑救火灾、减轻火灾危害、减少火灾损失具有非常重要的作用。因此，《消防法》规定：任何人发现火灾都应当立即报警。任何单位、个人都应当无偿为报警提供便利，不得阻拦报警。严禁谎报火警。

"报告火警"，主要是指发现火灾后，应当立即拨打火警电话"119"。

一、报火警的对象

1. 向公安消防队报警。公安消防队是灭火的主要力量，即使失火单位有专职消防队，也应向公安消防队报警，绝不可等个人或单位扑救不了再向公安消防队报警，以免延误灭火最佳时机。

2. 向单位（地区）专职、义务消防队报警。很多单位有专职消防队员，并配置了消防车等消防装备。单位一旦有火情发生，要尽快向其报警，以便争取时间投入灭火战斗。

3. 向受火灾威胁的人员发出警报，以便他们迅速做好疏散准备尽快疏散。

二、报火警的方法

报火警时可根据条件分别采取以下方法进行：

1. 使用电话拨"119"向公安消防队报警；报警之后，应派人到路口接应消防车进入火灾现场。

2. 装有火灾自动报警系统的场所，在火灾发生时会自动报警。没有安装火灾自动报警系统的场所，可以根据条件采取下列方法报警：使用警铃、汽笛或其他平时约定的报警手段报警。

3. 使用应急广播系统，利用语音喇叭迅速通知被困人员。

三、报火警的内容

在拨打"119"火警电话向公安消防队报火警时，必须讲清以下内容：

1. 发生火灾单位或个人的详细地址。包括街道名称，门牌号码，靠近何处，附近有无明显的标志；大型企业要讲明分厂、车间或部门；高层建筑要讲明第几层等。总之，地址要讲得明确、具体。

2. 火灾概况。主要包括：起火的时间、场所和部位，燃烧物的性质、火灾的类型、火势的大小，是否有人员被困、有无爆炸和毒气泄漏等。

3. 报警人基本情况。主要包括：姓名、性别、年龄、单位、联系电话号码等。

第二节 人员和物资的安全疏散

一、人员密集场所的人员疏散

公众聚集场所，医院的门诊楼、病房楼，学校的教学楼、图书馆、食堂和集体宿舍，养老院，福利院，托儿所，幼儿园，公共图书馆的阅览室，公共展览馆、博物馆的展示厅，劳动密集型企业的生产加工车间和员工集体宿舍，旅游、宗教活动场所等人员密集场所，一旦起火，如果疏散不力，极易造成人员群死群伤的严重后果。所以该处所发生火灾，人员疏散是头等任务。因此，《消防法》规定：人员密集场所发生火灾，该场所的现场工作人员应当立即组织、引导在场人员疏散。

人员疏散应注意以下问题：

（一）制订安全疏散计划

按人员的分布情况，制订在火灾等紧急情况下的安全疏散路线，并绘制平面图，用醒目的箭头标示出出入口和疏散路线。路线要尽量简捷，安全出口的利用率要平均。对工作人员要明确分工，平时要进行训练，以便火灾时按疏散计划组织人流有秩序地进行疏散。

（二）保证安全通道畅通无阻

在经营时间里，工作人员要坚守岗位，并保证安全走道、楼梯和出口畅通无阻。安全出口不得锁闭，通道不得堆放物资。组织疏散时应进行宣传，稳定情绪，使大家能够积极配合，按指定路线尽快将在场人员疏散出去。

（三）做到有秩序疏散

在火场上具体如何通报，可视具体火情而定。当火灾初期阶段，人们还不知道发生火灾，若被困人员多，且疏散条件差、火势发展比较缓慢，失火单位的领导和工作人员就应首先通知出口附近或最不利区域内的人员，让他们先疏散出去，然后视情况再通报其他人员疏散。当火势猛烈，并且疏散条件较好的情况下，可同时公开通报，让全体人员疏散。消防控制室开启事故广播系统，按照烟、火蔓延扩散威胁的严重程度区分不同的区域层次顺序，逐楼层、逐区域地通知，并沉着、镇静地指明疏散路线和方向。各区域的工作人员也要灵活运用扩音器、便携式扬声器等设备。

（四）分组实施引导

人员密集场所一旦发生火灾，人们可能会蜂拥而滞于通道口，造成互相拥挤，甚至发生踩踏。因此，疏散人员应迅速赶到各自负责的通道、楼梯及出口等地段，启用各种照明设施，用手势或喊话的方式引导疏散、稳定人员情绪，维护秩序。

二、人员安全疏散的方法

（一）维护现场秩序

火灾时，在场人员有烟气中毒、窒息以及被热辐射、热气流烧伤的危险。因此，发生火灾后，首先要了解火场有无被困人员及被困地点和抢救的通道，以便进行安全疏散。有时人们虽然未受到火的直接威胁，但处于惊慌失措的紧张状态，有造成伤亡事故的危险，在喊话宣传稳定情绪的同时，也要尽快地组织疏散，撤离火灾现场。一般情况下，绝大多数的火灾现场被困人员可以安全疏散或自救，脱离险境。因此，必须坚定自救意识，不惊慌失措，冷静观察，采取可行的措施进行疏散自救。

（二）鱼贯地撤离

疏散时，如人员较多或能见度很差时，应在熟悉疏散通道的人员带领下，鱼贯地撤离起火点。带领人可用绳子牵领，用"跟着我"的喊话或前后扯着衣襟的方法将人员撤至室外或安全地点。

（三）做好防护，低姿撤离

在撤离火场途中被浓烟所围困时，由于烟雾一般是向上流动，地面上的烟雾相对地说比较稀薄，因此，可采取低姿势行走或匍匐穿过浓烟区的方法，如果有条件，可用湿毛巾等捂住嘴、鼻或用短呼吸法，用鼻子呼吸，以便迅速撤出浓烟区。

（四）积极寻找正确逃生方法

在发生火灾时，首先应该想到通过安全出口、疏散通道和疏散楼梯迅速逃生。切勿盲目乱窜或奔向电梯（因为火灾时电梯的电源常常被切断，同时电梯井烟囱效应很强，烟火极易向此处蔓延）。在逃生的过程中，一旦人们蜂拥而出，造成安全出口的堵塞，或逃生之路被火焰和浓烟封住时，应充分利用建、构筑物内配备的消防救生器材或选择落水管道和窗户进行逃生。通过窗户逃生时，可用窗帘或地毯等卷成长条，制成安全绳，用于滑绳自救，绝对不能急于跳楼，以免发生不必要的伤亡。

（五）自身着火，快速扑打，不能奔跑

火灾时一旦衣帽着火，应尽快地把衣帽脱掉，切记不能奔跑，防止把火种带到其他场所，引起新的火点。当身上着火，着火人可就地倒下打滚，把身上的火焰压灭；在场的其他人员也可用湿麻袋、毯子等物把着火人包裹起来以窒息火焰；或者向着火人身上浇水，帮助受害者将烧着的衣服撕下；或者跳入附近池塘、小河中将身上的火熄掉。

（六）防止再入"火口"

火场上脱离险境的人员，往往因某种心理原因的驱使，不顾一切，想重新回到原处，急于救出被围困亲人，或怕珍贵的财物被烧，想想切地抢救出来等。这不仅会使他们重新陷入危险境地，且给火场扑救工作带来困难。因此，火场指挥人员应组织人安排好这些脱险人员、做好安慰工作，以保证他们的安全。

三、物资的安全疏散

（一）应急于疏散的物资

1. 疏散可能造成扩大火势和有爆炸危险的物资；
2. 疏散性质重要、价值昂贵的物资；
3. 疏散影响灭火战斗的物资。

（二）组织疏散的要求

1. 将参加疏散的职工或群众编成组，指定负责人，使整个疏散工作有秩序地进行；
2. 先疏散受水、火、烟威胁最大的物资；
3. 尽量利用各类搬运机械进行疏散；
4. 怕水的物资应用苫布进行保护。

第三节　初起火灾扑救

火灾初起阶段，一般燃烧面积小，火势较弱，在场人员如果能采取正确的方法，就能将火扑灭。如果错过了初起灭火的时机或初起灭火失败，火势蔓延将造成惨重的损失。所以发生火灾的单位除应立即报警外，还必须立即组织力量扑救火灾，及时抢救人员生命和公私财产，这对防止火势扩大、减少火灾损失具有重要的意义。因此，《消防法》规定：任何单位发生火灾，必须立即组织力量扑救。邻近单位应当给予支援。

一、火灾扑救的指导思想和原则

无论是义务消防人员还是专职消防人员，在扑救初起火灾时，必须坚持"救人第一"的指导思想，遵循先控制后消灭、先重点后一般的原则。

（一）救人第一

火灾发生后，应当立即组织营救受害人员，疏散、撤离受到威胁的人员，坚持"救人第一"的指导思想，优先保障遇险人员的生命安全，把保护人民群众生命安全作为事故处置的首要任务，体现"以人为本"思想。

（二）先控制

先控制是指扑救火灾时，先把主要力量部署在火场上火势蔓延的主要方面，设兵堵截，对发展的火势实施有效控制，防止蔓延扩大，为迅速消灭火灾创造有利条件。

对不同的火灾，有不同的控制方法。一般地说，有直接控制火势，如利用水枪射流、水幕等拦截火势，防止灾情扩大；也有间接控制火势，如对燃烧的和邻近的液体或气体储罐进行冷却，防止罐体变形破坏或爆炸，防止油品沸溢，阻止可燃液体流散，制止气体外喷扩散，防止飞火，防止复燃，排除或防止爆炸物发生爆炸等均是间接控制。

（三）后消灭

就是在控制火势的同时，集中兵力向火源展开全面进攻，逐一或全面彻底消灭火灾。后消灭，是在控制的前提下，主动向火点进攻，在控制过程中开始进行消灭，直到迅速全面彻底消灭火灾。

在火场上，灭火力量处于优势时，应在控制火势过程中积极主动及时消灭火灾；灭火力量处于劣势时，必须设法扭转被动局面，应积极主动从控制火势入手，控制火势蔓延或控制减缓火势蔓延速度，或者选择作战重心，在某一方面设置阵地，控制火势，并应积极调集增援力量，改变被动局面去夺取灭火战斗的胜利。

二、火灾扑救的基本方法

在火灾扑救中要根据不同情况适时地采取堵截、快攻、排烟、隔离等基本方法。

（一）堵截

堵截火势，防止蔓延或减缓蔓延速度，或在堵截过程中消灭火灾，是积极防御与主动进攻相结合的火灾扑救基本方法。

在实际应用中，当单位灭火人员不能接近火场时，应根据着火对象及火灾现场实际，果断地在蔓延方向设置水枪阵地、水帘，关闭防火门、防火卷帘、挡烟垂壁等，堵截蔓延，防止火势扩大。

（二）快攻

当灭火人员能够接近火源时，应迅速利用身边的灭火器材灭火，将火势控制在初期低温少烟阶段。

（三）排烟

利用门窗、破拆孔洞将高温浓烟排出建筑物外，是引导火势蔓延方向、减少火灾损失的重要措施。

（四）隔离

针对大面积燃烧区或火势比较复杂的火场，根据火灾扑救的需要，将燃烧区分割成两个或数个战斗区段，以便于分别部署力量将火扑灭。

三、初起灭火的要领

初起灭火时要有效地利用灭火器、消防水桶、室内消火栓等消防设施与器材。

1. 离火灾现场最近的人员，应根据火灾的种类正确有效地利用附近灭火器等设备与器材进行灭火。且尽可能多地集中在火源附近连续使用。
2. 灭火人员在使用灭火器具的同时，要利用最近的室内消火栓进行初期火灾扑救。
3. 灭火时要考虑水枪的有效射程，尽可能靠近火源，压低姿势，向燃烧着的物体喷射。

第四节　火灾现场保护

火灾扑灭后，发生火灾的单位和相关人员应当按照公安机关消防机构的要求保护现场。

一、火灾现场保护的目的

火灾现场是火灾发生、发展和熄灭过程的真实记录，是公安机关消防机构调查认定火灾原因的物质载体。保护火灾现场的目的是为了火灾调查人员发现、提取到客观、真实、有效的火灾痕迹、物证，确保火灾原因认定的准确性。

二、火灾现场保护的要求

（一）正确划定火灾现场保护范围

凡与火灾有关的留有痕迹物证的场所均应列入现场保护范围。保护范围应当根据现场勘验的实际情况和进展进行调整。

遇有下列情况时，根据需要应适当扩大保护区：

1. 起火点位置未确定

起火点部位不明显；初步认定的起火点与火场遗留痕迹不一致等。

2. 电气故障引起的火灾

当怀疑起火原因为电气设备故障时，凡属与火场用电设备有关的线路、设备，如进户线、总配电盘、开关、灯座、插座、电机及其拖动设备和它们通过或安装的场所，都应列入保护范围。有时电气故障引起的火灾，起火点和故障点并不一致，甚至相隔很远，则保护范围应扩大到发生故障的那个场所。

3. 爆炸现场

建筑物因爆炸倒塌起火的现场，不论被抛出物体飞出的距离有多远，也应把抛出物着地点列入保护范围；同时把爆炸破坏或影响到的建筑物等列入现场保护区。但并不是把这个大范围全都禁锢起来，只是将有助于查明爆炸原因、分析爆炸过程及爆炸威力的有关物件圈围保护好。

保护范围确定后，禁止任何人（包括现场保护人员）进入保护区，更不得擅自移动火场中的任何物品，对火灾痕迹和物证，应采取有效措施，妥善保护。

（二）火灾现场保护的基本要求

现场保护人员要服从统一指挥，遵守纪律，有组织地做好现场保护工作。不准随便进入现场，不准触摸现场物品，不准移动、拿用现场物品。现场保护人员要坚守岗位，做好工作，保护好现场的痕迹、物证，收集群众的反映，自始至终保护好现场。

（三）保护现场的方法

1. 灭火中的现场保护

消防员在进行火情侦察时，应注意发现和保护起火部位和起火点。在起火部位的灭火行动，特别是在扫残火时，尽量不实施消防破拆或变动物品的位置，以保持燃烧后的自然状态。

2. 勘查的现场保护

（1）露天现场。首先在发生火灾的地点和留有火灾痕迹、物证的一切场所的周围，划定保护范围。在情况尚不大清楚的时候，可以将保护范围适当扩大一些。待勘查工作就绪后，可酌情缩小保护区，同时布置警戒。对重要部位可绕红白相间的绳旗划警戒圈或设置屏障遮挡。如果火灾发生在交通道路上，在农村可实行全部封锁或部分的封锁，重要的进出口处，布置路障并派专人看守；在城市由于行人、车辆流量大，封锁范围应尽量缩小，并由公安专门人员负责治安警戒、疏导行人和车辆。

（2）室内现场。对室内现场的保护，主要是在室外门窗下布置专人看守，或者对重点部位加封；对现场的室外和院落也应划出一定的禁入范围。对于私人房间要做好房主的安抚工作，讲清道理，劝其不要急于清理。

（3）大型火灾现场。可利用原有的围墙、栅栏等进行封锁隔离，尽量不要影响交通和居民生活。

3. 痕迹与物证的现场保护方法

对于可能证明火灾蔓延方向和火灾原因的任何痕迹、物证，均应严加保护。为了引起人们注意，可在留有痕迹、物证的地点做出保护标志。对室外某些痕迹、物证、尸体等应用席子、塑料布等加以遮盖。

（四）现场保护中的应急措施

保护现场的人员不仅限于布置警戒、封锁现场、保护痕迹物证，由于现场上有时会出现一些紧急情况，所以现场保护人员要提高警惕，随时掌握现场的动态，发现问题时，负责保护现场的人员应及时对不同的情况积极采取有效措施进行处理，并及时向有关部门报告。

1. 扑灭后的火场"死灰"复燃，甚至二次成灾时要迅速有效地实施扑救，酌情及时报警。有的火场扑灭后善后事宜未尽，现场保护人员应及时发现，积极处理，如发现易燃液体或者可燃气体泄漏，应关闭阀门，发现有导线落地时，应切断有关电源。

2. 对遇有人命危急的情况，应立即设法施行急救，对遇有趁火打劫，或者二次放火的，思维要敏捷，对打听消息、反复探视、问询火场情况以及行为可疑的人要多加小心，纳入视线后，必要情况下移交公安机关。

3. 危险物品发生火灾时，无关人员不要靠近，危险区域实行隔离，禁止进入，人要站在上风处，离开低洼处。对于那些一接触就可能被灼伤，有毒物品、放射性物品引起的火灾现场，进入现场的人，要佩带隔绝式呼吸器，穿全身防护衣，暴露在放射线中的人员及装置要等待放射线主管人员到达，按其指示处理，清扫现场。

4. 被烧坏的建筑物有倒塌危险并危及他人安全时，应采取措施使其固定。如受条件限制不能使其固定时，应在其倒塌之前，仔细观察并记下倒塌前的烧毁情况；采取移动措施时，尽量使现场少受破坏，若需要变动时，事前应详细记录现场原貌。

本章【学习目标】

通过学习，要求初、中级建（构）筑物消防员基本了解人员和物资的安全疏散、火灾现场保护，重点掌握报告火警、初起火灾扑救。高级以上建（构）筑物消防员必须全面掌握本章各节的基础知识。

思考与练习题

1. 简述《消防法》对单位、个人报火警的义务是如何规定的。
2. 简述报火警的方法和内容。
3. 《消防法》对人员密集场所发生火灾后的现场工作人员有哪些职责和义务规定？
4. 简述人员密集场所人员安全疏散的注意事项。
5. 简述人员安全疏散的方法。
6. 组织物资疏散的基本要求是什么？
7. 火灾扑救的指导思想和原则是什么？
8. 简述扑救初起火灾的方法。
9. 火灾现场保护的目的是什么？
10. 简述火灾现场保护的基本要求和方法。

第十章　相关法律、法规知识

第一节　《中华人民共和国消防法》相关知识

一、消防法律法规体系

消防法律法规是指国家制定的有关消防管理的一切规范性文件的总称。包括消防法律、消防行政法规、地方性消防法规、消防行政规章和消防技术标准等。

我国的消防法律法规体系是以《中华人民共和国消防法》（以下简称为《消防法》）为核心，以消防行政法规、地方性消防法规、各类消防规章、消防技术标准以及其他规范性文件为主干，以涉及消防的有关法律法规为重要补充的消防法律法规体系。它的调整对象是在消防管理过程中形成的各种社会关系。其立法目的是为规范社会生活中各种消防行为，预防火灾和减少火灾的危害，保护公共财产和公民人身、财产的安全，维护公共安全，保障社会主义现代化建设的顺利进行。

二、消防法规的渊源

法律渊源是指法的各种具体表现形式，如法律、法令、条例、章程、决议、命令、习惯、判例等。消防法规的渊源，也称为消防法规的法源，是指消防法规来源于其他哪些法律法规和它由哪些法律规范组成。我国消防法规的渊源主要有：

（一）宪法

《中华人民共和国宪法》（以下简称为《宪法》）是国家的根本大法，它具有最高的法律权威和法律效力，是制定其他一切法律规范的依据，也是消防法规的基本法源。

在宪法中所包含的与消防行政管理活动有关的内容包括关于国家行政机关活动的基本原则的规范；关于国家行政机关组织和职权的规范；关于公民在行政法律关系中享有权利和应尽义务的规范等。

（二）消防法律

1. 消防专门法律

《消防法》是我国唯一的消防专门法律，是消防工作的基本法。

我国第一部《消防法》于1998年颁布实施，在1998年至2009年的十年间，为推动我国消防法制的建设、社会化消防管理水平、公共消防设施建设、规范消防监督执法以及提高群众自防自救等诸多方面起到了积极的作用，也在预防和减少火灾危害，保护人身、财产安全，维护公共安全工作中切实取得了成效。随着我国经济社会的发展和政府职能的转变，随着社会和广大人民群众对自身安全的新需求、新期待，1998年的《消防法》已难以适应新时期消防工作的需要，自2002年开始，正式启动《消防法》的修订工作，经过数次修改和讨论，根据全国人大常委会审议意见和各方面的意见，《消防法》修订草案于2008年10月28日经十一届全国人大常委会第五次会议审议通过，并于2009

年5月1日正式施行。

2. 与消防违法行为处罚相关的法律

与消防违法行为处罚相关的法律主要有《中华人民共和国刑法》（以下简称为《刑法》）、《中华人民共和国刑事诉讼法》、《中华人民共和国行政处罚法》（以下简称为《行政处罚法》）、《中华人民共和国安全生产法》、《中华人民共和国治安管理处罚法》（以下简称为《治安管理处罚法》）、《中华人民共和国城市规划法》、《中华人民共和国建筑法》、《中华人民共和国森林法》、《中华人民共和国草原法》、《中华人民共和国产品质量法》等。

有一些消防违法行为，常常也属于治安违法行为。如《消防法》第62条中的五种消防安全违法行为，应当依照《治安管理处罚法》的规定进行处罚：

（1）违反有关消防技术标准和管理规定生产、储存、运输、销售、使用、销毁易燃易爆危险品的；

（2）非法携带易燃易爆危险品进入公共场所或者乘坐公共交通工具的；

（3）谎报火警的；

（4）阻碍消防车、消防艇执行任务的；

（5）阻碍公安机关消防机构的工作人员依法执行职务的。

又如《消防法》第70条规定"拘留处罚由县级以上公安机关依照《中华人民共和国治安管理处罚法》的有关规定决定。公安机关消防机构需要传唤消防安全违法行为人的，依照《中华人民共和国治安管理处罚法》的有关规定执行。"公安机关在受理此类消防安全违法行为时，依据《治安管理处罚法》第77条、78条的相关规定进行并执行治安拘留处罚；公安机关或消防机构对消防安全违法行为人需要传唤的，依据《治安管理处罚法》第82条第1款的规定执行。

消防安全违法行为造成群死群伤或重大财产损失等严重后果的，则必须承担相应的刑事责任。《刑法》对失火罪、放火罪、消防责任事故罪和重大责任事故罪等与消防安全有关的违法行为和应该处以的刑罚作了具体规定。

3. 国家行政管理通用法律

国家行政管理通用法律主要包括《中华人民共和国行政许可法》（以下简称为《行政许可法》）、《中华人民共和国行政复议法》（以下简称为《行政复议法》）、《中华人民共和国行政诉讼法》（以下简称为《行政诉讼法》）、《行政处罚法》、《中华人民共和国行政监察法》和《中华人民共和国国家赔偿法》等。这些法律是所有的国家行政机关在行政管理和行政执法中都应当遵守和执行的法律。

（三）消防法规

1. 行政法规

消防行政法规是国务院根据宪法和法律，为领导和管理国家消防行政工作，按照法定程序批准或颁布的有关消防工作的规范性法律文件。如：《森林防火条例》《草原防火条例》《民用核设施安全监督管理条例》《特别重大事故调查程序暂行规定》《危险化学品安全管理条例》等。

2. 地方性法规

地方性消防法规，由省、自治区、直辖市、省会、自治区首府、国务院批准的较大的市人大及其常委会在不与宪法、法律和行政法规相抵触的情况下，根据本地区的实际情况制定的规范性文件。全国大部分省、自治区、直辖市有立法权的人大常委会制定了符合本地实际情况的消防条例。如《北京市消防条例》、《黑龙江省消防条例》、《青海省消防条例》等。

（四）消防行政规章

消防行政规章，是由国务院各部、各委员会和具有行政管理职能的直属机构，根据法律和国务院的行政法规、决定、命令，在本部门的权限内制定和发布的命令、指示、规章等。消防规章可由公安部单独颁布，也可由公安部会同别的部门联合下发。

1. 公安部单独下发的规章

如：《建设工程消防监督管理规定》（公安部）；《消防监督检查规定》（公安部）；《火灾事故调查规定》（公安部）；《公共娱乐场所消防安全管理规定》（公安部）；《机关、团体、企事业单位消防安全管理规定》（公安部）；《公安机关办理行政案件程序规定》（公安部）等。

2. 其他部委规章

其他部委规章指由公安部和其他部委联合下发的规章，也可以是除公安部以外的各部委单独或联合下发的规章制度。如：《消防产品监督管理规定》（公安部、国家工商行政管理总局、国家质量监督检验检疫总局）；《火灾统计管理规定》（公安部、劳动部、国家统计局）；《社会消防安全教育培训规定》（公安部、教育部、民政部、人力资源和社会保障部、住房和城乡建设部、文化部、国家广电总局、国家安监总局、国家旅游局）；《粮油工业企业及粮油机械制造企业防火规则》（粮食部、公安部）；《城市消防规划建设管理规定》（公安部、建设部、国家计委、财政部）；《商业仓库消防安全管理试行条例》（商业部）；《国家物资储备仓库消防工作条例》（国家计委、国家物资储备局）等。此类的规章涉及社会各个生产领域，为本部门或本行业的消防安全保障提供了可行的法律依据。

3. 地方政府规章

地方政府规章由省、自治区、直辖市、省会、自治区首府、国务院批准的较大的市的人民政府批准或颁布。如：《北京市消防安全责任监督管理办法》（北京市政府143号令）；《上海市消火栓管理办法》（上海市人民政府第81号令）等。

（五）规范性文件

消防行政管理规范性文件是指未列入消防行政管理法规范畴内的、由国家机关制定颁布的有关消防行政管理工作的通知、通告、决定、指示、命令等规范性文件的总称。如：中宣部、公安部、教育部、民政部、文化部、卫生部、广电总局、安全监管总局八大部委联合发布实施的《全民消防安全宣传教育纲要》；《国务院关于加强和改进消防工作的意见》；《消防改革与发展纲要》；《关于加强电气焊割防火安全工作的通告》等。《国务院关于加强和改进消防工作的意见》（简称《意见》）成为了"十二五"时期指导消防工作的重要纲领性文件。

（六）消防技术标准

1. 消防技术标准的含义

消防技术标准是规定社会生产、生活中保障消防安全的技术要求和安全极限的各类技术规范和标准的总和。单纯的技术标准，不具有或基本上不具有社会性，因而不具有法律意义。消防技术规范和技术标准中，由国家赋予其普遍约束力和法律意义的那部分规范和标准，则属于消防法规体系的内容。国家一般用两种方法赋予技术规范和标准以法律意义：一种是在法律条文中直接规定这类规范和标准；另一种是把遵守一定技术规范和标准定为法律义务，违反该规范或标准，要承担法律责任。这种技术规范或标准虽不是法律文件本身的组成部分，但却是它的附件和补充。这些规范和标准涉及危险化学品，电气装置，建筑工程设计、施工、验收、生产流程，消防设施设备、消防产品等大量内容，是进行消防监督必不可少的依据和工具。

2. 消防技术标准的分类

消防技术标准根据其性质可分为规范和标准两大类，其中规范又称为工程建设技术标准，标准又分为基础性标准、实验方法标准和产品标准（又称通用技术条件）。

消防技术标准根据制定的部门的不同，划分为国家标准、行业标准和地方标准。

消防技术标准根据强制约束力的不同，分为强制性标准和推荐性标准。保障人体健康，人身、财产安全的标准和法律、行政法规规定强制执行的标准是强制性标准，其他标准是推荐性标准。

3. 单位消防安全管理常用的消防技术标准

单位消防安全管理中依据的现行消防技术规范主要有：《建筑设计防火规范》；《高层民用建筑设计防火规范》；《建筑内部装修设计防火规范》；《建筑灭火器配置设计规范》；《水喷雾灭火系统设计规范》；《火灾自动报警系统设计规范》；《火灾自动报警系统施工及验收规范》；《石油库设计规范》；《小型石油库及汽车加油站设计规范》；《建筑物防雷设计规范》；《爆炸和火灾危险环境电力装置设计规范》等。

单位消防安全管理中依据的现行消防技术标准有：《人员密集场所消防安全管理》、《重大火灾隐患判定方法》等。

三、《消防法》的主要内容

现行《消防法》共7章74条，内容包括总则、火灾预防、消防组织、灭火救援、监督检查、法律责任和附则。

（一）总则部分

总则部分共7条，规定了《消防法》的立法宗旨，我国消防工作贯彻的方针、原则和实行的基本制度，明确了国务院领导全国的消防工作，地方各级人民政府负责本行政区域内的消防工作，公安机关对消防工作实施消防监督管理，并由公安机关消防机构具体实施，明确了政府及其有关部门、社会团体、新闻媒体等消防宣传教育、培训的责任，单位和公民基本的消防义务，国家鼓励、支持消防科学研究和技术创新，以及对消防工作做出突出贡献的单位和个人应当予以奖励等内容。

（二）火灾预防部分

1. 火灾预防部分包括的主要内容

火灾预防部分共27条，对火灾预防工作进行了较为详尽的规定，内容涵盖了城乡消防规划和建设的要求，建设工程消防设计、施工质量要求和建设工程消防监督管理制度，公众聚集场所投入使用、营业前消防安全检查许可制度，机关、团体、企业、事业等单位应当履行的消防安全职责，生产、储存、运输、销售、使用、销毁易燃易爆危险品的要求，消防产品的质量要求和监督管理制度，建筑构件和有关材料的防火性能以及电器产品、燃气用具的消防安全要求，地方各级人民政府对农村消防工作和在重点季节、期间的防火职责，乡镇人民政府、城市街道办事处和村民委员会、居民委员会的防火职责，鼓励火灾公众责任保险的政策，消防技术服务机构和执业人员的从业、执业要求等。这些规定对加强消防安全管理，落实消防安全责任制，预防火灾事故，保护公民人身、公共财产和公民财产安全是十分必要的。这部分充分体现了总则规定的"政府统一领导、部门依法监管、单位全面负责、公民积极参与"的原则，符合建立健全社会化的消防工作网络的要求。

2. 对单位应当履行的消防安全职责的具体规定

《消防法》规定机关、团体、企业、事业等单位应当履行下列消防安全职责：

（1）落实消防安全责任制，制定本单位的消防安全制度、消防安全操作规程，制定灭火和应急疏散预案；

（2）按照国家标准、行业标准配置消防设施、器材，设置消防安全标志，并定期组织检验、维修，确保完好有效；

（3）对建筑消防设施每年至少进行一次全面检测，确保完好有效，检测记录应当完整准确，存档备查；

（4）保障疏散通道、安全出口、消防车通道畅通，保证防火防烟分区、防火间距符合消防技术标准；

（5）组织防火检查，及时消除火灾隐患；

（6）组织进行有针对性的消防演练；

（7）法律、法规规定的其他消防安全职责。

单位的主要负责人是本单位的消防安全责任人。

消防安全重点单位除履行以上职责外，还应当履行下列消防安全职责：

（1）确定消防安全管理人，组织实施本单位的消防安全管理工作；

（2）建立消防档案，确定消防安全重点部位，设置防火标志，实行严格管理；

（3）实行每日防火巡查，并建立巡查记录；

（4）对职工进行岗前消防安全培训，定期组织消防安全培训和消防演练。

3. 对自动消防系统的操作人员的从业、执业要求

自动消防系统的操作人员，必须持证上岗，这是《消防法》新增加的内容。这主要是考虑到，随着我国城市建设的不断发展，建筑消防设施以及自动消防系统的建设较以前有了很大的发展，对防止火灾蔓延、扑灭初起火灾发挥了越来越大的作用。但是由于单位对各类建筑消防设施等缺乏有效的管理，特别是对关键岗位值班操作人员缺乏必要的消防培训，由于其不能熟练操作，自防自救能力差，消防设施维修保养不到位，建筑消防设施未能发挥作用，致使火灾迅速蔓延，酿成恶果。因此，针对实践中这一深刻的教训，应加强建筑消防设施的管理，提高建筑物抗御火灾的能力，确保建筑消防设施充分发挥其防火、灭火效能，保障安全，减少建筑火灾的发生，保护人民生命和财产安全。为此，《消防法》增加了对从事自动消防系统的操作人员上岗的资格认定。要求该类职业群体必须持证上岗。持证上岗包含两方面的内容，一个是相关的业务技能必须经有关部门考核合格；另一个是消防安全知识必须具备。只有这两方面知识和技能都合格后，才能从事这一工作。

（三）消防组织部分

《消防法》第三章要求各级政府加强消防组织建设，根据经济社会发展的需要，建立多种形式消防组织。消防组织的形式主要包括公安消防队、专职消防队和志愿消防队等。《消防法》对各种消防组织的组建任务及职责均作出了原则规定。公安消防队和专职消防队除应当按照国家规定标准配备消防装备、承担火灾扑救工作之外，还承担重大灾害事故和其他以抢救人员生命为主的应急救援工作。机关、团体、企业、事业等单位以及村民委员会、居民委员会根据需要建立志愿消防队等多种形式的消防组织，开展群众性自防自救工作。

（四）灭火救援部分

《消防法》第四章规定了各级地方政府以及单位、个人和消防队伍在灭火救援和重大灾害事故中的职责。明确了公安消防机构在火灾现场组织指挥和火灾事故调查中的原则与权限。这部分的法律条文确保了对火灾及其他灾害事故救援的及时和有效。

（五）消防监督检查部分

"监督检查"是《消防法》新增加的一章内容。该部分对地方各级人民政府、公安机关消防机构的监督检查职权、公安机关消防机构及其工作人员对消防隐患的发现及处理、在监督执法中应当遵循的执法原则作了法律上的规定。公安机关消防机构在消防监督检查中发现火灾隐患的，应当通知有关单位或者个人立即采取措施消除隐患；不及时消除隐患可能严重威胁公共安全的，公安机关消防机构应当依照规定对危险部位或者场所采取临时查封措施。本章还特别强调公安机关消防机构及其工作人

员在监督执法中自身必须遵循的纪律原则，并要接受社会和公民的监督。

（六）法律责任部分

《消防法》第六章对单位和个人违反本法的各种行为所应给予的惩戒作出了具体的规定，体现了消防法规的强制性和严肃性。这些规定是公安机关消防机构监督执法的基本依据。从本章各条文看出，对各种违法行为一般是依据《消防法》和《行政处罚法》的处罚形式和程序进行惩戒。对本章第62条所列的各种违法行为按照《治安管理处罚法》的规定处罚。此外，第72条规定，违反《消防法》规定，依法追究刑事责任，依照《刑法》的规定执行。

本章还专门规定了对公安机关消防机构和其他有关行政主管部门工作人员滥用职权、玩忽职守、徇私舞弊行为的处分。

第二节　《中华人民共和国劳动法》相关知识

《中华人民共和国劳动法》（以下简称为《劳动法》）是我国社会主义法律体系中一个重要的独立部门。《劳动法》所研究的劳动是职业性的、有偿的和基于特定劳动关系发生的社会劳动。制定《劳动法》的目的在于国家通过法律来调整劳动关系以及与劳动关系密切联系的关系，以保护劳动者的合法权益，确立、维护和发展用人单位与劳动者之间稳定、和谐的劳动关系，从而促进经济发展和社会进步。

一、《劳动法》的渊源

劳动法律规范体系构成了《劳动法》的渊源，包括所有与调整劳动关系相关的法律规范的总称，它们共同构成了劳动法律规范体系，包括以下几个方面：

（一）《宪法》中有关劳动问题的规定

《宪法》中有关劳动法问题的规定，构成全部劳动法律规范的立法基础。

（二）全国人大及其常委会制定的有关调整劳动关系的法律

由全国人民代表大会及全国人民代表大会常务委员会负责制定和发布基本法和其他法律。其效力仅次于《宪法》。

1994年7月5日由第8届全国人民代表大会常委会第八次会议审议通过的《劳动法》，是我国有关劳动问题的基本法，该法细化了《宪法》提出的主要劳动法原则，是我国调整劳动关系的准则。

2008年1月1日颁布实施的《中华人民共和国劳动合同法》（简称《劳动合同法》）对旧的劳动法律法规在有关事项上作了修正。该法适用于中华人民共和国境内的企业、个体经济组织、民办非企业单位等组织（以下称用人单位）、国家机关、事业单位、社会团体与劳动者建立劳动关系，订立、履行、变更、解除或者终止劳动合同。同时对企业规章制度的制定程序加以细化，强化了劳动者在其所在的企业中参政议政的权利。国务院劳动行政主管部门主管全国劳动工作。县级以上地方人民政府劳动行政部门主管本行政区域内的劳动工作。

《劳动合同法》对试用期、事实劳动关系、劳动合同期限、竞业禁止、违约金、欠薪、兼职、解除劳动合同、裁员、劳动合同的终止、劳务派遣、经济补偿金、违法解聘和赔偿金各方面作了明确规定，最大限度地保护了劳动者的各项合法权益。其中首次将"竞业禁止"上升到了法律高度，对于竞业禁止的人员范围限定为高管人员、高技术人员和负有保密义务的人员。改变原来依据《劳动法》发布的《关于企业职工流动若干问题的通知》中竞业禁止的期限最多不能超过3年的规定，改为不能超过两年。对用人单位对于此类职工给予的经济补偿的方式等也作了具体规定。

此外，在《中华人民共和国工会法》、《中华人民共和国妇女权益保障法》、《中华人民共和国全民所有制工业企业法》、《中华人民共和国中外合资经营企业法》、《中华人民共和国外资企业法》等法律中，都包含有关调整劳动关系的规范。全国人大及其常委会制定的其他法律规范，如1978年制定的《关于安置老弱病残干部的暂行办法》、《关于工人退休、退职的暂行办法》等，都属于此类范畴。

（三）国务院制定的劳动行政法规

国务院颁布的大量的劳动法规，是当前我国调整劳动关系的主要依据。如1982年4月国务院发布的《企业职工奖惩条例》、1986年发布的关于劳动制度改革的《国营企业招用工人暂行规定》等四项暂行规定，1988年1月国务院发布的《女职工劳动保护规定》等。

（四）国务院各部委制定的劳动规章

国务院所属各部委根据法律和行政法规、决定、命令，有权在本部门范围内发布命令、指示和规章，其中有关劳动关系的规章，也是《劳动法》的法律渊源。例如，劳动部就曾颁布了大量有关劳动关系的规章，如1990年1月劳动部颁布的《女职工禁忌劳动范围的规定》，同年7月劳动部发布实行的《工人考核条例》等，这些都是调整劳动关系的重要规范。

（五）地方性法规和地方性规章

在地方性法规和地方性规章中的有关劳动问题的规定均属于《劳动法》渊源的范畴。例如，《北京市劳动保护监察条例》、《北京市最低工资规定》等。

（六）国际劳动公约

国际劳工组织通过的劳工公约经我国政府批准，在我国产生了法律效力，则属于《劳动法》渊源的范畴。例如，2005年8月28日批准的《消除就业和职业歧视公约》（第111号公约）等。目前，我国已正式批准了24个国际劳工公约，这些公约也是我国《劳动法》的组成部分。

（七）规范性劳动法律、法规解释

规范性劳动法律、法规解释是指法定对劳动法律、法规有解释权的国家机关，就劳动法律、法规在执行中的问题所作的具有普遍约束力的解释。在我国，一般是国务院劳动行政主管部门享有该解释权。

二、《劳动法》的主要内容

我国现行的《劳动法》于1995年1月1日起实行，其核心内容涵盖了上述基本制度。《劳动法》共13章107条，每一章涉及一个独立的领域，包括：总则，促进就业，劳动合同与集体合同，工作时间和休息休假、工资，劳动安全卫生、女职工和未成年工的特殊保护，职业培训，社会保险和福利，劳动争议，监督检查，法律责任和附则。

（一）总则部分

总则部分为第1至第9条，说明了《劳动法》的立法宗旨、适用范围、劳动者的权利和义务、用人单位的规章制度、国家发展劳动事业、国家的倡导、鼓励和奖励政策、工会的组织和权利、劳动者参与民主管理和平等协商以及劳动行政部门的设置。

总则指出劳动者享有平等就业和选择职业的权利、取得劳动报酬的权利、休息休假的权利、获得劳动安全卫生保护的权利、接受职业技能培训的权利、享受社会保险和福利的权利、提请劳动争议处理的权利以及法律规定的其他劳动权利。劳动者应当完成劳动任务，提高职业技能，执行劳动安全卫生规程，遵守劳动纪律和职业道德。

（二）促进就业

《劳动法》第二章规定了国家和地方政府在促进就业方面的法律责任，提出了就业平等原则，保障妇女与男子平等的就业权利，保护残疾人、少数民族人员、退出现役的军人的就业，禁止用人单位招用未满 16 周岁的未成年人。文艺、体育和特种工业单位招用未满 16 周岁的未成年人，必须依法行事并保障其接受义务教育的权利。国家通过促进经济和社会发展，创造就业条件，扩大就业机会。地方各级人民政府应当采取措施，发展多种类型的职业介绍机构，提供就业服务。

（三）劳动合同与集体合同

劳动合同是劳动者与用人单位确立劳动关系、明确双方权利和义务的协议。建立劳动关系应当订立劳动合同。《劳动法》第三章就劳动合同订立和变更的原则、劳动合同无效的条件、劳动合同的形式和内容、合同的期限、试用期条款、在劳动合同中保守商业秘密的约定、劳动合同的终止、合议解除、辞退、裁员、用人单位解除劳动合同的经济补偿。对用人单位不得解除劳动合同的情形、工会的监督权、劳动者单方解除劳动合同的要求和劳动者无条件解除劳动合同的情形加以规定。本章还规定了集体合同的内容和签订程序。

（四）工作时间和休息休假、工资

《劳动法》规定，劳动者有劳动的义务，也有休息的权利。规定劳动者的标准工作时间、计件工作时间、劳动者的周休日、法定休假节日、延长工作时间及其工资支付，劳动者连续工作 1 年以上的，享受带薪年休假。《劳动法》确定工资分配应当遵循按劳分配原则，实行同工同酬。实行最低工资保障制度。用人单位根据本单位的生产经营特点和经济效益，依法自主确定本单位的工资分配方式和工资水平。确定和调整最低工资标准应当根据社会实际状况综合考虑诸多因素。工资应当以货币形式按月支付给劳动者本人。不得克扣或者无故拖欠劳动者的工资。对于法定休假日等的工资支付也作了法律上的规定。

企业职工一方可与企业就劳动报酬、工作时间、休息休假、劳动安全卫生、保险福利等事项，通过工会与企业签订集体合同。集体合同在签订后应当报送劳动行政部门，依法签订的集体合同对企业和企业全体职工具有约束力。

（五）劳动安全卫生

《劳动法》在劳动安全卫生方面有较为完备的法律规定。用人单位必须建立、健全劳动安全卫生制度，严格执行国家劳动安全卫生规程和标准，对劳动者进行劳动安全卫生教育，防止劳动过程中的事故，减少职业危害，这是对劳动安全卫生制度的总括性的规定。用人单位负有劳动保护的义务。从事特种作业的劳动者必须经过专门培训并取得特种作业资格，劳动者在劳动过程中必须严格遵守安全操作规程。建（构）筑物消防员属于消防行业特有工种，按照法律规定必须经过了规定时间的学习并通过消防行业特有工种职业技能坚定，取得职业资格证书之后方能上岗。在日常的工作中，必须严格按照操作规程进行消防设备设施的使用、维修、维护和保养，严禁违章操作，减少和避免安全事故的发生，这对实现安全生产具有至关重要的作用。

（六）职业培训

国家为了提高劳动者素质，提高整体的劳动生产效率，对职业培育给予了极大的关注和扶持。国家通过各种途径，采取各种措施，发展职业培训事业，开发劳动者的职业技能，增强劳动者的就业能力和工作能力。大力加强就业培训也是各级地方人民政府的重要职责之一。国家在制定《劳动法》之外，还制定了《中华人民共和国职业教育法》，以进一步细化职业教育和培训工作。国家确定职业分类，制定职业技能标准，实行职业资格证书制度，由经过政府批准的考核鉴定机构负责对劳动者实施职业技能考核鉴定。

职业是人们从事的作为自己主要生活来源的有报酬的劳动。职业是人类在长期生产活动中，随着生产力发展和社会劳动分工的出现而逐步产生和发展起来的。根据《中华人民共和国职业分类大典》，目前我国将社会职业归入 8 个大类，66 个中类，413 个小类，划分出 1838 个细类（职业），消防职业被列入职业分类简表第三大类中的第二中类内的第三小类，在册的消防职业有：灭火员、消防抢险救援员、防火员、建（构）筑物消防员、火灾瞭望观察员、其他消防员、其他安全保卫和消防人员等 7 项共 27 个工种。

《劳动法》中所指的职业培训又称为职业技能开发或职业教育，它包括为了培养和提高人们从事各种职业所需要的技术业务知识和实际操作技能而进行的教育和训练工作。职业培训是职业教育的一个重要组成部分，也是劳动就业的重要基础。一般来说，职业培训包括就业前培训、在职培训、学徒培训、转岗转业培训以及其他的职业性培训。依据培训的种类，还可分为初中高级职业培训、劳动预备制度培训、再就业培训和企业职工培训。我国进行职业培训的机构（也称为职业培训实体）主要包括技工学校、就业训练中心、民办职业培训机构、企业培训机构等。

职业技能鉴定是国家职业资格证书制度的重要组成部分。职业技能鉴定是指由考试考核机构对劳动者从事某种职业所应掌握的技术理论知识和实际操作能力做出客观的测量和评价，属于标准参照型考试。

（七）社会保险和福利

《劳动法》第九章是对社会保险和福利的规定。国家发展社会保险事业，建立社会保险制度，设立社会保险基金，使劳动者在年老、患病、工伤、失业、生育等情况下获得帮助和补偿。近年来，我国社会保险事业随着经济的大力发展而逐步完善，越来越多的劳动者在医疗、养老等保险制度中受益。

（八）劳动争议

劳动者和用人单位在劳动过程中，不可避免地会产生矛盾或发生争议，《劳动法》第十章对劳动争议发生后的解决途径、劳动争议的调解、仲裁和诉讼以及集体合同争议的处理作了明文规定。与之相配套的还有《中华人民共和国劳动争议调解仲裁法》、《中华人民共和国企业劳动争议处理条例》、《最高人民法院关于审理劳动争议案件适用法律若干问题的解释》等。

（九）监督检查

《劳动法》对劳动部门的行政赋予了监督检查的权利。县级以上各级人民政府劳动行政部门依法对用人单位遵守劳动法律、法规的情况进行监督检查，对违反劳动法律、法规的行为有权制止，并责令改正。对于劳动行政部门的监督检查，制定了《劳动保障监察条例》进行了详细规定。《劳动法》规定了劳动监察机构的监察程序，并规定了政府有关部门和工会的依法监督和社会监督权利。

第三节 《中华人民共和国行政处罚法》相关知识

行政处罚是指行政机关对公民、法人和其他组织违反行政管理秩序的行为所给予的惩戒和制裁。

一、《行政处罚法》的主要内容

《行政处罚法》共有 8 章 64 条，由总则、行政处罚的种类和设定、行政处罚的实施机关、行政处罚的管辖和适用、行政处罚的决定、行政处罚的执行、法律责任和附则部分组成，其中行政处罚的决定一章中，规定了行政处罚决定的三个程序，即简易程序、一般程序和听证程序。消防行政处罚就是根据《消防法》和《行政处罚法》中的若干规定执行的。

《行政处罚法》的总则部分，规定了该法的立法目的，设定原则，公民、法人和其他组织在受到行政处罚时所享有的权利等。

行政处罚遵循公正、公开的原则。没有法定依据或者不遵守法定程序的，行政处罚无效。

公民、法人或者其他组织对行政机关所给予的行政处罚，享有陈述权、申辩权；对行政处罚不服的，有权依法申请行政复议或者提起行政诉讼。

《行政处罚法》设定了七种处罚种类，即警告；罚款；没收违法所得、没收非法财物；责令停产停业；暂扣或者吊销许可证，暂扣或者吊销执照；行政拘留以及法律、行政法规规定的其他行政处罚。

《行政处罚法》对行政处罚的设定权限作了具体规定。其中对于限制人身自由的行政处罚，只能由法律设定。行政法规可以设定除限制人身自由以外的行政处罚。地方性法规可以设定除限制人身自由、吊销企业营业执照以外的行政处罚。国务院部、委员会制定的规章可以在法律、行政法规规定的给予行政处罚的行为、种类和幅度的范围内作出具体规定。省、自治区、直辖市人民政府和省、自治区人民政府所在地的市人民政府以及经国务院批准的较大的市人民政府制定的规章可以在法律、法规规定的给予行政处罚的行为、种类和幅度的范围内作出具体规定。

二、消防行政处罚

消防行政处罚作为国家行政处罚的一种形式，是指消防行政处罚主体依法对违反消防行政法律规范并承担相应的法律责任的消防监督相对人所实施的行政处罚。实施消防行政处罚必须满足行政处罚所要求的五个条件，消防行政处罚是依法实施消防监督、确保国家和人民生命财产安全的重要措施和手段，是消防监督执法工作的重要环节。

现行的《消防法》为适应消防工作发展的需要，加大了消防行政处罚力度，调整了行政处罚的种类，进一步明确了行政处罚的主体，取消了 1998 年《消防法》中有关违反建设工程消防设计审核、消防验收、公众聚集场所开业前消防安全检查规定等行为的行政处罚前限期改正的前置条件，对消防行政处罚的罚款数额作了具体规定，补充完善了消防行政处罚制度。

（一）消防行政处罚的种类

消防行政处罚中设定的行政处罚种类有警告、罚款、没收违法所得、责令停产停业（停止施工、停止使用）、拘留、责令停止执业（吊销相应资质、资格）六类行政处罚。

1. 警告

警告是消防行政处罚中最轻的一种处罚，适用于情节轻微、对社会危害程度不大的违法行为。是对违法相对人的一种精神处罚，它影响的是被处罚人的名誉。

2. 罚款

罚款与没收违法所得和没收非法财物都是财产罚的形式。

罚款是在行政执法实践中运用最多最广泛的一种消防行政处罚形式。在《消防法》第58条，59条、60条、61条、63条、64条、65条、66条、69条作了具体规定。例如，《消防法》第60条规定，单位有下列行为之一的，责令改正，处5千元以上5万元以下罚款：（1）消防设施、器材或者消防安全标志的配置、设置不符合国家标准、行业标准，或者未保持完好有效的；（2）损坏、挪用或者擅自拆除、停用消防设施、器材的；（3）占用、堵塞、封闭疏散通道、安全出口或者有其他妨碍安全疏散行为的；（4）埋压、圈占、遮挡消火栓或者占用防火间距的；（5）占用、堵塞、封闭消防车通道，妨碍消防车通行的；（6）人员密集场所在门窗上设置影响逃生和灭火救援的障碍物的；（7）对火灾隐患经公安机关消防机构通知后不及时采取措施消除的。个人有前款第二项、第三项、第四项、第五项行为之一的，处警告或者5百元以下罚款。

3. 没收违法所得和没收非法财物

没收违法所得和没收非法财物是财产罚的另一种形式，是指公安消防行政部门依法对违反消防行政法律规范的公民、法人或其他组织违法所得到的经济收益、财物、违禁物品，依法无偿收归国有的消防行政处罚。《消防法》第69条规定，对消防产品质量认证、消防设施检测等消防技术服务机构出具虚假文件的违法行为，在罚款的同时，并处没收违法所得。

4. 责令停止施工、停止使用或停产停业

责令停止施工、停止使用或停产停业是一种行为能力罚，是公安消防部门依法限制或剥夺违法行为人从事生产或经营等特定行为能力的行政处罚形式。

《消防法》第58条、59条对适用此类行政处罚的违法行为作了具体规定。对于责令停止施工、停止使用或停产停业，对经济和社会生活影响较大的，由公安消防部门报请当地人民政府批准，并由政府组织公安机关等部门实施。例如，《消防法》第五十八条规定，有下列行为之一的，责令停止施工、停止使用或者停产停业，并处3万元以上30万元以下罚款：（1）依法应当经公安机关消防机构进行消防设计审核的建设工程，未经依法审核或者审核不合格，擅自施工的；（2）消防设计经公安机关消防机构依法抽查不合格，不停止施工的；（3）依法应当进行消防验收的建设工程，未经消防验收或者消防验收不合格，擅自投入使用的；（4）建设工程投入使用后经公安机关消防机构依法抽查不合格，不停止使用的；（5）公众聚集场所未经消防安全检查或者经检查不符合消防安全要求，擅自投入使用、营业的。建设单位未依照本法规定将消防设计文件报公安机关消防机构备案，或者在竣工后未依照本法规定报公安机关消防机构备案的，责令限期改正，处5千元以下罚款。

5. 责令停止执业（吊销相应资质、资格）

《消防法》规定，消防产品质量认证、消防设施检测等消防技术服务机构出具虚假文件的，情节严重的，由原许可机关依法责令停止执业或者吊销相应资质、资格；出具失实文件，造成重大损失的，由原许可机关依法责令停止执业或者吊销相应资质、资格。

6. 行政拘留

行政拘留是行政处罚中最为严厉的处罚手段，它是公安机关对违反消防行政管理法律法规的相对人实行的短期内限制其人身自由的处罚。

《消防法》第62条、63条、64条、68条均有相应条款作出具体规定。例如，第63条规定，有下列行为之一的，处警告或者5百元以下罚款；情节严重的，处5日以下拘留：（1）违反消防安全规定进入生产、储存易燃易爆危险品场所的；（2）违反规定使用明火作业或者在具有火灾、爆炸危险的场所吸烟、使用明火的。第68条规定，人员密集场所发生火灾，该场所的现场工作人员不履行组织、引导在场人员疏散的义务，情节严重，尚不构成犯罪的，处5日以上10日以下拘留。

（二）消防行政处罚的设定和原则

1. 消防行政处罚的设定

消防行政处罚的设定，是指国家机关依据法定的权限和程序设立相应的消防行政处罚的内容的活动，其实质就是某种处罚由哪一级别的国家机关通过何种形式来规定。消防行政处罚对于不同的国家机关和不同的法律规范具有的设定权是不同的。

根据《行政处罚法》的规定，设定权具体可分为四个层次，分别是法律、行政法规、地方性法规和行政规章。消防行政处罚的设定遵循我国《行政处罚法》的设定，在设定权的配置上严格按照两个准则来执行，一是按照我国的立法体制，合理地分配中央与地方、立法机关与行政机关的设定权；二是从保护相对人的合法权的角度出发，区别不同情况，进行不同层次的设定权分配。

2. 消防行政处罚的原则

消防行政部门在执行消防行政处罚时，遵循行政处罚的一般原则，它贯彻于消防行政处罚的全过程，对实施消防行政处罚提出了原则性的要求，具有普遍性的指导意义。消防行政处罚遵循处罚法定、公正、公开、处罚与教育相结合、保障相对人权力和不得互相代替五条原则。

我国《行政处罚法》第3条规定：公民、法人或者其他组织违反行政管理秩序的行为，应当给予行政处罚的，依照《行政处罚法》由法律、法规或者规章规定，并由行政机关依照本法规定的程序实施。

公安机关消防机构在执行行政执法过程中，严格地依照法律规范，按照处罚的权限、范围、种类、幅度和程序进行处罚，不得有任何违规行为，并且处罚的程序必须符合国家程序法的要求，不依照法定程序实施的消防行政处罚是违法无效的。设定和实施行政处罚必须以事实为依据，与违法行为的事实、性质、情节以及社会危害程度相当。对违法行为给予行政处罚的规定必须公布；未经公布的，不得作为行政处罚的依据。不能以行政处罚替代民事责任，也不能以行政处罚代替刑事处罚。例如，《消防法》第28条规定，任何单位、个人不得损坏、挪用或者擅自拆除、停用消防设施、器材，不得埋压、圈占、遮挡消火栓或者占用防火间距，不得占用、堵塞、封闭疏散通道、安全出口、消防车通道。人员密集场所的门窗不得设置影响逃生和灭火救援的障碍物。单位有上述违反行为的，除接受5千元以上5万元以下罚款的行政处罚外，必须将已经埋压、圈占消火栓恢复原状，保证其可用性，以便于在发生火灾时能发挥正常的功效，避免扩大人员伤亡和财产损失。如果当事人的违法行为构成犯罪，如造成了重特大财产损失和群死群伤恶性案件，制造爆炸等事件，严重扰乱了社会治安，破坏安定团结的政治局面，造成了极其恶劣的社会影响，则应当依法追究其刑事责任，不得以行政处罚代替刑事处罚。

此外，消防行政处罚适用的原则还包括一事不再罚、对特殊情况和特殊人群采取的从轻、减轻和不予处罚等根据消防行政执法工作特点而设定的相关原则。

（三）消防行政处罚的管辖和适用

1. 消防行政处罚的管辖

行政处罚的管辖就是确定对行政违法行为由哪一级主体实施处罚，即处罚实施主体之间的权限分工。

《行政处罚法》规定：行政处罚由违法行为发生地的县级以上地方人民政府具有行政处罚权的行政机关管辖。在消防行政执行领域，执行消防行政处罚的主体是公安消防部门和国家公安机关，其他任何行政机关和组织不能实施消防行政处罚。

责令停产停业，对经济和社会生活影响较大的消防违法行为，由公安机关消防机构提出意见，并由公安机关报请当地人民政府依法决定。

生产、销售不合格的消防产品或者国家明令淘汰的消防产品的，由产品质量监督部门或者工商行政管理部门依照《中华人民共和国产品质量法》的规定从重处罚。

消防技术服务机构出具虚假失实文件，情节严重或者给他人造成重大损失的，由原许可机关依法责令停止执业或者吊销相应资质、资格。

消防行政处罚的管辖，是指公安消防部门之间对消防行政违法行为实施消防行政处罚的权限分工。依据《行政处罚法》和《消防法》的规定，国务院公安部门对全国的消防工作实施监督管理。县级以上地方人民政府公安机关对本行政区域内的消防工作实施监督管理，并由本级人民政府公安机关消防机构负责实施。

管辖的种类有地域管辖、级别管辖、指定管辖和专属管辖。其中专属管辖又称专门管辖，是指专门公安消防部门对某些特定消防行政违法行为实施行政处罚的分工。如铁路系统由铁路公安消防部门负责、水上运输和港口码头由交通、渔、航公安消防部门管辖，民航系统由民航公安消防部门负责管辖，森林、林木、林地由林业公安消防部门负责管辖。

此外，按照《消防法》的规定，某些特定系统或部门内部的消防违反行为，只能由本系统或本部门负责消防工作的管理部门实施消防行政处罚。如军事设施的消防工作，由其主管单位监督管理，公安机关消防机构协助；矿井地下部分、核电厂、海上石油天然气设施的消防工作，由其主管单位监督管理。

2. 消防行政处罚的适用

行政处罚的适用是处罚主体对违法案件具体运用行政处罚规范实施处罚的活动。消防行政处罚适用是在消防行政领域进行行政处罚的活动。在适用消防行政处罚进行处罚前，必须首先确认该行为具备处罚的构成要件，其次在处罚过程当中要遵循行政处罚适用的原则，依法行使消防行政处罚。

应受到消防行政处罚的违法行为的构成要件必须满足以下四个条件：

（1）必须已经实施了消防违法行为。

（2）违法行为属于违反消防法律法规的行为。消防行政处罚只能针对违反消防行政法规的行为。

（3）实施违法行为的人是具有责任能力的行政管理相对人。

（4）依法应当受到处罚。

在消防行政实践中，对不满 14 周岁的人、不能辨认或控制自己行为的精神病人、违法情节轻微伤未造成危害后果的以及超过两年追诉时效的消防行政违法行为，则不予处罚。对不满十四周岁的人、不能辨认或控制自己行为的精神病人，应当责令其监护人严加管教或看管，对精神病人，在必要的时候，国家可强制治疗。对于已满 14 周岁不满 18 周岁的人有纵火行为的，则在消防行政部门查明火灾原因，确定火灾责任后，依法移送公安机关，进入刑事审判程序。

（四）消防行政处罚的程序

消防行政处罚的程序是指消防行政执法主体依据《行政处罚法》和《消防法》及其他消防法律规范，实施消防行政处罚过程中所必须遵循的步骤和方式、时限等。消防行政处罚的程序包括处罚决定程序和处罚执行程序。

1. 消防行政处罚的决定程序

消防行政处罚的决定程序有简易程序和一般程序两种，听证是一般程序中的特殊程序，不是独立的决定程序。

（1）消防行政处罚简易程序

简易程序即当场处罚程序，主要适用于事实清楚、情节简单、后果轻微的违法行为。简易程序简单快捷，有利于提高行政处罚的效率。

根据《行政处罚法》的规定，消防行政处罚适用简易程序必须符合以下三个条件：一是违法事实确凿，案情较为简单；二是有法定依据；三是符合法律所规定的处罚种类和幅度。即对个人处 50 元以下罚款或者警告、对单位处 1 千元以下罚款或者警告的处罚。

按照《行政处罚法》和《公安机关办理行政案件程序规定》，做出当场处罚的，应当按照下列程序实施：一向违法行为人表明执法身份；二说明理由和告知权利；三填写当场处罚决定书并当场交付被处罚人；四备案。

（2）消防行政处罚一般程序

一般程序也称为普通程序，是除简易程序以外做出处罚所适用的程序。

一般程序包括立案、调查取证、说明理由和告知当事人陈述与申辩权、做出处罚决定和送达五个步骤。

（3）消防行政处罚听证程序

听证程序是指公安消防行政机关在做出行政处罚前，为了查明案件事实、公正合理地实施行政处罚，在制作行政处罚决定的过程中通过公开举行由各方利害关系人参加的听证会，由当事人和案件调查人员就相关问题进行质证、辩论和反驳，以广泛听取意见的活动。

听证程序其本质就是调查方式的一种，是一般程序中的特殊阶段，并不是所有按一般程序处理的案件都必须经过听证程序，适用听证程序的行政案件有一定的范围限制。对于责令停产停业、吊销许可证或者执照、较大数额罚款以及法律、法规和规章规定违法嫌疑人可以要求举行听证的情形时，当事人可以申请听证。

2. 消防行政处罚的执行程序

行政处罚决定依法做出后，当事人应当在行政处罚决定的期限内予以履行。有消防行政违法行为的相对人应该在处罚决定生效后，尽到履行责任。当事人对行政处罚决定不服申请行政复议或者提起行政诉讼的，行政处罚不停止执行，法律另有规定的除外。

第四节 《中华人民共和国刑法》相关知识

一、《刑法》的主要内容

《刑法》是为了惩罚犯罪、保护人民，根据《宪法》、结合我国同犯罪作斗争的具体经验及实际情况而制定的。《刑法》有着源远流长的历史，在远古时代对战俘的各种肉体惩罚就是刑法的雏形，经过了历朝历代的变革，刑法发展至今已经有了很大的变化。

我国《刑法》共 452 条，分总则、分则两大编，总则共 5 章 101 条，分则共 10 章 351 条。总则规定了《刑法》的任务、基本原则和适用范围，犯罪行为的特征、刑罚的种类、刑罚的具体适用等。分则规定了各类犯罪行为的构成、罪名和刑罚的具体适用标准等。

二、《刑法》中与消防违法行为有关的罪责

在《刑法》中与消防违法行为有关的罪责有失火罪、放火罪、消防责任事故罪、危害安全罪、危险物品肇事罪和重大责任事故罪等。

（一）消防责任事故罪

1. 消防责任事故罪的含义

消防责任事故罪是指行为人违反消防管理法规，经公安消防机构通知采取改正措施而拒绝执行，造成严重后果的行为。消防责任事故罪，是八届全国人大五次会议对《刑法》进行修订时增设的一个新的罪名。

《刑法》第 139 条规定：违反消防管理法规，经消防监督机构通知采取改正措施而拒绝执行，造成严重后果的，对直接责任人员，处 3 年以下有期徒刑或者拘役；后果特别严重的，处 3 年以上 7 年以下有期徒刑。

2. 消防责任事故罪的构成要素

构成消防责任事故罪的要素一般包括以下几个方面：

（1）行为人是否有违反消防管理法规的行为。

（2）行为人违反消防管理法规后，是否接到了消防监督机构要求采取改正措施的书面通知。

（3）行为人是否对消防监督机构采取改正措施的通知拒绝执行。

（4）行为人拒不执行的行为是否造成了严重后果。行为人拒不执行的行为只有造成了严重后果才能构成犯罪，这是构成消防责任事故罪的第四要素。如果行为没有造成严重后果，只能按《消防法》第五章或者地方性法规的条款进行处理。

（二）重大责任事故罪

重大责任事故罪是指从业人员由于不服从管理，违章操作，或者强令工人违章冒险作业、或没有履行安全责任造成严重后果的违法行为。

《刑法》第 134 条规定：工厂、矿山、林场、建筑企业或者其他企业、事业单位的职工，由于不服管理、违反规章制度，或者强令工人违章冒险作业，因而发生重大伤亡事故或者造成其他严重后果的，处 3 年以下有期徒刑或者拘役；情节特别恶劣的，处 3 年以上 7 年以下有期徒刑。

（三）玩忽职守罪

玩忽职守罪是指在工作中严重不负责任，不履行或者不正确履行职责。玩忽职守的行为必须致使公共财产、国家和人民利益遭受重大损失才能构成本罪。遭受重大损失既可以是重大经济损失，也可以是重大人身伤亡后果。

《刑法》第 425 条规定，指挥人员和值班、值勤人员擅离职守或者玩忽职守，造成严重后果的，处 3 年以下有期徒刑或者拘役；造成特别严重后果的，处 3 年以上 7 年以下有期徒刑。

（四）危害公共安全罪

危害公共安全罪是指故意破坏公私财物，危害公共安全的行为。

《刑法》第 134 条规定：毁坏公私财产，危害公共安全，尚未造成严重后果的，处 3 年以上 10 年以下有期徒刑。《刑法》第 115 条规定：以放火、决水、爆炸、投毒或者以其他危险方法致人重伤、死亡或者使公私财产遭受重大损失的，处 10 年以上有期徒刑、无期徒刑或者死刑。过失犯前款罪的，处 3 年以上 7 年以下有期徒刑；情节较轻的，处 3 年以下有期徒刑或者拘役。例如，河南某县的张某来郑州打工，因找不到合适的工作，身上又没有钱了，便决定偷几个铜套卖点钱。2005 年 5 月 23 日凌晨，张某携带作案工具，在某公司附近的公路边，盗走 5 个消火栓上的铜部件，在逃走过程中被抓获。经有关部门鉴定，上述铜部件价值 1082 元人民币。郑州市高新区法院认为，被告张某虽然只是偷了几个消防栓上的铜套，但其行为已经损坏了消火栓。一旦发生火灾，因消火栓不能正常使用，可能导致火灾无法及时补救，从而危及不特定的财产及人身安全。因此，张某的行为具有危害公共安全的现实危险性，应该按照以危险方法危害公共安全罪论处。最后法院以危险方法危害公共安全罪判处张某有期徒刑 3 年。

（五）失火罪

失火罪是指行为人过失引起火灾，造成致人重伤、死亡或者使公私财产遭受重大损失的严重后果，危害公共安全的行为。

失火罪的主要特征是：

1. 客观方面，必须有造成危害公共安全的严重后果。如果仅有失火行为而没有造成严重后果，或者损失轻微，就不构成本罪。

2. 主观方面，行为人主观上是过失的。即行为人应当预见自己的行为可能发生危害社会的结果，由于疏忽大意没有预见或者已经预见而轻信能够避免，以致发生这种结果。

前一种为疏忽大意的过失，后一种为过于自信的过失。根据《刑法》第 115 条的规定，对失火罪的刑罚是处 3 年以上 7 年以下有期徒刑；情节较轻的，处 3 年以下有期徒刑或者拘役。

（六）放火罪

《刑法》第 114 条规定：放火……破坏工厂、矿场、油田、港口、河流、水源、仓库、住宅、森林、谷场、牧场、重要管道、公共建筑物或者其他财产，危害公共安全，尚未造成严重后果的，处 3 年以上 10 年以下有期徒刑。第 115 条规定：放火……致人重伤、死亡或者使公私财产遭受重大损失的，处 10 年以上有期徒刑、无期徒刑或者死刑。

（七）生产销售不符合安全标准的产品罪

《刑法》第 146 条规定："生产不符合保障人身、财产安全的国家标准、行业标准的电器、压力容器、易燃易爆产品或者其他不符合保障人身、财产安全的国家标准、行业标准的产品，或者销售明知是以上不符合保障人身、财产安全的国家标准、行业标准的产品，造成严重后果的，处 5 年以下有期徒刑，并处销售金额 50% 以上 2 倍以下罚金；后果特别严重的处 5 年以上有期徒刑，并处销售金额 50% 以上 2 倍以下罚金。"

此外，在《刑法》中与消防安全有关的罪名有：第 130 条规定的"非法携带枪支、弹药、管制刀具、危险物品危及公共安全罪"；第 277 条规定的"妨碍公务罪"。

第五节　《中华人民共和国环境保护法》相关知识

一、消防工作与环境保护的关系

环境，是指影响人类社会生存和发展的各种天然的和经过人工改造的自然因素总体，包括大气、水、海洋、土地、矿藏、森林、草原、野生动物、自然古迹、人文遗迹、自然保护区、风景名胜区、城市和乡村等。

（一）消防工作与环境保护的关系

消防工作中的火灾预防与扑救与环境保护都有着紧密联系。如果火灾预防不到位，致使火灾频繁发生，或大型石油化工企业发生燃烧爆炸事故，不仅给国家和人民生命财产造成了无法挽回的巨大损失，同时也对大气环境造成了极大的破坏。如 1987 年的大兴安岭火灾、1997 年北京东方化工厂火灾、2005 年 "11.13" 吉林石化双苯厂发生特大爆炸事故、2006 年云南安宁精神病人纵火导致的山火、2003 年重庆开县井喷事故以及频繁发生的煤矿瓦斯爆炸事故等等，在灾害发生后都留下了严重的环境污染问题。1987 年 5 月 6 日黑龙江省大兴安岭林区火灾，烧毁大片森林，延烧四个储木厂和木材 85 万立方米以及铁路、邮电、工商等 12 个系统的大量物资、设备等，烧死 193 人，伤 171 人。这次火灾使我国宝贵的林业资源遭受严重损失，对生态环境所造成的影响难以估量。吉林石油化工公司双苯厂爆炸事故发生后，导致 100 吨左右的强致癌物质苯、硝基苯流入河中，受污染的流域包括黑龙江省境内的松花江约700公里，并且影响了俄罗斯的阿修尔河（即我国所称的黑龙江）流域，造成松花江水体严重污染、哈尔滨全市停水等严重后果。

此外，除了火灾本身对环境造成的污染，在灭火过程当中使用的灭火剂和未经处理就直接排放的灭火后用水也会对环境造成污染。如曾经被广泛使用的哈龙灭火剂对大气层的臭氧有明显的破坏作用，在诸多的耗损臭氧物质中，哈龙灭火剂对臭氧的破坏作用首当其冲。

（二）单位和个人保护环境的义务

为了减少在消防工作中人为造成的环境破坏，我们每一位公民都应当尽到防止火灾发生的义务，作为消防工作从业者，更肩负着搞好消防工作、保护我们美丽家园的重任。

当前，我国的环境形势十分严峻，生态环境已进入大范围生态退化和复合性环境污染的新阶段。当前，我国环境管理的基本思路是从过去主要用行政办法保护环境转变为综合运用法律、经济、技术和必要的行政办法解决环境问题。国家环境保护"十一五"科技发展规划一文中明确提出，在未来5年~15年，甚至更长时间内，伴随我国经济社会的高速发展，资源环境的瓶颈制约与胁迫影响将日益严峻。面对这一重大挑战，国家在全面落实《国务院关于落实科学发展观加强环境保护的决定》和《国家中长期科学和技术发展规划纲要（2006—2020年)》的基础上，明确未来环境科技发展的总体战略，从前瞻性、战略性、全局性高度对环境科技的发展认真分析、提前部署和科学规划，使环境科技适应全面建设小康社会和走新型工业化道路的发展要求，为我国未来经济社会发展提供更大的空间。

针对这样严峻的现实，消防工作在加强安全管理工作的同时，也在积极地研发各种环保产品，并制定出相应的政策法规和技术标准。例如，早在1986年由公安部、国家标准局、城乡建设环境保护部联合发布的《关于加强对消防电子产品质量监督检验工作的通知》，针对当时国内有相当数量的未经检验且产品质量不过关的进口消防电子产品在许多工程上安装使用、国内部分厂家生产的消防电子产品未经检验而在市场上销售以及有的明知自己产品存在问题仍继续出售的情况制定的。虽然这个通知已于2001年4月5日作废，但在当时为规范火灾探测器、火灾报警控制器等消防电子产品的监督管理、确保产品质量，起到了一定的作用。随着经济的发展，火灾荷载加重，各种环保节能的多功能特种防火涂料、新型的火灾报警器、防灭火设备、消防机器人等先进的防灭火设施和设备的研发与生产正在逐步深入和扩大规模，环保节能的灭火剂也被各国消防部门和化学界所共同关注。

1997年，为履行《关于消耗臭氧层物质的蒙特利尔议定书》伦敦修正案所规定的国际义务，实施《中国消防行业哈龙整体淘汰计划》，逐步削减哈龙灭火剂的生产，国家环境保护局和公安部联合发布了《关于实施哈龙灭火剂生产配额许可证管理的通知》，决定对哈龙灭火剂生产实行配额许可证管理。2007年联合国环境规划署（UNEP）执行主任阿基姆·施泰纳9月22日在加拿大蒙特利尔宣布，来自191个国家和地区的代表一致同意，将于2030年在世界范围内彻底停止生产和使用破坏臭氧层的氢氯氟烃，这比原计划提前了10年。

氢氯氟烃主要用于制冷、空调、消防、气雾剂等行业，但由于其对大气臭氧层有破坏作用，被列为消耗臭氧层物质。中国在1991年也成为议定书缔约方。随着对有关臭氧层破坏科学研究工作的深入，哈龙替代技术进入了一个快速发展的阶段。这些先进技术和科研成果的推广应用，必须符合法定的自然资源管理法、自然生态保育法、灾害防治法、生物安全法、气候保护法等，严格依照环境保护法律规范的要求进行生产经营和使用。

在消防产品领域，也正在大力推广使用环保节能的新型产品，研发使用哈龙替代品和"洁净气体"来快速有效地扑救火灾。如二氧化碳灭火系统、七氟丙烷灭火系统和惰性气体灭火系统等气体灭火系统都是较为理想的环保灭火剂。

二、《环境保护法》的主要内容

《中华人民共和国环境保护法》（简称《环境保护法》）共有 6 章 47 条，包括总则、环境监督管理、保护和改善环境防治、环境污染和其他公害、法律责任以及附则。

总则中规定一切单位和个人都有保护环境的义务，并有权对污染和破坏环境单位和个人进行检举和控告。县级以上地方人民政府环境保护行政主管部门，对本辖区的环境保护工作实施统一管理。国家制定的环境保护规划必须纳入国民经济和社会发展规划，国家采取有利于环境保护的经济、技术政策和措施。环境保护工作必须同经济建设和社会发展相协调。

在环境监测一章中规定，国务院环境保护行政主管部门制定国家环境质量标准，建立监测制度，制定监测规范，会同有关部门组织监测网络，加强对环境监测的管理。省、自治区、直辖市人民政府对国家环境质量标准和国家污染物排放标准中未作规定的项目，可以制定地方环境标准和地方污染物排放标准，并报国务院环境保护行政主管部门备案。对国家污染物排放标准中已作规定的项目，可以制定严于国家污染物排放标准。凡是向已有地方污染物排放标准的区域排放污染物的，应当执行地方污染物排放标准。县级以上人民政府环境保护行政主管部门或者其他依照法律规定行使环境监督管理权的部门，有权对管辖范围内的排污单位进行现场检查。被检查的单位应当如实反映情况，提供必要的资料。检查机关应为被检查机关保守技术秘密和业务秘密。

《环境保护法》规定地方各级人民政府，应当对本辖区的环境质量负责，采取措施改善环境质量。各级人民政府对具有代表性的各种类型的自然生态系统区域，珍稀、濒危的野生动物自然分布区域，重要的水源涵养区域，具有重大科学文化价值的地质构造、著名的溶洞和化石分布区、冰川、火山、温泉等自然遗迹，以及人文遗迹、古树名木，应当采取措施加以保护，严禁破坏。在国务院、国务院有关部门和省、自治区、直辖市人民政府规定的风景名胜区、自然保护区和其他需要特别保护的区域内，不得建设污染环境的工业生产设施；建设其他设施，其污染物排放不得超过规定的排放标准。已经建成的设施，其污染物排放超过规定排放标准的，限期治理。开发利用自然资源，必须采取措施保护生态环境。各级人民政府应当加强对农业环境的保护，国务院和沿海地方人民政府应当加强对海洋环境的保护。城乡建设应当结合当地自然环境的特点，保护植被、水域和自然景观，加强城市园林、绿地和风景名胜区的建设。

为了防止环境污染和其他公害，《环境保护法》规定产生环境污染和其他公害的单位，必须把环境保护工作纳入计划，建立环境保护责任制度；采取有效措施，防治在生产建设或者其他活动中产生的废气、废水、废渣、粉尘、恶臭气体、放射性物质以及噪声振动、电磁波辐射等对环境的污染和危害。新建工业企业和现有工业企业的技术改造，应当采用资源利用率高、污染物排放量少的设备和工艺，采用经济合理的废弃物综合利用技术和污染物处理技术。对造成环境严重污染的企业事业单位，限期治理。因发生事故或者其他突然性事件，造成或者可能造成污染事故的单位，必须立即采取措施处理，及时通报可能受到污染危害的单位和居民，并向当地环境保护行政主管部门和有关部门报告，接受调查处理。可能发生重大污染事故的企业事业单位，应当采取措施，加强防范。

《环境保护法》对违反该法的情节和处罚作了明确规定，另外国家还颁布实施了《国家环境保护行政处罚法》，对环境保护违法行为的处罚作了更为详细的规定。在《环境保护法》最后的附则部分规定了该法实施的日期，并规定中华人民共和国缔结或者参加的与环境保护有关的国际公约，同中华人民共和国的法律有不同规定的，适用国际公约的规定，但中华人民共和国声明保留的条款除外。

本章【学习目标】

通过学习，要求初、中级建（构）筑物消防员基本了解国家《劳动法》、《行政处罚法》、《环境保护法》相关知识，重点掌握《消防法》、《刑法》相关知识。高级以上建（构）筑物消防员必须全面掌握本章各节的基础知识。

思考与练习题

1. 消防法律法规的概念是什么？简述消防法规的渊源。

2. 现行《消防法》是什么时候颁布实施的？它的主要内容为哪些？

3. 《消防法》中规定的机关、团体、企事业单位的消防安全职责有哪些？

4. 《消防法》中规定的消防安全重点单位应当履行哪些消防安全职责？

5. 简述劳动法法律法规体系的构成。

6. 《劳动法》的主要内容包括哪些？

7. 什么是职业技能鉴定？

8. 什么是职业？我国的职业如何分类？

9. 什么是行政处罚？实施行政处罚的条件是什么？

10. 简述《行政处罚法》的主要内容。

11. 《行政处罚法》规定的行政处罚种类有几种？

12. 《消防法》规定的消防行政处罚的种类有哪些？

13. 简述消防行政处罚设定时遵循的原则。

14. 消防行政处罚的管辖有哪四种？

15. 消防行政处罚的一般程序包括哪些具体步骤？

16. 《刑法》中与消防违法行为有关的罪责有哪些？

17. 什么是消防责任事故罪？

18. 对于使用不合格的消防产品，应当予以什么样的处罚？

19. 什么是重大责任事故罪？

20. 失火罪的主要特征是什么？

21. 简述消防工作与环境保护的关系。

22. 单位和个人在保护环境中有哪些义务？

第十一章 职业道德

第一节 职业道德基本知识

一、职业道德概述

（一）职业道德的含义和作用

职业道德是道德体系中一个重要的组成部分，它是指从事一定职业劳动的人们，在特定的工作和劳动中以其内心信念和特殊社会手段来维系的，以善恶进行评价的心理意识、行为原则和行为规范的总和，它是人们在从事职业的过程中形成的一种内在的、非强制性的约束机制。它是职业范围内的特殊道德要求，是一般社会道德在职业生活中的具体体现。

我国自新中国成立以来，在经历了半个多世纪的发展和社会主义道德建设实践后逐渐形成了较为完整的职业道德体系。社会主义职业道德以为人民服务为核心、集体主义为原则，这是所有从业人员在职业活动中应该遵循的行为准则，它涵盖了从业人员与服务对象、职业与职工、职业与职业之间的关系。随着社会的进步，对广大从业人员的职业观念、职业态度、职业技能、职业责任、职业纪律、职业理想和职业作风的要求也越来越高，在《公民道德建设实施纲要》中明确提出了"爱岗敬业、诚实守信、办事公道、服务群众、奉献社会"的20字职业道德规范，鼓励人们在工作中做一个合格的建设者。

职业道德在道德体系中占有重要地位，建立和完善科学的职业道德体系，在全社会从业者中开展职业道德教育，培养良好的职业道德品质，具有重大意义。

（二）职业道德的核心思想和指导原则

1. 职业道德的核心思想

社会主义职业道德以为人民服务为核心、集体主义为原则，把社会公德、职业品德、家庭美德作为着力点。毛泽东同志在新中国成立之初就提出了为人民服务的思想，并把它作为我党的宗旨，写进党章，邓小平理论、"三个代表"的重要思想和"以人为本"的科学发展观都是为人民服务思想发展和最好的体现。

首先，以为人民服务为核心的职业道德是社会主义本质所决定的。在建设社会主义市场经济的活动中，所有的职业活动都要以为人民服务为核心。为人民服务的精神是社会主义伦理道德的组成部分，社会主义市场经济的发展需要能代表先进文化的精神文明，只有用先进的文化去鼓舞人，才能使劳动者始终保持奋发向上、积极进取的昂扬斗志；其次，商品本身包含着为他人服务的属性。不管商品生产者的主观动机和目的如何，如果自己的产品或经营的产品、服务项目不能首先满足社会的需要和广大消费者的需要，他所追求的利润就不能实现。社会主义市场经济的企业应当自觉地服务人民、奉献社会，以取得最佳的社会效益和经济效益；再次，社会主义社会的从业者既是服务者，也是被服务的对象。这是因为从本质上讲，社会主义市场经济中的广大劳动群众仍然是国家的主人，每个劳动者既要主动为他人服务，又要享受他人的服务，要大力提倡"我为人人，人人为我"的道德风尚。在社会主义市场经济的建设中，无论在什么岗位，无论职务大小，都是为人民服务，每一位从业人员在自己的岗位上都要自觉地为人民服务。

社会主义市场经济需要以为人民服务为核心的职业道德精神文化的支持，以为人民服务为核心的职业道德会极大地促进社会主义市场经济的健康发展，自觉地为人民服务是社会主义职业道德区别于其他社会形态"职业道德"的本质特征。

2. 职业道德的指导原则

集体主义是职业道德的指导原则。第一，集体主义集中反映了广大劳动人民的根本利益。在社会主义市场经济体制下，实行以公有制为主体、多种所有制并存的混合所有制经济，在这种情况下，必须首先维护最广大人民群众的根本利益，巩固国家的经济基础，因此，必须坚持集体主义的职业道德原则；第二，集体主义是正确处理个人利益、集体利益、国家利益的基本原则。在社会主义制度下，国家利益、集体利益和个人利益在根本上是一致的，但是在社会主义市场经济的发展阶段，以国有经济为主，民营经济、个体经济、三资企业以及股份制、租赁制、承包制等多种经济成分并存，人们在从事职业活动的过程中，这三者之间可能会发生矛盾和冲突，要正确处理好三者之间的矛盾，就必须要以集体主义这把尺子来衡量：要牢记集体利益服从国家利益，个人利益服从集体和国家利益的原则。

二、消防行业职业道德

（一）消防行业职业道德的定义

消防行业职业道德是职业道德在消防特种行业的具体体现。它是指在社会企业、事业单位或社会组织中从事消防安全保卫工作的从业人员在从事本职工作的过程中，为确保安全，预防消防安全事故的发生，所应遵循的职业道德规范。其应遵循的职业道德规范可参照 2001 年 12 月公安部消防局制定并颁发的《消防官兵职业道德规范》：政治坚定、服务人民、爱岗敬业、英勇顽强、秉公执法、清正廉洁、尊干爱兵、文明守纪。

（二）消防行业职业道德的作用

建（构）筑物消防员树立正确的消防行业职业道德，对正确地履行职责、确保单位的消防安全具有极其重要的意义。消防行业职业道德在具备职业道德的普遍社会作用的基础上，还有其特殊的社会作用。

1. 规范消防特种行业的职业秩序和劳动者的职业行为

职业道德的主体是职业道德规范，这是协调劳动者之间关系、个人与集体关系、单位与个人之间的关系的准则，也是规范劳动者的职业行为准则。消防行业职业道德规范在消防行业中确定统一的职业守则，通过这种规则来规范本行业的职业活动，最终达到确保单位安全、保护国家和企事业单位财产和广大职工的生命财产安全、维护正常的生产经营活动的目的。因此，消防行业职业道德可以起到规范职业秩序和劳动者职业行为的作用。

2. 树立正确的从业观念，确保生产和经营活动的安全

职业道德规范中明确提出劳动者要讲究产品和服务的质量，注重信誉，文明生产，确保职业安全卫生。在消防安全岗位，尤其需要有这种意识。每一位劳动者都按照这些规范去做，在工作中不断提高这种意识，自觉抵制玩忽职守、野蛮作业，不顾劳动安全、不顾产品服务质量的歪风邪气，就可以大大提高劳动生产率，促进生产力的更快发展。

3. 促进企业文化建设

职业道德是企业文化的重要组成部分，先进的企业文化是把企业职工的思想和职业道德教育放在首位的。营造企业良好的职业道德氛围还可以增强企业凝聚力，提高企业的综合竞争力，提高产品质量、服务质量，降低产品成本，提高劳动生产率和经济效益，增强企业的组织纪律性，促进企业技术进步和产品创新，有利于塑造企业的良好形象，因此，职业道德教育在促进企业文化的建设方面起到了重要的主导作用。

4. 促进社会良好道德风尚的形成

良好的社会主义道德风尚离不开职业道德建设，良好的职业道德促进良好的社会道德风尚的形成。

第二节　职业守则

建（构）筑物消防员的职业守则内容为"遵纪守法、文明礼貌、爱岗敬业、忠于职守、钻研业务、精益求精、英勇顽强、团结协作"。消防特种行业从业人员除要遵守共同的职业道德基本行为规范外，还应该遵守本行业的特殊行为规范。

一、遵纪守法、文明礼貌

从业人员遵纪守法是职业活动正常进行的基本保证，是指每个从业人员都要遵守国家法律和各项纪律，尤其要遵守职业纪律和与职业活动相关的法律法规。我国《宪法》规定，遵纪守法是每个公民的基本义务。一个具有社会主义职业道德的劳动者，首先应该是一个奉公守法的公民。国家法律的实施，一要靠国家强制力来保证；二要靠人民群众的自觉遵守。两者结合起来，才能有效地保证国家法律的贯彻实施，才能保证安定团结的政治局面，才能共同构建起和谐社会。

（一）遵纪守法

职业活动是经济建设和发展的具体体现，从业人员遵纪守法是职业活动正常进行的基本保证，也是发展社会主义市场经济的客观要求。

职业纪律是在特定的职业活动范围内从事某种职业的人们必须共同遵守的行为准则。它包括劳动纪律、组织纪律、财经纪律、保密纪律、外事纪律等基本纪律要求以及各行各业的特殊纪律要求。职业纪律在调节从业人员与他人、与集体、与社会的关系各个方面起着重要的作用；同时职业纪律具有一定的强制性，表现在：一是要求从业者遵守、执行纪律履行自己的职责；二是如果违反纪律造成了一定后果，则要追究其相应的责任。如前文所说的诸多案例中，当事人均被追究刑事责任。

要做到遵守国家法律，首先必须认真学习法律知识，树立法制观念，明确与自己所从事的职业相关的职业纪律、岗位规范和法律规范。做到学法、知法、守法、用法；其次要了解与自己所从事的职业相关的岗位规范、职业纪律和规章制度。同时要严格要求自己，在实践中养成遵纪守法的良好习惯，做到"从我做起，从小事做起，从现在做起"。要把外在的约束力化为个体自主自愿的需要，把"要我做"逐步转变为"我要做"，养成遵纪守法的良好道德品质。

（二）文明礼貌

文明礼貌是人类社会进步的产物，指人们的行为和精神面貌符合先进文化的要求。文明礼貌是职业道德的重要规范，是从业人员上岗的首要条件和基本素质。在社会主义市场经济体制下，不论是国家行政机关还是社会各个行业，都在强调要有服务意识，尤其是商业和服务业，职工良好的服务意识和文明礼貌的待人接物往往会给企业带来更多的效益和意外的收获。因此，从业人员应该时刻严格要求自己，按照文明礼貌的具体要求从事职业活动，共创社会主义精神文明。

我国宪法规定："国家通过普及理想教育、道德教育、文化教育、纪律和法制教育，通过在城乡不同范围的群众中制定和执行各种守则、公约，加强社会主义精神文明建设。"根据《宪法》、《公民道德建设实施纲要》和其他规范性文件，社会不同行业或部门都制定了自己本单位的文明公约和守则。这种公约和守则具有广泛的群众性、自治性和针对性，是社会主义企业全体职工共同遵守的道德规范和行为准则。从业人员在初次上岗时必须经过职业培训，进行思想政治教育、业务技术教育、职业纪律教育和职业道德教育。职业纪律和职业道德都包含有文明礼貌的要求。在社会主义精神文明建设中，党和政府提倡公民的文明行为，在新的历史时期，倡导"八荣八耻"，树立良好的道德风尚，号召人们争创文明单位、文明街区等等，企业在抓生产效益的时候，不能放松对职工的思想教育和文化教育，做到文明生产，坚持"两个文明一起抓"，不断提高职工的文明素质和技术熟练程度，从业人员要自觉提高自身的道德修养，从点滴做起，言行规范、遵章守纪，争做文明职工。

文明职工的基本要求是：

1. 热爱祖国、热爱社会主义、热爱共产党，努力提高政治思想水平；
2. 模范遵守国家法律和各项纪律；
3. 讲究文明礼貌，自觉维护社会公德，履行职业道德；
4. 自觉抵制腐败和各种不正之风；
5. 努力学习现代科学文化技术知识，做到精益求精。

文明礼貌的具体要求是仪表端庄、言行规范、举止得体、待人热情。

二、爱岗敬业、忠于职守

（一）爱岗敬业

爱岗敬业是全社会大力提倡的职业道德行为准则，是国家对人们职业行为的共同要求，是每个从业者应当遵守的共同的职业道德，是对人们工作态度的普遍要求。因此，爱岗敬业、忠于职守是消防行业职业道德所倡导的基本行为规范，是消防行业从业人员必须认真履行的基本道德义务。

爱岗，就是要热爱自己的本职工作，能够为做好本职工作尽心尽力，是消防行业从业人员做好工作的思想基础和精神动力；敬业，就是要用恭敬的态度认真对待自己的工作，在工作岗位上要专心、负责，圆满地完成工作任务，是消防从业人员热爱本职工作的具体体现和直接反映。爱岗敬业的主要内容有：热爱消防事业，安心工作，牢记自己的神圣职责，发扬主人翁精神，干一行、爱一行、钻一行，熟练掌握业务技能，能达到本级别消防员的岗位工作要求，并能创造性地做好本职工作，在本岗位上无私奉献，建功立业。中国有句古语："百事成也，必在敬之；其败也，必在慢之。"就是说，敬业是各项事业成功的基础，不敬业，必然会导致失败。提倡爱岗敬业，就是提倡不管在什么单位的消防岗位上，不管是干多长时间，都要认真负责地做好本职工作，不能因单位工作条件的好坏和工薪待遇的差异而区别对待。在个人的职业生涯中，工作单位可能会有变动，但个人对工作的态度要始终保持一致，做到勤勤恳恳，任劳任怨。

（二）忠于职守

忠于职守就是要以高度的职业道德精神，在本职岗位上尽职尽责，甚至做好为消防事业献出生命的准备。忠于职守是履行岗位职责的最高表现形式，也是消防行业从业人员遵守职业纪律的基本要求。

三、钻研业务、精益求精

钻研业务、精益求精是对从业人员提出的业务技术水平基本职业道德规范。从业人员所要掌握的知识包括业务知识和技术技能知识。对建（构）筑物消防员而言，所要掌握的知识包括消防理论基础知识和实际操作技能。按照建（构）筑物消防员国家职业标准的要求，对不同级别的消防员，所要掌握的理论知识和实际操作的具体内容不尽相同。

在当今这个知识和信息的时代，职业领域的科技创新都在飞速发展，对从业人员的素质要求也越来也高，从业人员对业务技术知识的掌握有"知、会、熟、精"四个不同层次。要做到精益求精，必须在爱岗敬业、忠于职守的基础上，自觉加强学习，勤学苦练、坚持学习，在知识和技术更新换代的经济时代，及时掌握最新的行业动态和前沿技术，努力向复合型人才发展，做到一专多能。

四、英勇顽强、团结协作

消防工作的职业要求就是要在火灾等突发事故发生时，最大限度地减少灾害所带来的危害，保护国家和集体的财产，减少人员的伤亡，这也是消防工作的主要任务。这一要求本身就含有奉献与牺牲的道德要求。英勇顽强是消防从业人员特有的职业特点。

（一）英勇顽强

英勇顽强包含了献身消防事业的道德理想与人生选择。其主要内容有：发扬不怕艰难困苦、不怕流血牺牲的革命精神，勤奋学习，刻苦训练，积极努力地工作；培养坚忍不拔、不折不挠的坚强意志和机智果断、赴汤蹈火的过硬作风，提高消防从业人员处置突发事故的职业能力，树立良好的职业形象。具体表现为：顽强拼搏，勤学苦练、机智勇敢、敢打必胜。

随着科技的发展进步，给消防从业人员在业务上提出了不断进取的更高要求。业务愈精，技术愈强，消防员献身事业的"用武之地"就愈广泛，就能最大限度地实现自身的价值和成就事业。除勤学苦练、掌握过硬的专业技术外，消防员必须要机智勇敢，在遇到突发事件的时候能做出正确的判断和行动。因为当发生火灾、爆炸等突发事件的时候，决策稍有迟疑或失误就会带来不堪设想的严重后果，面对日益复杂的防火灭火工作、严峻的火灾形势，消防员要适应新形势，有勇善谋，最大限度地防止和消灭火灾，保卫人民的生命财产安全。

要做到英勇顽强，除要勤学好问、真抓实干、积累工作经验外，更要有献身消防、不畏艰险的职业情操。要积极主动地学习消防专业知识，自觉树立不怕牺牲的职业道德观念，将职业培训所学的内容与实际操作结合起来，强化业务素质，达到能独立操作消防专业设备和正确处理突发事件，做到既能保护好自己，又能保护好国家财产和他人。

（二）团结协作

团结协作是指在人与人之间的关系中，为了实现共同的利益和目的，互相帮助、互相支持、团结协作、共同发展，它是中华民族的传统美德。人类文明的发展和进步，需要集体的力量和智慧，"团结就是力量"，只有团结一心、共同奋斗，才能推进社会生产力的发展，创造出美好的生活。团结协作，既是作为集体主义道德原则和新型人际关系在职业活动中的具体体现，也是社会主义职业道德对每种职业和每个从业人员的基本要求。

团结协作，是正确处理从业人员之间和职业集体之间关系的重要道德规范。如果从业人员能够调节好职业内部人与人之间、部门与部门之间的关系，调节好职业集体之间的关系，就能具有良好的精神状态，心情舒畅，从而激发起巨大的热情和积极性，同心同德，努力工作，从而形成企业凝聚力，促进生产力发展，为企业创造更多的经济效益。随着社会生产的发展，社会分工越来越细，专业化程度要求更高，行业的种类纷繁复杂，企业内部有着更加细化的工种和行业分类，这就要求各行各业之间以及企业内各部门之间、部门内人与人之间的联系更加密切。因此，反映社会生产分工协作的这一客观要求，必然对各行各业及其从业人员提出团结协作、互助友爱的道德行为规范。如果缺乏这种道德力量，职业内部不讲团结，缺少友爱，彼此互相拆台，则势必会影响从业人员的情绪，导致纪律松懈，人心涣散，这样不仅企业集体工作受到影响，个人也将一事无成。团结协作的基本要求有平等尊重、顾全大局、互相学习、加强协作。

按照团结协作的行为规范，从业人员应该做到：

1. 处理好团结与竞争的关系。在社会主义市场经济条件下，竞争就是生产力。竞争必须是公平、公正、公开的。参与竞争的人应该在积极竞争的同时又注意团结友谊，要善于团结同事，协调工作，以取得双赢。

2. 处理好分工与协作的关系。社会化大生产活动中，每名从业者所处的岗位都有明确的分工和岗位目标责任，每名员工不仅要完成好本职工作，更要注重与其他岗位的协作，搞好团结，实现集体共同目标。

3. 处理好团结协作、互帮互助与坚持原则的关系。要从国家和集体的利益出发，不搞小团体，不讲哥们义气，否则会给国家、集体和个人带来损失。

本章【学习目标】

通过学习，要求 5 个等级建（构）筑物消防员均掌握本章的全部基础知识。

思考与练习题

1. 职业道德的含义是什么？
2. 职业道德的核心思想和指导原则是什么？
3. 什么是消防行业职业道德？
4. 简述建（构）筑物消防员的职业守则内容。

第二篇　初级技能

第一章　防火巡查

第一节　概　述

防火巡查是消防安全工作的重要内容。通过巡视检查，可以及时发现、消除火灾隐患，纠正、制止违章行为，避免和减少火灾的发生，最大限度地保护国家和人民生命财产的安全。

一、防火巡查的概念

单位消防值班人员对单位内部的日常防火巡查，是指应用最简单、直接的方法，在辖区内巡视、检查发现消防违章行为，劝阻、制止违反消防规章制度的人和事，妥善处理安全隐患并及时处置紧急事件的活动。

二、防火巡查的工作内容

按照《机关、团体、企业、事业单位消防安全管理规定》的要求，消防安全重点单位消防巡查的内容应当包括：

1. 用火、用电有无违章情况；
2. 安全出口、疏散通道是否畅通，安全疏散指示标志、应急照明是否完好；
3. 消防设施、器材和消防安全标志是否在位、完整；
4. 常闭式防火门是否处于关闭状态，防火卷帘下是否堆放物品影响使用；
5. 消防安全重点部位的人员在岗情况；
6. 其他消防安全情况。

三、防火巡查的规范化要求

1. 负责防火巡查的人员。单位的防火巡查一般由当日消防值班人员负责。
2. 防火巡查的部位。防火巡查的部位一般是单位依据有关消防法规确定的重点部位，例如，配电室、厨房、员工宿舍、锅炉房、计算机房、消防控制室等。
3. 防火巡查的频次。防火巡查的频次由单位根据自身的特点确定。《机关、团体、企业、事业单位消防安全管理规定》规定，消防安全重点单位应当进行每日防火巡查，公共聚集场所在营业期间应每两小时巡查一次，营业结束时应当对营业现场进行检查，消除遗留火种。医院、养老院、寄宿制的学校、托儿所、幼儿园应当加强夜间防火巡查，其他消防安全重点单位可以结合实际组织夜间防火巡查。其他单位可根据实际情况自行确定。
4. 防火巡查人员的工作任务。防火巡查人员应当及时纠正违章行为，妥善处置火灾危险，无法当场处置的，应当立即报告。发现初起火灾应当及时扑救并立即报警。
5. 防火巡查记录。防火巡查时应当填写巡查记录，巡查人员及其主管人员应当在巡查记录上签名。防火巡查记录表见表1-1。

表1-1　消防安全巡查记录表

年　　月　　日

巡查时间 巡查情况 巡查内容	时 分	时 分	时 分	时 分	时 分	时 分	时 分	时 分	时 分	时 分
用火、用电、用油、用气										
安全出口、疏散通道										
消防设施、器材和消防安全标志										
消防重点部位人员在岗情况										
防火门和防火卷帘										
其他情况										
巡查人员签名										
主管人员签名										
备注：										

注：1. 情况正常打"√"，存在问题打"×"，并在备注栏中写明存在问题及处理情况。

　　2. 对发现的问题要及时处置，无法当场处置的要立即报告。

　　巡查人员发现的火灾隐患以书面的形式告知被检查部门或个人，填写火灾隐患整改通知，责令其当场整改或限期整改。火灾隐患整改通知见表 1－2。

表1-2　火灾隐患整改通知

火灾隐患整改通知存根 编号： 部门： 　　在　年　月　日的防火检查中，发现你部门存在以下隐患： 整改期限：　年　月　日 检查人： 被检查部门责任人： 　　　　　　年　　月　　日	复查意见 编号： 部门： 　　根据第　　号《火灾隐患整改通知》，对你部门整改情况进行复查，复查意见如下：	火灾隐患整改通知 编号： 部门： 　　在　　年　月　日的防火检查中，发现你部门存在以下隐患：（隐患内容及整改意见）
复查时间：　年　月　日 复查意见： 复查人： 被检查部门责任人： 　　　　　　年　　月　　日	你部门应当依法履行消防安全职责，保证消防安全。 复查人： 被检查部门责任人： 　　　　　　年　　月　　日	你部门应当在　　年　月日前整改。在此期间应采取措施，保证消防安全。 检查人： 被检查部门责任人： 　　　　　　年　　月　　日

此件抄送消防安全责任人或消防安全管理人

四、对初级建（构）筑物消防员的技能要求

根据《建（构）筑物消防员国家职业标准》，初级消防员应重点具备下列各项基本技能：

1. 能识别巡查区域内的各种火源，并能判定违章用火行为；
2. 能识别安全出口、疏散通道、疏散指示标志和应急照明等安全疏散设施；
3. 能判断安全出口、疏散通道、消防车通道是否畅通；
4. 能判断疏散指示标志和应急照明是否完好；
5. 能识别防火门、防火卷帘等消防分隔设施；
6. 能判断防火门、防火卷帘的外观与状态是否正常；
7. 能填写《防火巡查记录》。

本章的学习目的是使学员掌握以上各项基本技能和相关知识。

第二节　典型火源及场所的防火巡查

一、火源管理的相关知识

（一）火源的概念

火源是指能够使可燃物与助燃物（包括某些爆炸性物质）发生燃烧或爆炸的能量来源。这种能量来源常见的是热能，还有电能、机械能、化学能、光能等。

（二）火源的分类

常见火源有以下七类：

1. 明火焰；
2. 高温物体；
3. 电火花；
4. 撞击与摩擦；
5. 光线照射与聚焦；
6. 绝热压缩（机械能变为热能）；
7. 化学反应放热（化学能变为热能）。

（三）明火焰的危险性及其安全对策

1. 明火焰的危险性和表现形式

明火焰是发生燃烧反应的裸露之火，明火不但具有很大的激发能量和高温，而且燃烧反应生成的自由基（或活性离子），还会诱发可燃物质的连锁反应。

常见的明火焰有：火柴火焰、打火机火焰、蜡烛火焰、煤炉火焰、液化石油气灶具火焰、工业蒸汽锅炉火焰、酒精喷灯火焰、气焊气割火焰等（明火焰如图1-1所示）。

绝大多数明火焰的温度超过700℃，而绝大多数可燃物的自燃点均低于700℃。在表1-3、表1-4和表1-5中分别给出了一些典型固体、气体及液体蒸气和粉尘的自燃点。

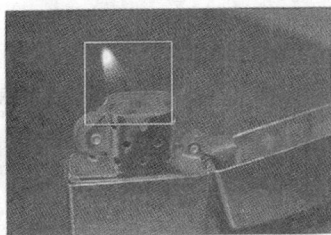
打火机火焰

灶具火焰

图 1-1　不同类型的明火焰

表 1-3　几种固体的自燃点

名称	自燃点（℃）	名称	自燃点（℃）	名称	自燃点（℃）	名称	自燃点（℃）
樟脑	466	布匹	200	赛璐珞	150～180	聚苯乙烯	560
木材	250～350	硫黄	207	棉纤维	530	无烟煤	280～500
褐煤	250～450	涤纶纤维	390	聚乙烯	520	焦炭	700

表 1-4　几种气体及液体在空气中的自燃点

名称	自燃点（℃）	名称	自燃点（℃）	名称	自燃点（℃）
氢	572	乙炔	305	乙醚	193
一氧化碳	609	苯	580	丙酮	661
二硫化碳	120	环丙烷	498	醋酸	650
乙烷	248	甲醇	470		
戊烯	273	乙醇	392		

表 1-5　几种粉尘的自燃点

名称	自燃点（℃）	名称	自燃点（℃）	名称	自燃点（℃）
铝	645	有机玻璃	440	棉纤维	530
铁	315	碳酸树脂	460	烟煤	610
镁	520	聚苯乙烯	490	硫	190
锌	680	合成硬橡胶	320	木粉	430

　　通过这三张表我们可以看出，大多数固体可燃物、气体可燃物、液体可燃物的自燃点都是低于700℃的，由此我们可以得出：

　　（1）在一般条件下，只要明火焰与可燃物接触，经过一定延迟时间便会点燃可燃物。

　　（2）当明火焰与爆炸性混合气体接触时，气体分子会因火焰中的自由基和离子的碰撞及火焰的高温而引发链反应，瞬间导致燃烧或爆炸。

　　（3）当明火焰与可燃物之间有一定距离时，火焰散发的热量通过导热、对流、辐射三种方式向可燃物传递热量，促使可燃物升温，当温度超过可燃物自燃点时，可燃物将被点燃。在明火焰与可燃物之间的传热介质为空气时，通常只考虑它们之间的辐射换热；在传热介质为固体不燃材料时，通常只考虑它们之间的导热传热。

在实际中曾有过液化石油气灶具火焰经 2h 左右点燃 13cm 远木板墙壁而造成火灾的事例。在火场上也有油罐火灾时的冲天火焰点燃周围 50m 以内地面上杂草的事例。

2. 明火焰的安全对策

（1）对于储存易燃物品的仓库，应有醒目的"禁止烟火"等安全标志，严禁吸烟、入库人员严禁带入火柴、打火机等火种。

（2）烘烤、熬炼、蒸馏使用明火加热炉时，应用砖砌实体墙完全隔开。烟道、烟囱等部位与可燃建筑结构应用耐火材料隔离，操作人员必须临场监护。

（3）使用气焊气割、喷灯进行安装或维修作业时，应遵守规章制度办理动火证，危险场所备好灭火器材，确认安全无误后才能动火。

（4）强化管理职能是控制明火焰成为点火源的有效办法。必须对生产、储存和生活中存在或可能出现的明火焰，施以严格的管理控制。如建立健全各种明火的使用、管理和责任制度，并认真实施检查和监督。

（四）高温物体的危险性及其安全对策

1. 高温物体的火灾危险性和表现形式

高温物体是指在一定环境中，能够向可燃物传递热量，并导致可燃物着火的具有较高温度的物体（常见的高温物体如图 1-2 所示）。

烟头　　　　　　　　　　　　电炉

图 1-2　常见的高温物体

常见较大体积的高温物体有：铁皮烟囱表面、火炕及火墙表面、电炉子、电熨斗、电烙铁、白炽灯泡及碘钨灯泡表面、铁水、加热的金属零件、蒸汽锅炉表面、热蒸汽管及暖气片、高温反应器及容器表面、高温干燥装置表面、汽车排气管等。

常见微小体积的高温物体有：烟头、烟囱火星、蒸汽机车和船舶的烟囱火星、发动机排气管排出的火星、焊割作业的金属熔渣等。另外还有撞击或摩擦产生的微小体积的高温物体，如砂轮磨铁器产生的火星、铁制工具撞击坚硬物体产生的火星、带铁钉鞋摩擦坚硬地面产生的火星等。

以下就典型的高温物体予以介绍：

（1）铁皮烟囱：一般烧煤的炉灶烟囱表面温度在靠近炉灶处可超过 500℃，在烟囱垂直伸到平房屋顶天棚处，烟囱表面温度往往也能达到 200℃ 左右。如与可燃物长时间接触，可以阴燃方式点燃致灾。

（2）发动机排气管：汽车、拖拉机、柴油发电机等运输或动力工具的发动机是一个温度很高的热源。发动机燃烧室内的温度一般可达 2000℃，排气管的温度随管的延长逐渐降低，在排气口处，温度一般还可能高达 150℃ ~ 200℃，可以点燃某些易燃物质。

（3）无焰燃烧的火星：煤炉烟囱、蒸汽机车烟囱、船舶烟囱及汽车和拖拉机排气管飞出的火星是各种燃料在燃烧过程中产生的微小碳粒及其他复杂的碳化物等。这些火星一般处于无焰燃烧状态，温度可达 350℃ 以上，若与易燃的棉、麻、纸张及可燃气体、蒸气、粉尘等接触便有点燃危险。

（4）烟头：无焰燃烧的烟头是一种常见的引火源。烟头中心部温度在 700℃ 左右，表面温度约 200℃ ~ 300℃。烟头一般能点燃沉积状态的可燃粉尘、纸张、可燃纤维、二硫化碳蒸气及乙醚蒸气等。

（5）焊割作业金属熔渣：气焊气割作业时产生的熔渣，温度可达 1500℃；电焊作业时产生的熔渣，温度要超过 2000℃。熔渣粒径大小一般在 0.2mm ~ 3mm。在地面作业时熔渣水平飞散距离可达 0.5m ~ 1m，在高处作业时熔渣飞散距离较远。熔渣在飞散或静止状态下，温度随时间的延长而逐渐下降。一般来说，熔渣粒径越大，飞散距离越近，环境温度越高，则熔渣越不容易冷却，也就越容易点燃周围的可燃物。

（6）照明灯：白炽灯泡表面温度与功率有关，60W 灯泡可达 137℃ ~ 180℃，100W 灯泡可达 170℃ ~ 216℃，200W 灯泡可达 154℃ ~ 296℃。1000W 的碘钨灯的石英玻璃管表面温度可高达 500℃ ~ 800℃。400W 的高压汞灯玻璃壳表面温度可达 180℃ ~ 250℃。易燃物品与照明灯接触便有被点燃的危险。

（7）其他高温物体：电炉的电阻丝在通电时呈炽热状态，能点燃任何可燃物。火炉、火炕及火墙等表面，在长时间加热温度较高时，能点燃与之接触的织物、纸张等可燃物。工业锅炉、干燥装置、高温容器的表面若堆放或散落有易燃物，如浸油脂废布、衣物、包装袋、废纸等，在长时间蓄热条件下都有被点燃的危险。化学危险物品仓库内存放的二硫化碳、黄磷等自燃点较低的物品，若一旦泄漏接触到暖气片（温度 100℃ 左右）也会被立即点燃。

2. 高温物体的安全对策

控制高温物体成为点火源的基本措施通常是绝热、冷却降温或保证可燃物与高温物体之间有足够的间距等隔热措施。

（1）铁皮烟囱：应避免烟囱靠近可燃物，烟囱通过可燃材料时应用耐火材料隔离。

（2）发动机排气管：在汽车进入棉、麻、纸张、粉尘等易燃物品储存场所时，应保证路面清洁，防止排气管高温表面点燃易燃物品。

（3）无焰燃烧的火星：汽车进入火灾爆炸危险场所时，排气管上应安装火星熄灭器（俗称防火帽）；蒸汽机车进入火灾爆炸危险场所时烟囱上应安设双层钢丝网、蒸汽喷管等火星熄灭装置。在码头及车站货场上装卸易燃物品时，应注意严防来往船舶和机车烟囱飞出的火星点燃易燃物品。

（4）烟头：在储运或加工易燃物品的场所，应采取有效的管理措施，设置"禁止吸烟"安全标志，严防有人吸烟、乱扔烟头。

（5）焊割作业金属熔渣：在动火焊接检修设备时，应办理动火证。动火前应撤除或遮盖焊接点下方和周围的可燃物品和设备，以防焊接飞散出的熔渣点燃可燃物。

（6）照明灯：在有易燃物品的场所，照明灯下方不应堆放易燃物品；在散发可燃气体和可燃蒸气的场所，应选用防爆照明灯具。

（7）其他高温物体：在储运或生产加工过程中，应针对高温物体采取相应的安全管理措施，如使高温物体与可燃物保持一定安全距离、用隔热材料遮挡等。

（五）电火花的火灾危险性及其安全对策

1. 电火花的火灾危险性和表现形式

电火花是电极间的击穿放电形成的，大量的电火花汇集形成电弧。电火花和电弧不仅能引起可燃物燃烧，还能使金属熔化、飞溅，具有很大的能量。根据放电机理和产生电火花的部位不同，电火花可分为：高电压的火花放电、短时间的弧光放电、接点上的微弱火花放电等三种形式。

常见的电火花有：电气开关开启或关闭时发出的火花、短路火花、漏电火花、接触不良火花、继电器接点开闭时发出的火花、电动机整流子或滑环等器件上接点开闭时发出的火花、过负荷或短路时保险丝熔断产生的火花、电焊时的电弧、雷击电弧、静电放电火花等。由于电火花温度高达上千度，极易点燃可燃物而酿成火灾（常见的电火花如图 1-3 所示）。

短路

电焊电弧

图 1-3　常见的电火花

2. 电火花的安全对策

（1）防电火花成为点火源的主要对策

①对所需点火能量较小的散发可燃性气体、易燃性液体蒸气、爆炸性粉尘等火灾爆炸危险场所，应根据危险性等级采用具有相应防爆性能的电力机械和设备，以避免产生电火花。

②要根据使用环境选用相应的电气配线，并且要及时检测线路和设备的绝缘性能，防止因设备线路老化而产生火花。

③在有火灾爆炸危险的场所，所有的金属外箱、框架、防护装置、机壳、导线管都要进行可靠接地，其接地电阻应由计算确定。

（2）防雷电安全对策

①对直击雷采用避雷针、避雷线、避雷带、避雷网等，引导雷电进入大地，使建筑物、设备、物资及人员免遭雷击，预防火灾爆炸事故的发生。

②对雷电感应，应采取将建筑物内的金属设备与管道以及结构钢筋等予以接地的措施，以防放电火花引起火灾爆炸事故。

③对雷电侵入波应采用阀型避雷器、管型避雷器、保护间隙避雷器、进户线接地等保护装置，预防电气设备因雷电侵入波影响造成过电压，避免击毁设备，防止火灾爆炸事故，保证电气设备的正常运行。

（3）防静电火花安全对策

①采用导电体接地消除静电，接地电阻不应大于 1000Ω，防静电接地可与防雷、防漏电接地相连并用。

②在爆炸危险场所，可向地面洒水或喷水蒸气等，通过增湿法防止电介质物料带静电。该场所相对湿度一般应大于 65%。

③绝缘体（如塑料、橡胶）中加入抗静电剂，使其增加吸湿性或离子性而变成导电体，再通过接地消除静电。

④利用静电中和器产生与带电体静电荷极性相反的离子，中和消除带电体上的静电。

⑤爆炸危险场所中的设备和工具，应尽量选用导电材料制成。如将传动机械上的橡胶带用金属齿轮和链条代替等。

⑥控制气体、液体、粉尘物料在管道中的流速，防止高速摩擦产生静电。管道应尽量减少摩擦阻力。

⑦爆炸危险场所中，作业人员应穿导电纤维制成的防静电工作服及导电橡胶制成的导电工作鞋，不准穿易产生静电的化纤衣服及不易导除静电的普通鞋。

（六）撞击与摩擦的危险性及其安全对策

1. 撞击与摩擦的危险性和表现形式

某些物质相互撞击或摩擦会产生火花或火星，这种火花实质上是撞击或摩擦物体产生的高温发光的固体微粒，若温度足够高时就可能点燃周围的可燃物（在撞击和摩擦过程中机械能转产成热能，见图1-4）。如果撞击或摩擦产生的火星颗粒较大时，携带的能量较多（火星具有0.1mm～1.0mm的直径时，其所带的能量为1.76mJ～1760mJ），就有可能点燃周围的爆炸性物质、可燃气体和蒸气以及可燃粉尘等物质。撞击和摩擦发生的火花通常能点燃沉积的可燃粉尘、棉花等松散的易燃物质，以及易燃的气体、蒸气、粉尘与空气的爆炸性混合物。

2. 撞击与摩擦的安全对策

（1）在易燃易爆场所，不能使用铁质工具，而应使用铜制或木质工具。不准穿带钉鞋，地面应为不发火花地面等。

（2）在装卸搬运爆炸性物品、氧化剂及有机过氧化物等

图1-4　加工时产生的摩擦火花

对撞击和摩擦敏感度较高的物品时，应轻拿轻放，严禁撞击、拖拉、翻滚等，以防引起火灾和爆炸。

（3）对于车床切削应有冷却措施。对机械传动轴与轴套，应定期加润滑油，以防摩擦发热引燃轴套附近散落的可燃粉尘等。

（七）光线照射与聚焦的火灾危险性及其安全对策

1. 光线照射与聚焦的危险性和表现形式

光线照射与聚焦成为点火源主要是指太阳热辐射线（太阳光线）对可燃物的照射（暴晒）点火和凸透镜、凹面镜等类似物体使太阳光线聚焦点火。引起聚焦的物体大多为类似凸透镜和凹面镜的物体。如盛水的球形玻璃鱼缸及植物栽培瓶、四氯化碳灭火弹（球状玻璃瓶）、塑料大棚积雨水形成的类似凸透镜、不锈钢圆底锅（球面一部分）及道路反射镜的不锈钢球面镶板等。另外，太阳光线和其他一些光源的光线还会引发某些物质自由基的连锁反应，如氢气与氯气、乙炔与氯气等爆炸性混合气体在日光或其他强光（如镁条燃烧发出的光）的照射下会发生爆炸。

2. 光线照射与聚焦的安全对策

（1）易燃易爆物品应严禁露天堆放，避免日光暴晒。

（2）对某些易燃易爆容器采取洒水降温和加设防晒棚措施，以防容器受热膨胀破裂，导致火灾爆炸。

（3）对可燃物品仓库和堆场，应注意日光聚焦点火现象，采取遮挡通风和冷却降温等方法实施保护。

（4）储存易燃易爆化学危险物品仓库的玻璃应涂白色或用毛玻璃。

（八）绝热压缩的点燃及其控制对策

1. 绝热压缩的危险性和表现形式

绝热压缩点燃是指气体在急剧快速压缩时，气体温度会骤然升高，当温度超过可燃物自燃点时，发生的点燃现象。换句话说，绝热压缩是在与周围不进行热交换的状态下压缩气体时，压缩过程所耗功全部转变成热能，这种热能蓄积于气体内使其温度上升，会构成点火源。气体绝热压缩时的温度升高值可通过理论计算和实验求得。据计算，体积为10L，压力为1atm，温度为20℃的空气，经绝热压缩使体积压缩成1升，这时的压力可达21.1atm，温度会升高到463℃。如果压缩的程度再大（压

缩后的体积再小一些），则温度上升会更高。

绝热压缩点燃可燃物的原理一般应用于柴油发动机的点火启动，在柴油发动机中，若气体初始的体积与气体压缩后的体积的压缩比为 13～14（V1/V2 = 13～14），压缩行程终点的压缩压力可达 3.4MPa～3.626MPa；能使气缸内温度升高达 500℃ 左右（远远高于柴油的自燃点），所以能用压缩的方法点燃喷射在汽缸内的柴油雾滴。

对于空气压缩机来说，若气体初始的体积与气体压缩后的体积的压缩比大于 10（V1/V2 > 10），气缸内的空气温度会达到 462℃ 以上。若此时空气中有乙炔等可燃气体形成的爆炸性混合物（乙炔自燃点约为 335℃）就会导致乙炔爆炸，在爆炸压力超过设备的耐压极限时，就会发生压缩机的爆炸事故，尤其是在气缸冷却系统发生故障时，更容易发生因绝热压缩而引发的事故。

液态爆炸性物质（如硝化甘油、硝酸甲酯、硝基甲烷等）和熔融态的炸药（如梯恩梯、苦味酸、特屈儿等）以及某些氧化剂与可燃物的混合物（如过氧化氢与甲醇的混合物）含有气泡时，在输送流动过程中会因绝热压缩升温而引发爆炸。

在高压气体管路上的阀门间存有低压气体时，当快速开启靠近高压气源一端的阀门时，阀门间管路中的气体会受到高压气体的压缩。由于时间很短，可近似地看作绝热压缩，如果阀门之间管路中的气体或高压气体是可燃的，就有可能受热而发生着火或爆炸事故。在这种情况下，阀门中耐热性差的密封材料会发生热分解，导致阀门漏气，引起火灾。

2. 绝热压缩点火源的控制对策

在生产加工和储运过程中，防止绝热压缩成为点火源的根本方法是尽量避免或控制可能出现绝热压缩的操作。例如，在启闭压缩机的排水阀、放出塔槽中的排出物以及抽出成品时开关动作要缓慢；限制气流在管道中的流速以防止绝热压缩造成异常升温。在处理液态爆炸性物质及熔融态炸药等物质时，应排除物料中夹杂的各类气泡，以防出现绝热压缩现象。

（九）化学反应放热的点燃及其控制对策

1. 化学反应放热点燃的危险性和表现形式

化学反应放热点燃是指能够使参加反应的可燃物质与反应后的产物温度升高，当超过可燃物自燃点时，使其发生自燃的现象。自燃发热成为点火源有两种形式。

第一种形式为可燃物自身发热自燃：可燃物在一定条件下，自动发生放热的化学或生化反应，蓄积的热量使可燃物温度达到自燃点温度时，就会发生燃烧。这类物质有自燃物品、遇湿易燃物品、氧化剂与可燃物的混合物等。这类点火现象举例如下：

（1）黄磷在空气中与氧气反应生成五氧化二磷并放出热量，导致自燃。其反应式为：

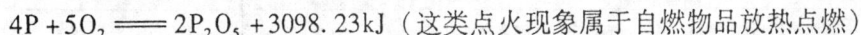

$4P + 5O_2 = 2P_2O_5 + 3098.23kJ$（这类点火现象属于自燃物品放热点燃）

（2）金属钠与水反应生成氢氧化钠与氢气并放出热量，导致氢气和钠自燃。其反应式为：

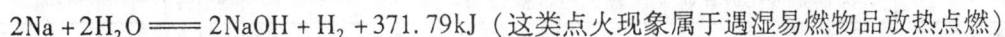

$2Na + 2H_2O = 2NaOH + H_2 + 371.79kJ$（这类点火现象属于遇湿易燃物品放热点燃）

（3）过氧化钠与甲醇反应生成氧化钠、二氧化碳及水，反应放出热量而导致自燃。其反应式为：

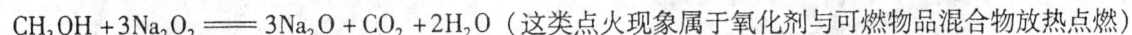

$CH_3OH + 3Na_2O_2 = 3Na_2O + CO_2 + 2H_2O$（这类点火现象属于氧化剂与可燃物品混合物放热点燃）

第二种形式为受热自燃：反应过程中的反应物和产物都不是可燃物，反应放出的热量不能造成反应体系自身发生自燃，但可点燃与反应体系接触的其他可燃物。如生石灰与水反应放热点燃与之接触的木板、草袋等可燃物。生石灰与水发生的放热反应为：

$CaO + H_2O = Ca(OH)_2 + 64.9kJ$

反应放热能使氢氧化钙的温度升高到 792.3℃（56kg 氧化钙与 18kg 水反应），这一温度超过了木材等可燃物的自燃点，因此能引起燃烧造成火灾。能发生此类化学反应放热点火现象的物质还有许多。如五氧化二磷、过氧化钠、过氧化钾、五氯化磷、氯磺酸、三氯化铝、三氧化二铝、二氯化锌、三溴化磷、浓硫酸、浓硝酸、氢氟酸、氢氧化钠、氢氧化钾等遇水都会发生放热反应导致周围可燃物着火。

2. 化学反应放热点火源的控制对策

（1）对于自身发热自燃的物质，在生产加工与储运过程中应避免造成化学反应的条件，如自燃物品隔绝空气储存；遇湿易燃物品隔绝水储存及防雨雪、防潮等；氧化剂隔绝可燃物储存；混合接触有自燃危险的两类物品分类分库和隔离储存等。

（2）对于受热能引起自燃的物质，在生产加工与储运过程中应避免使用可燃包装材料，储运中应加强通风散热，以防化学反应放热点火引起火灾爆炸事故。

以上简要介绍的能够引起火灾爆炸的七大类点火源，没有包括原子能、微波（一种电磁波）能、冲击波能等能量来源，但这些能量都可归入七大类点火能量中。例如，原子能可看作是化学能转变成热能，可归入化学反应放热点火源；微波可看作是电能转变为热能，可归入电火花点火源；冲击波可以看作是绝热压缩作用由机械能转变成热能，可归入绝热压缩点火源。系统中的点火能量因素是系统发生火灾爆炸事故的最重要因素，因此控制和消除点火源也就成为防止一个系统发生火灾爆炸事故的最重要手段。在实际防火工作中，应针对产生点火源的条件和点火源释放能量的特点，采取控制和消除点火源的技术措施及管理措施，以防止火灾爆炸事故的发生。

二、典型场所火源管理的防火巡查要点

在民用建筑中，火源安全管理的防火巡查主要集中在违章动火、违章使用大功率电气设备、乱拉临时线路、违章吸烟、违章储存易燃易爆化学危险品等。下面针对典型场所的火源管理巡查要点和处置方法分别列表介绍。

（一）总配电室（配电室、计算机房、电话总机室）的防火巡查要点和处置方法（见表1-6）

单位的总配电室或配电室是所有房间、处所、用电设备的总电源。其安全与否，事关单位的正常生产、工作以及生活秩序，历来是单位的消防重点部位。该类场所要求24小时值班，严禁吸烟，严禁存放易燃易爆物品。

表1-6　总配电室（配电室、计算机房、电话总机室）的防火巡查要点和处置方法

序号	巡查判定要点	处置方法
1	电源线、插销、插座、电源开关、灯具是否存在破损、老化、有异味或温度过高的现象（电气设备及线路违规设置如图1-5所示）	填写巡查记录表，告知危害，上报有关领导，制定限期改正措施
2	是否有过量物品、易燃易爆物品和可燃物品存放	填写巡查记录表，告知危害，协助当场改正
3	灭火器是否摆放在明显位置，是否被覆盖、遮挡	

电源线破损　　　　　　　　　　　乱接电气线路

图1-5　电气设备及线路违规设置

（二）库房的防火巡查要点和处置方法（见表1-7）

库房管理要严格遵守《仓库消防安全管理规则》。在火源管理方面，要注意电气线路和照明灯具是否处于正常工作状态，要严防遗留火种，严禁违章存放易燃易爆化学危险品。

表1-7　库房的防火巡查要点和处置方法

序号	巡查判定要点	处置方法
1	插销、插座、电源线、电源开关、灯具是否存在破损、老化、有异味或温度过高的现象（照明设施与电源违规设置如图1-6所示）	填写巡查记录表，告知危害，上报有关领导，制定限期改正措施
2	是否未经批准擅自安装、使用电器	
3	是否严格按照防火要求，物品码放要做到"五距"（见下注）	
4	易燃易爆化学物品是否单独存放	
5	消防通道、楼梯是否存放物品	填写巡查记录表，告知危害，协助当场改正
6	灭火器是否摆放在明显位置，是否被覆盖、遮挡、挪作他用	

注："五距"出自《仓库防火安全管理规则》第十八条，库存物品应当分类、分垛储存，每垛占地面积不宜大于 $100m^2$，垛与垛间距不小于 1m，垛与墙间距不小于 0.5m，垛与梁、柱间距不小于 0.3m，主要通道的宽度不小于 2m。

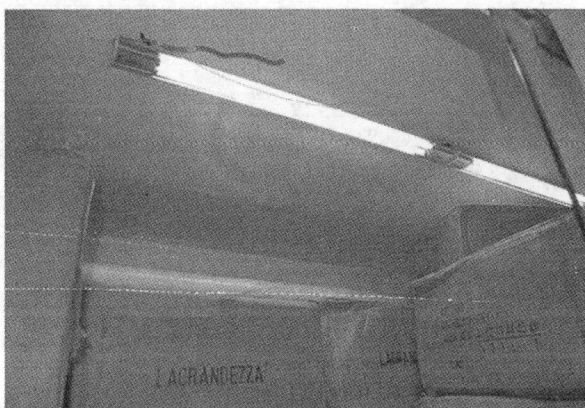

图1-6　照明设施违规设置

（三）餐厅及厨房的防火巡查要点和处置方法（见表1-8）

餐厅和厨房是集中用火部位，要严防燃气泄漏，要严格遵守安全操作规程，特别是在加工油炸食品时，要专人看管，同时配备必要的灭火器材和灭火毯等。此外，要定时清洗烟道。

表1-8　餐厅及厨房的防火巡查要点和处置方法

序号	巡查判定要点	处置方法
1	点锅后炉灶是否有人看守	填写巡查记录表，告知危害，协助当场改正
2	油炸食品时，锅内的油是否超过2/3	
3	通道是否有物品码放、是否被封堵	
4	灭火器是否摆放在明显位置，是否被覆盖、遮挡、挪作他用	

序号	巡查判定要点	处置方法
5	防火疏散门是否灵敏有效	填写巡查记录表，告知危害，上报有关领导，制定限期改正措施
6	燃气阀门是否被遮挡、封堵，是否能正常开启、关闭	
7	烟道内的油垢是否过多	
8	是否配备灭火毯等简易灭火器材	
9	插销、插座、电源线、电源开关、灯具是否存在破损、老化、有异味或温度过高的现象	
10	使用电器是否有超载现象	

（四）洗衣房的防火巡查要点和处置方法（见表1-9）

洗衣房的火源管理主要体现在电气线路和设备。要经常检查电源插座是否正常工作，洗衣机是否存在故障，洗衣中要留意烘干环节，要严格按照操作说明进行。

表1-9　洗衣房的防火巡查要点和处置方法

序号	巡查判定要点	处置方法
1	插销、插座、电源线、电源开关、灯具是否存在破损、老化、有异味或温度过高的现象	填写巡查记录表，告知危害，上报有关领导，制定限期改正措施
2	洗衣机是否定期进行检修	
3	排风管道粉尘是否过多，是否定期清洗	
4	是否随意增加电器设备	填写巡查记录表，告知危害，协助当场改正
5	灭火器是否摆放在明显位置，是否被覆盖、遮挡、挪作他用	

（五）锅炉房的防火巡查要点和处置方法（见表1-10）

目前燃气锅炉已经普遍投入使用。要严防燃气泄漏，锅炉房内禁止存放可燃物，要严格遵守安全操作规程，禁止无关人员进入，确保消防报警和灭火设施灵敏好用。

表1-10　锅炉房的防火巡查要点和处置方法

序号	巡查判定要点	处置方法
1	插销、插座、电源线、电源开关、灯具是否存在破顺、老化、有异味或温度过高的现象	填写巡查记录表，告知危害，上报有关领导，制定限期改正措施
2	可燃气体探测器是否定期保养、测试、灵敏有效，是否被杂物遮挡	
3	燃气阀门是否正常开启、关闭，是否被封堵、遮挡，是否定期保养	
4	灭火器是否摆放在明显位置，是否被覆盖、遮挡、挪作他用	填写巡查记录表，告知危害，协助当场改正

（六）员工宿舍（客房）的防火巡查要点和处置方法（见表1-11）

员工宿舍和客房的火源管理主要是加强用火、用电的管理和教育。严禁乱拉临时线，严禁卧床吸烟，严禁使用电热器具，严禁在宿舍和客房内私自烧制食物（图1-7为违规动用明火的图片）。

表1-11　员工宿舍的防火巡查要点和处置方法

序号	巡查判定要点	处置方法
1	插销、插座、电源线、电源开关、灯具是否存在破损、老化、有异味或温度过高的现象	填写巡查记录表，告知危害，上报有关领导，制定限期改正措施
2	通向室外的疏散楼梯、防火门是否符合要求	
3	疏散指示标志、应急照明灯具是否灵敏好用	
4	禁止卧床吸烟标志、疏散图是否按照要求配置	
5	是否使用酒精炉、电热锅、煤气灶等在宿舍自制食品	填写巡查记录表，告知危害，协助当场改正
6	是否违章使用热水器、电热杯、电热毯等电热设备	
7	是否在宿舍或楼道内焚烧书信、文件、垃圾等物品	
8	是否在宿舍或楼道内燃放烟花、爆竹	
9	疏散通道、安全出口是否被堵塞或上锁	

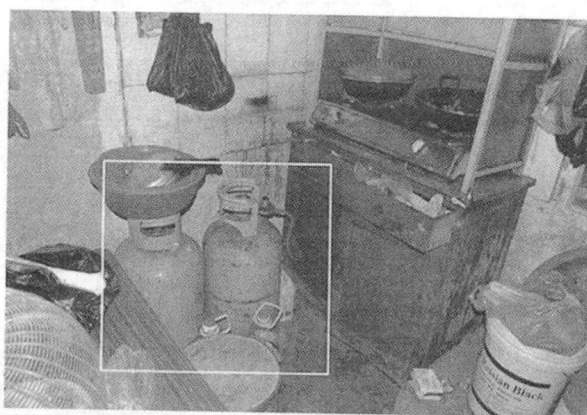

图1-7　违规动用明火

（七）办公室的防火巡查要点和处置方法（见表1-12）

办公室内应加强用电设备如电脑、空调、打印机、饮水机的安全使用和管理，避免长时间待机，严禁私自增加大功率用电设备，要加强对吸烟行为的管理，杜绝遗留火种，下班要断电。

表1-12　办公室的防火巡查要点和处置方法

序号	巡查判定要点	处置方法
1	插销、插座、电源线、电源开关、灯具是否存在破损、老化、有异味或温度过高的现象	填写巡查记录表，告知危害，上报有关领导，制定限期改正措施

序号	巡查判定要点	处置方法
2	插排、插座是否超负荷使用	填写巡查记录表，告知危害，协助当场改正
3	人员下班后是否关闭电源	
4	是否私自增加电器设备和接拉临时电源线	
5	是否存放易燃易爆和大量可燃物	
6	垃圾是否及时清理，是否遗留火种	

（八）理发室、美容院的防火巡查要点和处置方法（见表1-13）

理发室、美容院要加强对发胶、摩丝等易燃物品的管理，要严防电气线路和用电设备起火，要及时清理垃圾和可燃物，下班时仔细检查是否有遗留火种，人员离开要及时断电。

表1-13　理发室、美容院的防火巡查要点和处置方法

序号	巡查判定要点	处置方法
1	插销、插座、电源线、电源开关、灯具是否存在破损、老化、有异味或温度过高的现象	填写巡查记录表，告知危害，上报有关领导，制定限期改正措施
2	插排、插座是否超负荷使用	填写巡查记录表，告知危害，协助当场改正
3	人员下班后是否关闭电源	
4	是否私自增加电器设备和接拉临时电源线	
5	是否存放易燃易爆和大量可燃物	
6	垃圾是否及时清理，是否遗留火种	

（九）外租商店的防火巡查要点和处置方法（见表1-14）

外租商店存在大量可燃物品，尤其要注重各类火源的管理，注意防范电气火灾。营业期间严禁一切明火作业，严禁吸烟，严禁乱拉临时线路，严禁安全出口和疏散通道被封堵（安全出口和疏散通道未保持畅通，如图1-8所示）。

表1-14　外租商店的防火巡查要点和处置方法

序号	巡查判定要点	处置方法
1	插销、插座、电源线、电源开关、灯具是否存在破损、老化、有异味或温度过高的现象	填写巡查记录表，告知危害，上报有关领导，制定限期改正措施
2	电气线路是否有超负荷现象	
3	是否经营过量易燃易爆危险品	填写巡查记录表，告知危害，协助当场改正
4	灭火器是否摆放在明显位置、是否被覆盖、遮挡、挪作他用	
5	消防通道是否被封堵	

安全出口上锁　　　　　　　　　　　　占用疏散通道

图1-8　安全出口和疏散通道未保持畅通

（十）地下停车场的防火巡查要点和处置方法（见表1-15）

地下停车场存放大量车辆，一旦发生火灾，后果十分严重。因此，要加强火源管理，严禁私自动用明火，严禁存放易燃易爆化学危险品，严禁在停车场修车、加油、充电等。

表1-15　地下停车场的防火巡查要点和处置方法

序号	巡查判定要点	处置方法
1	是否有适宜的消防警示标志且醒目、无遮挡，安装高度适中	填写巡查记录表，告知危害，上报有关领导，制定限期改正措施
2	疏散指示灯及应急照明是否工作正常，外观无破损	
3	车道是否畅通	填写巡查记录表，告知危害，协助当场改正
4	是否存放易燃易爆物品	
5	是否有修车、加油、充电现象	
6	车辆有无油品泄漏	
7	灭火器是否配置充足、外观清洁、码放正确	

（十一）施工现场的防火巡查要点和处置方法（见表1-16）

表1-16　施工现场的防火巡查要点和处置方法

序号	巡查判定要点	处置方法
1	施工现场使用的安全网、围网和保温材料是否易燃或可燃	填写巡查记录表，告知危害，上报有关领导，制定限期改正措施
2	是否按照仓库防火安全管理规则存放、保管施工材料	
3	是否在建设工程内设置宿舍	
4	是否在临时消防车道上堆物、堆料或者挤占临时消防车道	
5	建设工程内是否存放易燃易爆化学危险物品和易燃可燃材料	

续表

序号	巡查判定要点	处置方法
6	是否在作业场所分装、调料易燃易爆化学危险物品	填写巡查记录表，告知危害，协助当场改正
7	是否在建设工程内使用液化石油气	
8	施工作业用火时是否领取用火证	
9	施工现场内是否有吸烟现象	
10	是否在宿舍内使用电炉子、热得快、电褥子等电热设备，是否乱拉临时线	

（十二）消防控制室的防火巡查要点和处置方法（见表1-17）

消防控制室是火灾发生时的消防指挥中心，应确保消防安全万无一失。为此，要坚决杜绝一切违章行为。例如，吸烟、使用电热器具、乱拉临时线路等。

表1-17　消防控制室的防火巡查要点和处置方法

序号	巡查判定要点	处置方法
1	插销、插座、电源线、电源开关、灯具是否存在破损、老化、有异味或温度过高的现象，是否设置应急照明系统	填写巡查记录表，告知危害，上报有关领导，制定限期改正措施
2	插排（插座）是否超负荷使用	填写巡查记录表，告知危害，协助当场改正
3	是否24小时专人值班，每班不少于2人	
4	是否私自增加电器设备和接拉临时电源线	
5	是否存放易燃易爆和大量可燃物	
6	垃圾是否及时清理，是否遗留火种	
7	值班人员是否脱岗	
8	是否在值班时间睡觉、喝酒、聊天、打私人电话，在控制室内会客	
9	是否擅自关闭火灾自动报警、自动灭火系统	

第三节　安全疏散设施的巡查

一、安全疏散设施的相关知识

（一）安全疏散设施的重要性

安全疏散设施是建筑物发生火灾后确保人员生命财产安全的有效措施，是建筑防火的一项重要内容。

建筑物发生火灾时，为避免室内人员因火烧、缺氧窒息、烟雾中毒和房屋倒塌造成伤害，要尽快疏散；消防人员必须迅速赶到火灾现场进行灭火。这些行动都必须借助于建筑物内的安全疏散设施来实施。因此，如何保证安全疏散是十分重要的。然而，许多国内外火灾教训说明，由于对安全疏散设施的设计缺陷和管理不善，火灾时，不能起到疏散人员的作用，常常造成较大的人员伤亡。这方面的教训是非常惨痛的。现略举数例如下：

新疆维吾尔自治区克拉玛依市友谊宾馆因电气烤燃幕布引起火灾，火灾时由于几个安全出口上锁封堵，只有一个出口供人员疏散，造成 323 人死亡，120 人伤残。

黑龙江哈尔滨天鹅饭店火灾，共有 10 人死亡，其中 9 人跳楼致死。该饭店安全疏散不符合安全要求，一座楼梯上锁，另一座为开敞楼梯，火灾时大量烟雾潜入，无法使用，而且没有其他辅助设施，不少人被迫冒险跳楼。

巴西圣保罗 25 层的"焦马"大楼火灾，因安全疏散设施的设计管理存在严重缺陷，只有一座开敞楼梯，没有事故照明和疏散指示标志，火灾后造成 227 人死亡，300 多人受伤，经济损失 300 多万美元的严重损失。

南朝鲜汉城（韩国首尔）"大然阁"饭店火灾，共死亡 163 人，60 多人受伤。火灾发生时，这幢 21 层大楼内的近 300 人只能靠一座开敞式楼梯疏散，火势很快蔓延，楼梯内充满烟气，使之失去安全疏散作用。

总之，安全疏散设施对于人员集中的公共场所和高层建筑，如大型商场、体育馆、影剧院、娱乐场所等都是十分重要的。对于工厂和仓库的人员和物资疏散同样重要。而对建筑物的地下室人防工程，因采光、通风、排烟效果差，人员疏散困难，安全疏散设施就显得更为突出。

通过对国内外建筑火灾的统计分析，凡造成重大人员伤亡的火灾，大部分是因没有可靠的安全疏散设施或管理不善，人员不能及时疏散到安全区域造成的，教训十分深刻：有的疏散楼梯不封闭、不防烟；有的疏散出口数量少，疏散宽度不够；有的在安全出口上锁、疏散通道堵塞；有的缺少火灾事故照明和疏散指示标志等等。因此说，安全疏散设施是火灾时人员逃生的生命绿色通道，必须始终保持畅通无阻。

（二）安全疏散设施的种类

一般来讲，建筑物的安全疏散设施包括：
1. 疏散楼梯和楼梯间；
2. 疏散走道；
3. 安全出口；
4. 应急照明和疏散指示标志；
5. 应急广播与辅助救生设施；
6. 超高层建筑需设置避难层和直升机停机坪。

（三）疏散楼梯和楼梯间

1. 疏散楼梯和楼梯间的概念

疏散楼梯和楼梯间是室内外的竖向疏散通道，是建筑物中的主要垂直交通枢纽，是安全疏散的重要通道。楼梯间防火和疏散能力的大小，直接影响着人员的生命安全与消防队员的救灾工作。根据防火要求，可将楼梯间分为敞开楼梯间、封闭楼梯间、防烟楼梯间和室外辅助疏散楼梯四种形式。图 1-9 为封闭楼梯间和室外辅助疏散楼梯。

图 1-9　封闭楼梯间和室外辅助疏散楼梯

（1）敞开楼梯间：是指建筑物内由墙体等围护构件构成的无封闭防烟功能，且与其他使用空间相通的楼梯间。

（2）封闭楼梯间：是指用建筑构配件分隔，能防止烟和热气进入的楼梯间。

（3）防烟楼梯间：是指在楼梯间入口处设有防烟前室，或设有专供排烟用的阳台、凹廊等，且通向前室和楼梯间的门均为乙级防火门的楼梯间。

（4）室外辅助疏散楼梯：是指用耐火结构与建筑物分隔，设在墙外的楼梯。室外疏散楼梯主要用于应急疏散，可作为辅助防烟楼梯使用。

2. 楼梯间的设置要求

（1）楼梯间一般靠外墙设置，能天然采光和自然通风。

（2）楼梯间内不应设置烧水间、可燃材料储藏室、垃圾道。

（3）楼梯间内不应有影响疏散的凸出物或其他障碍物。

（4）楼梯间内不应敷设甲、乙、丙类液体管道。

（5）公共建筑的楼梯间内不应敷设可燃气体管道。

（6）居住建筑的楼梯间内不应敷设可燃气体管道和设置可燃气体计量表。

（7）单元式住宅每个单元的疏散楼梯均应通至屋顶。

（四）疏散走道

1. 疏散走道概念

疏散走道是疏散时人员从房间内至房间门，或从房间门至疏散楼梯或外部出口等安全出口的室内走道，如图 1-10 所示。

图 1-10　疏散走道

　　在火灾情况下，人员要从房间等部位向外疏散，首先通过疏散走道，因此，疏散走道是疏散的必经之路，通常为疏散的第一安全地带。

2. 疏散走道设置要求

（1）疏散走道要简明直接，尽量避免弯曲，尤其不要往返转折，否则会造成疏散阻力和产生不安全感；

（2）疏散走道内不应设置阶梯、门槛、门垛、管道等凸出物，以免影响疏散；

（3）疏散走道的结构和装修必须保证其耐火性能，墙面、顶棚、地面的装修应符合《建筑内部装修设计防火规范》的要求。

（五）安全出口

1. 安全出口概念

安全出口是指供人员安全疏散用的房间的门、楼梯或直通室外地平面的门。其作用是在发生火灾时，能够迅速安全地疏散人员和抢救物资，减少人员伤亡、降低火灾损失，在建筑防火设计和施工时，必须设置足够数量的安全出口。安全出口应分散布置，且易于寻找，并应有明显标志。

2. 安全出口的设置要求

（1）民用建筑的安全出口应分散布置。每个防火分区，一个防火分区的每个楼层，其相邻2个安全出口最近边缘之间的水平距离不应小于5m。

（2）单层、多层公共建筑内的每个防火分区，一个防火分区的每个楼层以及剧院、电影院、礼堂、体育馆的观众厅，其安全出口和疏散门的数量应经计算确定，且不少于2个。

（3）高层建筑每个防火分区以及高层建筑地下室、半地下室每个防火分区的安全出口不少于2个。当有两个或两个以上防火分区且相邻防火分区之间的防火墙上设有防火门时，每个防火分区可分别设一个直通室外的安全出口。

（4）高层建筑的安全出口应分散布置，且2个安全出口之间的距离不少于5m。

（六）应急照明与疏散指示标志

1. 应急照明与疏散指示标志的概念：

为防止火灾时触电和通过电气设备、线路扩大火势，在切断起火部位及其所在防火分区的电源情况下，为保证人员的安全疏散和火灾扑救人员的正常工作，防止疏散通道骤然变暗和烟气扩散减光的作用带来的影响，抑制人们心理上的惊慌，而设置的具有一定照度的光源，称为应急照明。图1-11为常见消防应急灯。

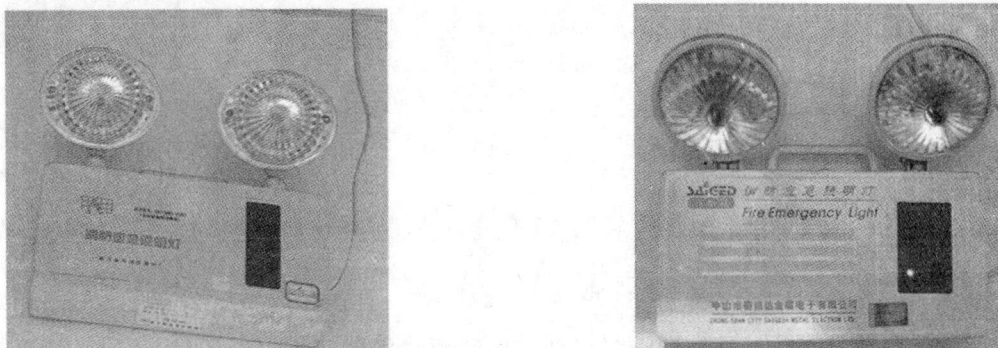

图1-11　消防应急灯

火焰中往往烟气较大，妨碍人们在紧急疏散时辨别方向。合理设置的消防疏散指示标志，对人员安全疏散具有重要作用。国内外实际应用表明，在疏散走道和主要疏散路线的地面上或靠近地面的墙上设置发光疏散指示标志，可以更好地帮助人们在浓烟弥漫的情况下，及时识别疏散位置和方向，迅速沿发光疏散标志顺利疏散，避免造成伤亡事故。图1-12为常见消防疏散指示标志。

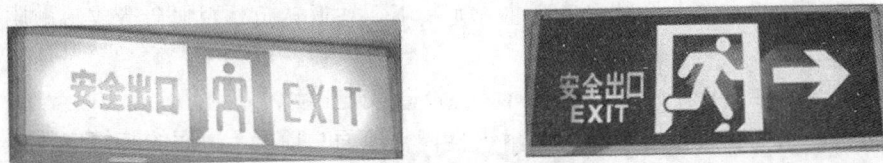

图1-12　消防疏散指示标志

总之，为防止建筑物发生火灾时，当正常电源被切断的情况下，受灾人员因找不到疏散通道和安全出口而发生拥挤、碰撞、摔倒、踩踏等事故，极易造成重大人员伤亡，设置符合规定的应急照明和疏散指示标志是十分重要和必要的。

2. 下列部位应设置应急照明：

（1）民用建筑、高层建筑（住宅除外）的封闭楼梯间、防烟楼梯间前室、消防电梯间及其前室、合用前室和避难层（间）；

（2）配电室、消防控制室、消防水泵房、防烟排烟机房、供消防用电的蓄电池室、自备发电机房、电话总机房以及发生火灾时仍需坚持工作的其他房间；

（3）观众厅、一定规模的展览厅、多功能厅、餐厅和商业营业厅等人员密集的场所；

（4）公共建筑内的疏散走道和居住建筑内走道长度超过20m的内走道；

（5）建筑面积大于300m² 的地下、半地下建筑或地下室、半地下室中的公共活动房间等部位。

3. 下列部位应设灯光疏散指示标志：

（1）除二类居住建筑外，高层建筑的疏散走道和安全出口处；

（2）多层建筑应沿疏散走道和在安全出口、人员密集场所的疏散门的正上方；

（3）总建筑面积超过8000m² 的展览建筑；总建筑面积超过5000m² 的地上商店；总建筑面积超过500m² 的地下、半地下商店；歌舞娱乐放映游艺场所；座位数超过1500个的电影院、剧院，座位数超过3000个的体育馆、会堂或礼堂的疏散走道和主要疏散路线的地面上。

4. 应急照明与疏散指示标志的设置应满足下列要求：

（1）疏散走道的应急照明，其地面最低水平照度不应低于0.5lx；人员密集场所内的地面最低水平照度不应低于1.0lx；楼梯间内的地面最低水平照度不应低于5.0lx。

（2）消防控制室、消防水泵房、防烟排烟机房、配电室和自备发电机房、电话总机房以及发生火灾时仍需坚持工作的其他房间的应急照明，仍应保证正常照明的照度。

（3）疏散应急照明灯宜设在墙面上或顶棚上。安全出口标志宜设在出口的顶部；疏散走道的指示标志宜设在疏散走道及其转角处距地面1m以下的墙面上。走道疏散标志灯的间距不应大于20m。

（4）应急照明灯和灯光疏散指示标志应设玻璃或其他不燃烧材料制作的保护罩。

（5）单、多层建筑内消防应急照明灯具和灯光疏散指示标志的备用电源的连续供电时间不应少于30min；高层建筑内应急照明和疏散指示标志，可采用蓄电池做备用电源，且连续供电时间不应少于20min；高度超过100m的高层建筑连续供电时间不应少于30min。

二、安全疏散设施的防火巡查要点

安全疏散设施是火灾时人员的逃生要道，保持始终畅通至关重要。

（一）疏散楼梯、楼梯间、疏散走道和安全出口的防火巡查要点

1. 是否有可燃物、易燃物堆放堵塞；

2. 是否有障碍物堆放、堵塞通道、影响疏散；

3. 安全出口是否被锁闭。

（二）疏散指示标志与应急照明的防火巡查要点

1. 疏散指示标志外观是否完好无损，是否被悬挂物遮挡；

2. 疏散指示标志指示方向是否正确无误；

3. 疏散指示标志指示灯照明是否正常，充电电池电量是否充足；

4. 应急照明灯具和线路是否完好无损；

5. 应急照明灯具是否处于正常工作状态。

对于上述巡视内容，如果存在问题，对于能够当场解决的，协助当场解决；不能当场解决的，上报相关领导，协调限期解决。

第四节　消防车道的巡查

一、消防车道的相关知识

（一）消防车道的概念

消防车道是供消防车灭火时通行的道路。设置消防车道的目的就在于一旦发生火灾后，使消防车顺利到达火场，消防人员迅速开展灭火战斗，及时扑灭火灾，最大限度地减少人员伤亡和火灾损失。消防车道，如图 1-13 所示。

图 1-13　消防车道

（二）单层、多层民用建筑消防车道的设置要求

1. 当建筑物的沿街部分长度超过 150m 或总长度超过 220m 时，应设置穿过建筑物的消防车道。当确有困难时，应设置环形消防车道。

2. 超过 3000 个座位的体育馆、超过 2000 个座位的会堂和占地面积超过 3000m² 的展览馆等公共建筑，宜设置环形消防车道。

3. 有封闭内院或天井的建筑物，当其短边长度大于 24m 时，宜设有进入内院或天井的消防车道。

4. 消防车道净宽度和净高度均不应小于 4m。供消防车停留的空地，其坡度不宜大于 3%。

5. 环形消防车道至少应有两处与其他车道连通。尽头式消防车道应设回车道或回车场，回车场的面积不应小于12m×12m；供大型消防车使用时，不宜小于18m×18m。

6. 消防车道路面、扑救作业场地及其下面的管道和暗沟应能承受大型消防车的压力。

7. 消防车道可利用交通道路，但应满足消防车通行与停留的要求。

（三）高层民用建筑消防车道的设置要求

1. 高层民用建筑的周围，应设环形消防车道。当设环形车道有困难时，可沿高层民用建筑的两个长边设置消防车道，当建筑的沿街长度超过150m或总长度超过220m时，应在适中位置设置穿过建筑的消防车道；

2. 高层建筑的内院或天井，当其短边长度超过24m时，宜设有进入内院或天井的消防车道；

3. 消防车道的宽度不应小于4m，消防车道距离高层民用建筑外墙宜大于5m，消防车道上空4m以下范围内不应有障碍物；

4. 尽头式消防车道应设有回车道或回车场，回车场不宜小于15m×15m。大型消防车的回车场不宜小于18m×18m。

5. 消防车道下的管道和暗沟等，应能承受消防车的压力；

6. 穿过高层民用建筑的消防车道，其净宽和净空高度均不应小于4m；

7. 消防车道与高层民用建筑之间，不应设置妨碍登高消防车操作的树木、架空管线等。

8. 供消防车取水的天然水源和消防水池，应设消防车道。

二、消防车道的防火巡查要点及处置方法

围绕消防车道的巡查，和疏散通道一样，要突出"畅通"二字。否则就达不到消防车迅速到场灭火救人、将火灾损失降到最小的目的。从目前情况看，在个别单位和社区，消防车道被堵塞的情况比较普遍，应引起足够重视。

（一）消防车道的防火巡查要点

消防车道的防火巡查要点主要有：

1. 消防车道是否堆放物品、被锁闭、停放车辆等，影响畅通；

2. 消防车道是否有挖坑、刨沟等行为，影响消防车辆通行；

3. 消防车道上是否有搭建临时建筑等行为。

（二）发现消防车道存在问题的处置方法

对于上述巡视内容，如果存在问题，对于能够当场解决的，协助当场解决；不能当场解决的，上报相关领导，协调限期解决。

第五节　防火分隔物的巡查

一、防火分隔物的相关知识

防火分隔物是指能在一定时间内阻止火势蔓延，且能把建筑内部空间分隔成若干较小防火空间的物体。常见防火分隔物有防火墙、防火门、防火窗、防火卷帘、防火水幕带、防火阀和排烟防火阀等。

（一） 防火墙

1. 防火墙的概念

防火墙是由不燃烧材料构成的，为减小或避免建筑、结构、设备遭受热辐射危害和防止火灾蔓延，设置的竖向分隔体或直接设置在建筑物基础上或钢筋混凝土框架上具有一定耐火等级的墙。

防火墙是防火分区的主要建筑构件。通常防火墙有内防火墙、外防火墙和室外独立墙几种类型。

2. 防火墙的有关要求

（1）防火墙的耐火极限、燃烧性能、设置部位和构造应符合国家有关规范的要求。

（2）防火墙应为不燃烧体，其耐火极限规定为3h。

（3）防火墙应直接设置在建筑物的基础或钢筋混凝土框架上、梁等承重结构上。

（4）防火墙上不应开设门窗洞口，当必须开设时，应设置固定的或火灾时能自动关闭的甲级防火门窗。

（5）可燃气体和甲、乙、丙类液体的管道严禁穿过防火墙。其他管道不宜穿过防火墙，当必须穿过时，应采用防火封堵材料将墙与管道之间的空隙填实；当管道为难燃材质时，应在防火墙两侧的管道上采取防火措施。

（二） 防火门

1. 防火门的概念

防火门是指在一定时间内，连同框架能满足耐火稳定性、完整性和隔热性要求的门。它是设置在防火分区间、疏散楼梯间、垂直竖井等且具有一定耐火性的活动的防火分隔物。常见防火门如图1-14所示。

| 单扇带玻璃木质防火门 | 单扇木质防火门 | 双扇带玻璃带亮窗钢质防火门 |

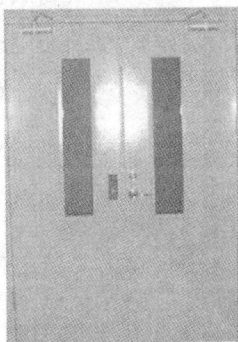

| 双扇带玻璃木质防火门 | 双扇钢质防火门 | 单扇钢质防火门 |

图1-14 常见防火门

防火门除具有普通门的作用外，更重要的是还具有阻止火势蔓延和烟气扩散的特殊功能。它能在一定时间内阻止或延缓火灾蔓延，确保人员安全疏散。

2. 防火门的分类

（1）防火门按其材质可分为：木质防火门，钢质防火门，钢木质防火门，其他材质防火门。

（2）防火门按其门扇数量可分为：单扇防火门，双扇防火门，多扇防火门（含有两个以上门扇的防火门）。

（3）防火门按其结构形式可分为：门扇上带防火玻璃的防火门，带亮窗防火门，带玻璃带亮窗防火门，无玻璃防火门。

（4）防火门按其开闭状态可分为：常开防火门，常闭防火门。常闭防火门平常在闭门器的作用下处于关闭的状态。因此火灾时能起到阻止火势及烟气蔓延；常开防火门平时在防火门释放器作用下处于开启状态，火灾时，防火门释放器自动释放，防火门在闭门器和顺序器的作用下关闭。

（5）防火门按其耐火性能分类，见表1-18。

表1-18　防火门按其耐火性能分类表

名称	耐火性能		代号
隔热防火门 （A类）	耐火隔热性≥0.5h 耐火完整性≥0.5h		A0.50（丙级）
	耐火隔热性≥1.00h 耐火完整性≥1.00h		A1.00（乙级）
	耐火隔热性≥1.50h 耐火完整性≥1.50h		A1.50（甲级）
	耐火隔热性≥2.00h 耐火完整性≥2.00h		A2.00
	耐火隔热性≥3.00h 耐火完整性≥3.00h		A3.00
部分隔热防火门 （B类）	耐火隔热性≥0.50h	耐火完整性≥1.00h	B1.00
		耐火完整性≥1.50h	B1.50
		耐火完整性≥2.00h	B2.00
		耐火完整性≥3.00h	B3.00
非隔热防火门 （C类）	耐火完整性≥1.00h		
	耐火完整性≥1.50h		
	耐火完整性≥2.00h		
	耐火完整性≥3.00h		

3. 防火门的组成

防火门通常可由门框、门扇、填充隔热耐火材料、门扇骨架、防火锁具、防火合页、防火玻璃、防火五金件、闭门器（图1-15）、顺序器（图1-16）、防火门释放器（图1-17）等组成。

图 1-15　闭门器

图 1-16　顺序器

图 1-17　防火门释放器

4. 防火门的耐火极限和适用范围

（1）甲级防火门。耐火极限不低于 1.5h 的门为甲级防火门。甲级防火门主要安装于防火分区之间的防火墙上。建筑物内附设一些特殊房间的门也为甲级防火门，如燃油气锅炉房、变压器室、中间储油间等。

（2）乙级防火门。耐火极限不低于 1.0h 的门为乙级防火门。防烟楼梯间和通向前室的门，高层建筑封闭楼梯间的门以及消防电梯前室或合用前室的门均应采用乙级防火门。

（3）丙级防火门。耐火极限不低于 0.5h 的门为丙级防火门。建筑物中管道井、电缆井等竖向井道的检查门和高层民用建筑中垃圾道前室的门均应采用丙级防火门。

5. 防火门的设置要求

防火门除具有可靠的耐火性能和合理的适用场所外，还应满足以下要求：

（1）防火门应为向疏散方向开启的平开门，并在关闭后能从任何一侧手动开启。有特殊设置要求的场所除外，如超市、图书馆等人员密集场所平时需要控制人员随意进入的疏散用门，或设有门禁系统的居住建筑外门，应保证火灾时不需使用钥匙等任何工具即能从内部易于打开，并应在显著位置设置标志和使用提示。

（2）用于疏散走道、楼梯间和前室的防火门，应能自行关闭。

（3）双扇和多扇防火门，应设置顺序闭门器。

（4）常开的防火门，在发生火灾时，应具有自行关闭和信号反馈功能。

（5）设在变形缝附近的防火门，应设在楼层数较多的一侧，且门开启后不应跨越变形缝，防止烟火通过变形缝蔓延扩大。

（三）防火窗

1. 防火窗的概念

防火窗是指在一定的时间内，连同框架能满足耐火稳定性和耐火完整性要求的窗。防火窗一般安装在防火墙或防火门上。

防火窗的作用一是隔离和阻止火势蔓延，此种窗多为固定窗；二是采光，此种窗有活动窗扇，正常情况下采光通风，火灾时起防火分隔作用。活动窗扇的防火窗应具有手动和自动关闭功能。

2. 防火窗的分类

（1）按安装方法可分为固定窗扇防火窗和活动窗扇防火窗。

（2）按耐火极限可分为甲、乙、丙三级，耐火极限不低于 1.5h 的窗为甲级防火窗；耐火极限不低于 1.0h 的窗为乙级防火窗，耐火极限不低于 0.5h 的窗为丙级防火窗。

（四）防火卷帘

1. 防火卷帘的概念

防火卷帘是指在一定时间内，连同框架能满足耐火稳定性和耐火完整性要求的卷帘。

防火卷帘是一种活动的防火分隔物，平时卷起放在门窗上口的转轴箱中，起火时将其放下展开，用以阻止火势从门窗洞口蔓延（图 1-18）。

图 1-18　不同场所的防火卷帘

防火卷帘设置部位一般有：消防电梯前室、自动扶梯周围、中庭与每层走道、过厅、房间相通的开口部位、代替防火墙需设置防火分隔设施的部位等。

2. 防火卷帘的分类

（1）防火卷帘按其材料结构可分为：钢质防火卷帘、无机纤维复合防火卷帘、特级防火卷帘。

（2）防火卷帘按启闭方式的分类见表 1-19。

表 1-19　按启闭方式分类

代号	启闭方式
C_Z	垂直卷
C_X	侧身卷
S_P	水平卷

（3）防火卷帘按耐火极限的分类见表 1-20。

表 1-20　按耐火极限分类

名称	名称符号	代号	耐火极限（h）	帘面漏烟量 $m^3/(m^2 \cdot min)$
钢质防火卷帘	GFJ	F2	≥2.00	
		F3	≥3.00	
钢质防火、防烟卷帘	GFYJ	F2	≥2.00	≤0.2
		F3	≥3.00	
无机纤维复合防火卷帘	WFJ	F2	≥2.00	
		F3	≥3.00	
无机纤维复合防火、防烟卷帘	WFYJ	FY2	≥2.00	≤0.2
		FY3	≥3.00	
特级防火卷帘	TFJ	TF3	≥3.00	≤0.2

（4）防火卷帘按耐风压强度的分类见表 1-21。

表 1-21 按耐风压强度分类

代号	耐风压强度（Pa）
50	490
80	784
120	1177

（5）防火卷帘按帘面数量的分类见表 1-22。

表 1-22 按帘面数量分类

代号	帘面数量（个）
D	1
S	2

3. 防火卷帘的组成

防火卷帘通常由底板、导轨、帘板、支撑板、卷轴、探头装置、手动速放关闭装置、箱体、卷门机、控制箱、限位、门楣、按钮开关等组成（图 1-19）。

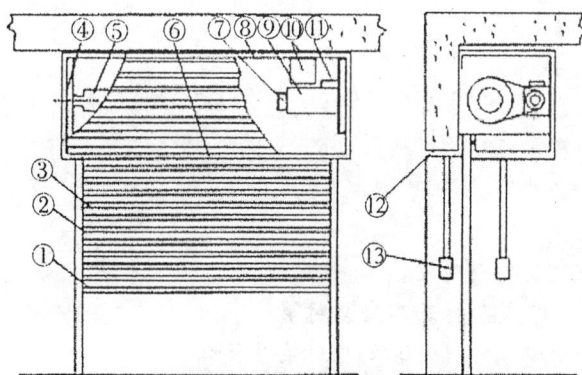

图 1-19 防火卷帘结构示意图
①底板；②导轨；③帘板；④支撑板；⑤卷轴；⑥探头装置；
⑦手动速放关闭装置；⑧箱体；⑨卷门机；⑩控制箱；⑪限位；⑫门楣；⑬按钮开关

4. 防火卷帘的设置要求

（1）在设置防火墙确有困难的场所，可采用防火卷帘作防火分区分隔。当采用包括背火面温升作耐火极限判定条件的防火卷帘时，其耐火极限不低于 3h；当采用不包括背火面温升作耐火极限判定条件的防火卷帘时，其卷帘两侧应设独立的闭式自动喷水系统保护，系统喷水延续时间不应小于 3h。

（2）设在疏散走道上的防火卷帘，应在卷帘的两侧设置启闭装置，并应具有自动、手动和机械控制的功能。

（3）防火卷帘应具有防烟性能，与楼板、梁和墙、柱之间的空隙应采用防火封堵材料封堵。

二、防火门、防火卷帘的每日巡查要点

防火门和防火卷帘是主要的防火分隔设施，对它们的防火巡查，主要体现在"分隔"或者"封闭"上，真正起到将一旦发生的火灾控制在一定空间范围内的作用。

（一）防火门的巡查要点

（1）防火门的门框、门扇、闭门器等部件是否完好无损，并具备良好的隔火、隔烟作用；

（2）带闭门器的防火门是否能够自动关闭，电动防火门当磁力释放后能按顺序顺畅关闭；

（3）防火门门前是否堆放物品影响开启。

（二）防火卷帘巡查要点

（1）防火卷帘下是否堆放杂物，影响降落；

（2）防火卷帘控制面板、门体是否完好无损；

（3）防火卷帘是否处于正常升起状态；

（4）防火卷帘所对应的烟感、温感探头是否完好无损。

（三）发现防火门、防火卷帘存在问题处置方法

对于上述巡视内容，如果存在问题，对于能够当场解决的，协助当场解决；不能当场解决的，上报相关领导，协调限期解决。

思考与练习题

1. 防火巡查的概念是什么？
2. 防火巡查的内容有哪些？
3. 防火巡查的规范化要求是哪些？
4. 简述火源的概念和常见火源的类别
5. 常见明火源及其安全对策有哪些？
6. 简述常见的高温物体及其安全对策。
7. 简述常见的电火花及其安全对策。
8. 简述撞击与摩擦的火灾危险性及其安全对策。
9. 光线照射与聚焦的火灾危险性及其安全对策是什么？
10. 绝热压缩点燃的危险性及其控制对策有哪些？
11. 简述化学反应放热引燃的危险性及其控制对策。
12. 简述各种典型场所火源管理防火巡查的要点。
13. 简述疏散楼梯和楼梯间的基本设置要求。
14. 简述疏散走道的设置要求。
15. 简述安全出口的设置要求。
16. 哪些部位应设置应急照明和疏散指示标志？其设置应符合什么要求？
17. 对于疏散指示标志与应急照明每日巡查的主要内容有哪些？
18. 对于疏散楼梯和楼梯间、疏散走道、安全出口等疏散设施，其每日巡查内容有哪些？
19. 消防车道的设置要求及其每日巡查要点是什么？
20. 何为防火分隔设施？
21. 防火墙有何设置要求？
22. 防火门的种类、设置要求及其耐火等级如何划分？
23. 防火卷帘的种类、设置要求及其耐火等级如何划分？
24. 防火门和防火卷帘的防火巡查要点是什么？

第二章　消防控制室监控

第一节　概　述

消防控制室是设有火灾自动报警设备和消防设施控制设备，用于接收、显示、处理火灾报警信号，控制相关消防设施的专门处所，是利用固定消防设施扑救火灾的信息指挥中心，是建筑内消防设施控制中心的枢纽。

一、消防控制室的作用

消防控制室是火灾自动报警系统信息显示中心和控制枢纽，是建筑消防设施日常管理专用场所，也是火灾时灭火指挥信息和控制中心。在平时，它全天候地监控建筑消防设施的工作状态，通过及时维护保养保证建筑消防设施正常运行。一旦出现火情，它将成为紧急信息汇集、显示、处理的中心，及时、准确地反馈火情的发展过程，正确、迅速地控制各种相关设备，达到疏导和保护人员、控制和扑灭火灾的目的。

消防控制室主要完成如下功能：

（1）显示火灾自动报警系统所监控消防设备的火灾报警、故障、联动反馈等工作状态信息。

（2）手动、自动控制各类灭火系统、防排烟系统、人员疏散及防火分隔等相关的设施设备。

（3）可以采用建筑消防设施平面图等图形显示各种报警信息和传输报警信息。

（4）可向火灾现场指定区域广播应急疏散信息和行动指挥信息。

（5）可与消防泵房、主变配电室、通风排烟机房、电梯机房、区域报警控制器（或楼层显示器）及固定灭火系统操作装置处固定电话分机通话。进行火灾确认和灭火救援指挥。

（6）可向 119 消防部门报警。

具体功能和要求参见 GA767 - 2008《消防控制室通用技术要求》。

二、消防控制室的设置

（一）设置要求

消防控制室根据建筑物的实际情况，可独立设置，也可以与消防值班室、保安监控室、综合控制室等合用，并保证专人 24 小时值班。

（1）仅有火灾探测报警系统且无消防联动控制功能时，可设消防值班室，消防值班室可与经常有人值班的部门合并设置。

（2）设有火灾自动报警系统和自动灭火系统或设有火灾自动报警系统和机械防（排）烟设施的建筑，应设置消防控制室。

（3）具有两个及以上消防控制室的大型建筑群，应设置消防控制中心。

（二）设计要求

（1）单独建造的消防控制室，其耐火等级不应低于二级；

（2）附设在建筑物内的消防控制室，宜设置在建筑物内首层的靠外墙部位，亦可设置在建筑物的地下一层，但应采用耐火极限不低于 2h 的隔墙和 1.5h 的楼板与其他部位隔开，并应设直通室外的安全出口。

（3）消防控制室的门应向疏散方向开启，且入口处应设置明显的标志。

（4）消防控制室的送、回风管在其穿墙处应设防火阀。

（5）消防控制室内严禁与其无关的电气线路及管路穿过。

（6）消防控制室周围不应布置电磁场干扰较强及其他影响消防控制设备工作的设备用房。

三、消防控制室内设备构成及布置

（一）设备构成

消防控制室应由火灾报警控制器或火灾报警控制器（联动型）、消防联动控制器、消防控制室图形显示装置、火灾应急广播、消防通讯电话等全部或部分设备组合构成；消防控制室应设有可直接报警的外线电话。

（二）设备布置

消防控制室的消防控制设备，值班、维修人员都要占有一定的空间。为便于设计和使用，又不致造成浪费，《火灾自动报警系统设计规范》对消防控制室内控制设备的布置作了明确规定：

（1）设备面盘前的操作距离：单列布置时不应小于 1.5m；双列布置时不应小于 2m。

（2）在值班人员经常工作的一面，设备面盘至墙的距离不应小于 3m。

（3）设备面盘后的维修距离不宜小于 1m。

（4）设备面盘的排列长度大于 4m 时，其两端应设置宽度不小于 1m 的通道。

（5）集中火灾报警控制器或火灾报警控制器安装在墙上时，其底边距地面高度宜为 1.3m ～ 1.5m，其靠近门轴的侧面距墙不应小于 0.5m，正面操作距离不应小于 1.2m。

四、消防控制室管理

近年来，一些大型公用建筑屡屡发生重大火灾，造成重大人员伤亡和经济财产损失。在为数众多的建筑物火灾中，有的造成了重大的伤亡损失，而有的却受损较轻，究其原因，其安全管理水平和消防设施能否发挥作用是非常关键的。

消防控制室是建筑消防设施日常管理和火警应急处理的专用场所。消防控制室管理水平是决定建筑安全管理水平和建筑消防设施能否发挥作用的关键。

（一）消防控制室值班人员的配备

根据消防控制室的性质，其值班人员应按下列原则配备：

（1）消防控制室必须实行每日专人 24h 值班。

（2）每班不应少于 2 人，每班连续工作时间不宜超过 8h。

（3）值班人员应通过消防特有工种职业技能鉴定，持有初级技能以上等级的职业资格证书。

（4）值班人员应相对稳定，不能频繁更换。

（二）消防控制室管理制度

（1）消防控制室应建立并实施《消防控制室值班管理制度》，明确消防值班人员责任和工作程序。

（2）消防控制室应根据具体的控制室设备使用要求制定涉及值班人员操作的详细的《操作规程》指导操作。

（3）消防控制室应建立《单位火灾事故应急疏散和灭火预案》，作为消防演习和火灾事故处理的行动指导。

（4）消防控制室应建立或委托建筑消防设施维护保养单位建立《建筑消防设施巡查方案及计划》、《建筑消防设施检测方案及计划》、《建筑消防设施维护保养方案及计划》。《建筑消防设施巡查记录表》的存档时间不应少于1年。《建筑消防设施检测记录表》、《建筑消防设施故障维修记录表》、《建筑消防设施维护保养计划表》、《建筑消防设施维护保养记录表》的存档时间不应少于3年。

（5）消防控制室应长期妥善保管相应的竣工消防系统设计图纸、安装施工图纸、各分系统控制逻辑关系说明、系统调试记录、建筑消防设施的验收文件、设备使用说明书。

五、对初级建（构）筑物消防员的技能要求

本章的学习目的是要求学员掌握消防控制室的主要设备构成，火灾报警控制器和消防联动控制设备的分类、基本功能和操作方法，火警/故障信息的查询和处置方法，并能够按照消防控制室的管理要求填写值班记录，完成正常的交接班。根据建（构）筑物消防员国家职业标准，初级消防员应重点掌握以下基本技能。

（一）设备状态记录与检查

（1）能识别火灾报警控制器、消防联动控制器等消防控制室主要设备。

（2）能使用火灾报警控制器完成自检、消音、复位的操作，正确操作设备的开机、关机。

（3）能检查火灾报警控制器主备电源工作状态，完成主备电源切换检查。

（4）能填写《消防控制室值班记录》和交接班记录。

（二）处置火灾与故障报警

（1）能区分火灾报警信号、故障报警信号。

（2）能通过火灾报警控制器的显示准确查明报警具体信息。

（3）能确认火警和故障报警。

（4）能处理误报火警并恢复控制系统正常工作状态。

（5）能在火灾确认后，采取相应的处置操作程序，其中包括拨打119火警电话报警等。

第二节 消防控制室设备介绍

一、概述

由于消防控制室设备主要用于监控建筑消防设施的工作状态，所以消防控制室设备的配置主要与所保护的建筑的防火级别、规模大小、复杂程度相关。对于仅有火灾探测报警且无消防联动控制功能的火灾自动报警系统，消防值班室或消防控制室设备只是一台火灾报警控制器；对于具有火灾报警功能和联动控制功能的火灾自动报警系统，消防控制室设备至少由一台火灾报警控制器（联动型）或

火灾报警控制器和消防联动控制器组合构成；对于建筑规模较大、报警点数多、疏散困难的具有火灾报警和联动控制功能的火灾自动报警系统，消防控制室设备一般由火灾报警控制器、消防联动控制器、消防控制室图形显示装置、火灾应急广播和消防电话总机等设备构成。

消防控制室还应有一部用于火灾报警的外线电话。消防控制室设备示意图如图2-1所示。

图2-1　消防控制室设备示意图
①消防电话主机；②消防广播系统；③火灾自动报警及消防联动控制器；
④消防控制室图形显示装置；⑤消防外线电话

二、火灾报警控制器

（一）火灾报警控制器的作用

火灾报警控制器是火灾自动报警系统的重要组成部分。在火灾自动报警系统中，用于探测火灾的设备是火灾探测器，用于人工触发报警信号的设备是手动报警按钮，用于发出声光报警信号疏散火灾现场人员的设备是声光报警器，用于为疏散人员和救援人员在现场提供火灾报警信息的设备是火灾显示盘，用于通知消防控制室现场需要消火栓灭火的设备是消火栓按钮。火灾探测器是系统的"感觉器官"，随时监视着保护区域火情。而火灾报警控制器，则是该系统的"大脑"，是系统的核心，它是一种为火灾探测器、手动报警按钮等现场设备供电，接收、转换、处理和传递火灾报警、故障等信号，发出声光警报，并对自动消防设施等装置发出控制信号的报警装置。它的作用是供给火灾探测器稳定的供电，监视连接的各类火灾探测器传输导线有无短路、断线故障，接收火灾探测器发出的报警信号，迅速、正确地进行转换和处理，指示报警的具体部位和时间，同时执行相应的辅助控制等诸多任务。

火灾报警控制器的功能主要有：

（1）火灾报警功能：控制器能直接或间接地接收来自火灾探测器及其他火灾报警触发器件的火灾报警信号，发出火灾报警声、光信号，指示火灾发生部位，记录火灾报警时间，并予以保持，直至手动复位。

（2）火灾报警控制功能：控制器在火灾报警状态下有火灾声和/或光警报器控制输出。

（3）故障报警功能：当控制器内部、控制器与其连接的部件间发生故障时，控制器能在100s内发出与火灾报警信号有明显区别的故障声、光信号。

（4）屏蔽功能：控制器具有对探测器等设备进行单独屏蔽、解除屏蔽操作功能。

（5）监管功能：控制器能直接或间接地接收来自防盗探测器等监管信号，发出与火灾报警信号有明显区别的监管报警声、光信号。

（6）自检功能：控制器能手动检查其面板所有指示灯（器）、显示器的功能。

（7）信息显示与查询功能：控制器信息显示按火灾报警、监管报警及其他状态顺序由高至低排列信息显示等级，高等级的状态信息优先显示，低等级状态信息显示不应影响高等级状态信息显示，显示的信息与对应的状态一致且易于辨识。当控制器处于某一高等级状态显示时，能通过手动操作查询其他低等级状态信息，各状态信息不交替显示。

（8）电源功能：控制器的电源部分具有主电源和备用电源转换装置。当主电源断电时，能自动转换到备用电源。

（二）火灾报警控制器的分类

火灾报警控制器可按不同方式进行分类。

1. 按系统连线方式分类

分为多线制火灾报警控制器、总线制火灾报警控制器及无线火灾报警控制器。不同系统连接方式控制器，如图2-2所示。

多线制控制器　　　　　　　　总线制控制器

图2-2　不同系统连接方式控制器示意图

（1）多线制火灾报警控制器。探测器与控制器之间连线采用多线方式，并联或串联在控制器每区连线上的探测器采用电流或电压方式进行信息传递，每个探测器没有编码地址。由于控制器采用多线方式，一般此类控制器连接探测器的容量有限，安装调试较复杂，适用于小型火灾报警系统。在国内，早期火灾报警控制器大多采用多线制，随智能探测技术的发展，现基本被总线制火灾报警控制器所取代。

（2）总线制火灾报警控制器。探测器与控制器之间连线采用总线方式，并联在总线上的探测器与控制器采用总线通讯方式进行信息传递，每个探测器均有编码地址。总线制火灾报警控制器适用于大型火灾报警系统，布线简单，调试方便。在国内，总线制火灾报警控制器基本取代了多线制火灾报警控制器，是火灾报警技术的发展趋势。

（3）无线火灾报警控制器。探测器与控制器之间采用无线传输方式，每个探测器均有编码地址。无线火灾报警控制器主要用于古建筑和临时建筑等不适于布线的特殊场所。

2. 按应用方式分类

分为独立型、区域型、集中型、集中区域兼容型火灾报警控制器。

（1）独立型火灾报警控制器。不具有向其他控制器传递信息功能的火灾报警控制器。独立型火灾报警控制器直接连接火灾探测器，处理各种报警信息，不具有与其他控制器通讯的功能，一般用于单台火灾自动报警控制器的小型火灾报警系统，独立型火灾报警控制器安装在消防值班室或消防控制室。

（2）区域型火灾报警控制器。具有向其他控制器传递信息功能的火灾报警控制器。区域型火灾报警控制器直接连接火灾探测器，处理各种报警信息，同时还与集中型火灾报警控制器相连接，向其传递报警信息。区域型火灾报警控制器与集中型火灾报警控制器构成分散或大型火灾自动报警场合，区域型火灾报警控制器一般安装在所保护区域现场。

（3）集中型火灾报警控制器。具有接收各区域型控制器传递信息的火灾报警控制器。集中型火灾报警控制器能接收区域型火灾报警控制器或火灾探测器发出的信息，并能发出某些控制信号使区域型火灾报警控制器工作。集中型火灾报警控制器一般容量都较大，可独立构成大型火灾自动报警系统，也可与区域型火灾报警控制器构成分散或大型火灾自动报警系统。集中型火灾报警控制器一般安装在消防控制室。

（4）集中区域兼容型火灾报警控制器。它兼有区域、集中两级火灾报警控制器的功能。通过设置或修改某些参数实现区域型和集中型的转换。

3. 按结构型式分类

分为壁挂式、琴台式、柜式火灾报警控制器。不同结构类型控制器如图 2-3 所示。

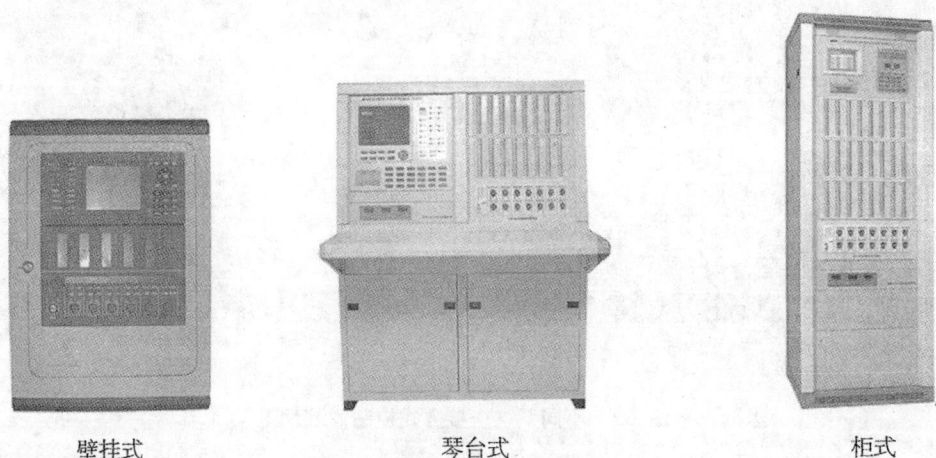

壁挂式　　　　　　　琴台式　　　　　　　柜式

图 2-3　不同结构类型控制器示意图

（1）壁挂式火灾报警控制器。采用壁挂式机箱结构，适合安装在墙壁上，占用空间较小。一般区域型或集中区域兼容型火灾报警控制器常采用这种结构。

（2）琴台式火灾报警控制器。采用琴台式结构，回路较多，内部电路结构大多设计成插板组合式，带载容量较大，操作使用方便。一般常见于集中火灾报警控制器。

（3）柜式火灾报警控制器。采用立柜式结构，回路较多，内部电路结构大多设计成插板组合式，带载容量较大，操作使用方便，但较琴台结构占用面积小。一般常见于集中型或集中区域兼容型火灾报警控制器。

4. 按显示方式分类

还有数码管显示火灾报警控制器和液晶显示火灾报警控制器。不同显示方式控制器如图 2-4 所示。

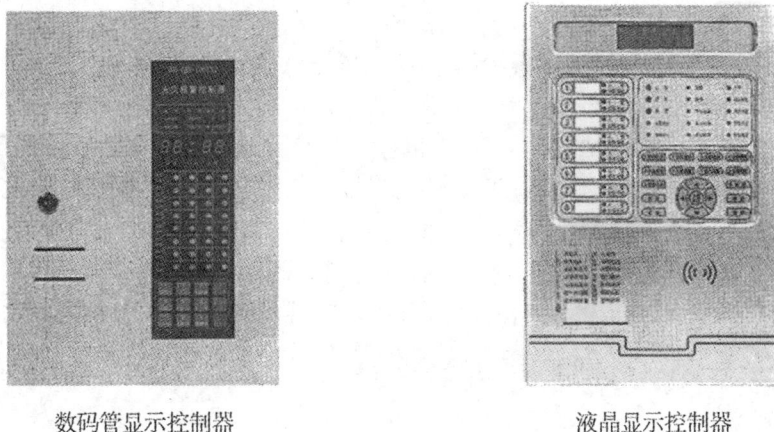

数码管显示控制器　　　　　　　　　　　液晶显示控制器

图 2-4　不同显示方式控制器示意图

(三) 基本电路构成及工作原理

控制器电路一般由电源、总线驱动单元、中央处理单元、显示键盘操作单元、信息输入输出接口、通信接口等部分构成。

以典型的总线制火灾报警控制器为例，原理框图可表示成图 2-5。

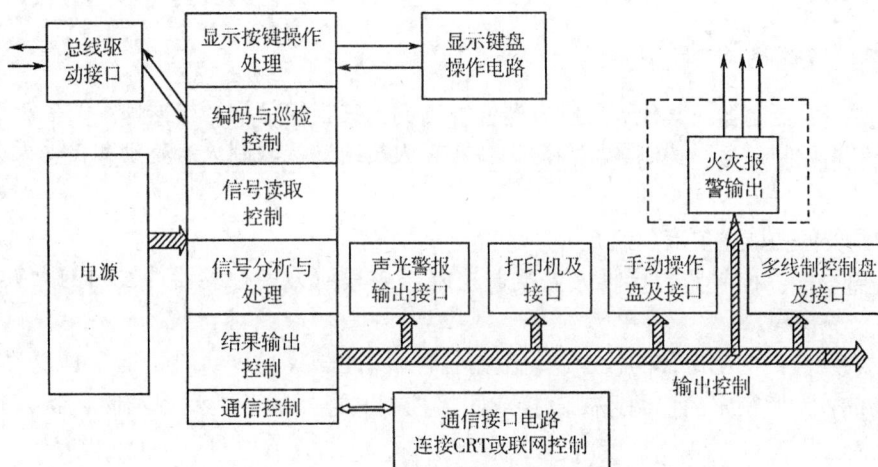

图 2-5　总线制火灾报警控制器框图

(1) 电源：给控制器各电路单元供电。由主电、备电和充放电控制电路构成。

(2) 总线驱动单元：负责提供控制器连接的探测器等现场设备供电，与探测器等现场设备进行通讯，完成对探测器等现场设备状态的状态监视和控制。主要由收发码电路和中央处理单元接口电路构成。

(3) 中央处理单元：中央处理单元是控制器电路的核心，主要有单片机及周围电路单元构成。通过总线驱动单元接收处理探测器等现场设备信号，实现故障监测和火灾报警；通过显示按键操作处理电路处理键盘输入信号和向显示器输出状态信息；通过输入输出接口单元实现火警、故障等报警信号输出；通过通信电路接口单元实现 CRT 联网和控制器联网功能。

（4）显示键盘操作单元：完成控制器控制操作信息输入和输出信息显示。由键盘、显示器及驱动电路等构成。

（5）输入输出接口单元：输入信息接收和控制输出驱动。驱动打印机，火警继电器输出、声光警铃输出等。

（6）通信接口单元：负责控制器联网和图形显示装置通讯。

控制器工作原理：火灾探测器是系统的"感觉器官"，随时监视周围环境的情况，而火灾报警控制器，则是系统的"大脑"，是系统的核心。火灾报警控制器通过总线驱动电路巡检连接的探测器等现场设备，被巡检的火灾探测器将工作状态报送给火灾报警控制器。当火情发生时，探测器将探测的火警信号通过总线传送至火灾报警控制器。火灾报警控制器的中央处理单元对报警信号进行处理，向显示器发出报警信息显示并启动相应报警音响，向打印机输出信息进行打印，如满足联动条件输出警报信号驱动，火灾报警输出触点动作。显示键盘操作电路实现控制器的各种键盘操作，从而实现控制器的各类操作。火灾报警控制器通过通信接口电路进行联网信息的传输，实现联网和图形显示装置的接口。

三、消防联动控制器

对于小型、简单的建筑场所，仅设火灾自动报警而没有联动控制就可满足消防安全要求。而对于大型、功能复杂的建筑场所，除了设有火灾自动报警系统，还要设有各类灭火系统、防排烟系统、防火分隔设施、消防应急广播等建筑消防设施，其中很多设备的监测和控制需要在消防控制室进行，例如：消防水泵、排烟风机、排烟阀、送风机、送风阀、防火阀、排烟防火阀、防火卷帘、消防应急、广播、各类控制模块等，这些设备统称为受控消防设备，消防联动控制器就是用来监测和控制与其连接的受控消防设备的装置。

（一）消防联动控制器的作用

能够接收火灾报警控制器或其他火灾触发器件发出的火灾报警信号，根据预定的控制逻辑向相关的联动控制装置发出控制信号，控制各类消防设备实现人员疏散、限制火势蔓延和自动灭火等消防保护功能。

消防联动控制器的功能主要有：

（1）接收报警功能：控制器能接收火灾报警控制器或其他火灾触发器件发出的火灾报警信号，发出火灾报警声、光信号。

（2）现场编程功能：按照设计的预定逻辑编制各种联动公式。

（3）控制功能：按照预定的控制逻辑直接或间接控制其连接的各类受控消防设备，并接收受控消防设备动作反馈信号。

（4）故障报警功能：当控制器内部、控制器与其连接的部件间发生故障时，控制器能在100s内发出与火灾报警信号有明显区别的故障声、光信号。

（5）屏蔽功能：控制器具有对模块等设备进行单独屏蔽、解除屏蔽操作功能。

（6）自检功能：控制器能手动检查其面板所有指示灯（器）、显示器的功能。

（7）信息显示与查询功能：控制器信息显示按动作、故障报警及其他状态顺序由高至低排列信息显示等级，高等级的状态信息优先显示，低等级状态信息显示不应影响高等级状态信息显示，显示的信息与对应的状态一致且易于辨识。当控制器处于某一高等级状态显示时，能通过手动操作查询其他低等级状态信息，各状态信息不交替显示。

（8）电源功能：控制器的电源部分具有主电源和备用电源转换装置。当主电源断电时，能自动转换到备用电源。

（二）消防联动控制器的分类

消防联动控制器可按不同方式进行分类。

1. 按连线方式分为多线制消防联动控制器、总线制消防联动控制器、火灾报警控制器（联动型）。

（1）多线制消防联动控制器

消防联动控制器与被控设备之间采用多线制连接方式。多线制消防联动控制器一般操作简单、安全可靠，适用于外控设备数量少或要求高可靠性的重要外控设备。国内早期消防联动控制器多采用多线制方式，但随着外控设备数量增加，智能探测技术的发展，现基本被总线制消防联动控制器取代。

（2）总线制消防联动控制器

消防联动控制器与被控设备之间采用总线制连接方式。控制模块与控制器之间连线采用总线方式，并联或串联在总线上的控制模块与控制器采用总线通讯方式进行信息传递，每个控制模块均有编码地址。总线制消防联动控制器适用于大型火灾自动报警系统，布线简单，调试方便。在国内，总线制消防联动控制技术是发展趋势。

（3）火灾报警控制器（联动型）

火灾报警控制器（联动型）集报警和联动控制于一体，从而实现手动或自动联动、跨区联动、设置防火区域，使火灾报警与消防联动控制达到最佳的配合。火灾报警控制器（联动型）集成度高、联动控制灵活、布线简单、调试方便、适合范围广。在国内，现在基本采用了火灾报警控制器（联动型）作为消防联动方式。

2. 按结构形式分类分为壁挂式、琴台式、柜式消防联动控制器。

（1）壁挂式消防联动控制器

采用壁挂式机箱结构，适合安装在墙壁上，占用空间较小。一般多线制消防联动控制器、区域型或集中区域兼容型火灾报警控制器（联动型）常采用这种结构。

（2）琴台式消防联动控制器

采用琴台式结构，回路较多，内部电路结构大多设计成插板组合式，带载容量较大，操作使用方便。一般常见于总线制消防联动控制器、集中火灾报警控制器（联动型）。

（3）柜式消防联动控制器

采用立柜式结构，回路较多，内部电路结构大多设计成插板组合式，带载容量较大，操作使用方便，但较琴台结构占用面积小。一般常见于总线制消防联动控制器、集中型或集中区域兼容型火灾报警控制器（联动型）。

（三）基本电路构成及工作原理

火灾报警控制器（联动型）采用报警和消防联动一体化，是现在消防联动控制器的主流产品。下面以火灾报警控制器（联动型）为例介绍基本电路构成及工作原理，参见图2-5。

火灾报警控制器（联动型）电路构成与火灾报警控制器相似，主要增加多线制控制盘及接口。

1. 总线驱动单元

负责为控制器连接的探测器、控制模块等现场设备供电，与探测器、控制模块等现场设备进行通讯，完成对探测器、控制模块等现场设备状态的状态监视和控制。主要有收发码电路和中央处理单元接口电路构成。

2. 多线制控制盘及接口

多线制控制盘是专为消防控制系统中的重要设备：消防泵、喷淋泵、排烟机、送风机等实施可靠控制而设计的。多线制控制盘设有手动输出控制和自动联动功能。在手动状态下，可利用控制卡上的按键完成对现场设备的手动控制；若需实施自动控制，由控制器按现场编制的逻辑联动公式联动多线制控制盘连接的外控设备进行自动联动控制。多线制控制盘面板如图 2-6 所示。

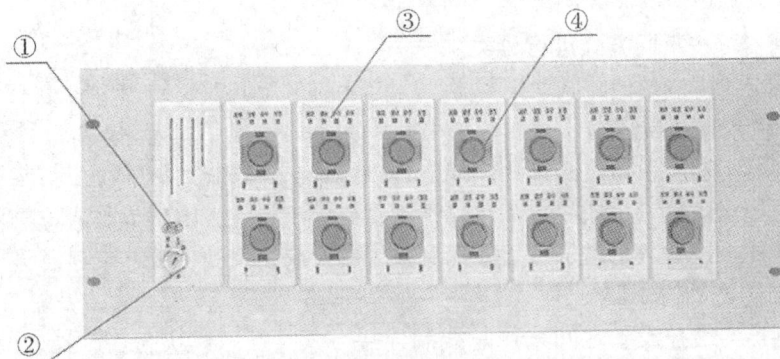

图 2-6　多线制控制盘面板图
①自检键；②手动允许/禁止锁；③指示灯区；④按键

　　火灾报警控制器（联动型）工作原理：火灾探测器是系统的"感觉器官"，随时监视周围环境的情况，火灾报警控制器，是系统的"大脑"，是系统的核心，而控制模块则是系统的"躯干"执行消防联动控制。火灾报警控制器（联动型）通过总线驱动电路巡检连接的探测器、控制模块等现场设备，被巡检的火灾探测器、控制模块将工作状态报送给火灾报警控制器。当火警发生时，探测器探测到火情后，将火警信号通过总线传送火灾报警控制器。火灾报警控制器的中央处理单元对报警信号进行处理，向显示器进行报警信息显示并发出相应报警音响，向打印机输出信息进行打印，如满足联动条件按预定的逻辑向控制模块发出消防联动控制信号控制被控联动设备。多线制控制盘可手动和自动控制与其连接的重要被控联动设备。火灾报警控制器通过通讯接口电路进行联网信息的传输，实现联网和图形显示装置的接口。

四、消防控制室图形显示装置

（一）作用

　　消防控制室图形显示装置是消防控制室用来接收火灾报警、故障信息，发出声光信号，并在显示器上的模拟现场的建筑平面图相应位置显示火灾、故障等信息的图形显示装置，图形显示装置也能向监控中心传输信息。

　　消防控制室图形显示装置主要功能如下：

　　1. 接收火灾报警控制器和消防联动控制器发出的火灾报警信号和/或联动控制信号，并在 3s 内进入火灾报警和/或联动状态，显示相关信息。

　　2. 能查询并显示监视区域中监控对象系统内各消防设备（设施）的物理位置及动态状态信息，并能在发出查询信号后 5s 内显示相应信息。

　　3. 显示建筑总平面布局图、每个保护对象的建筑平面图、系统图。

　　4. 保护区域的建筑平面图应能显示每个保护对象及主要部位的名称；并能显示各类消防设备（设施）的名称、物理位置及其动态信息。

　　5. 在接收到系统的火灾报警信号后 10s 内可将确认的报警信息按规定的通信协议格式传送给监控中心。

　　6. 能接收监控中心的查询指令并能按规定的通信协议格式将规定的信息传送给监控中心。

（二）分类

按结构形式分类分为壁挂式、琴台式、柜式消防控制室图形显示装置。

（三）基本构成

消防控制室图形显示装置主要由：主机、显示器、图形显示装置软件等软硬件设备组成。

（四）工作原理

消防控制室图形显示装置采用标准 RS－232 通讯方式或其他标准串行通讯方式与火灾报警控制器之间进行通讯，接收火灾报警、故障报警等信息，将信息实时显示在保护区域的建筑平面图相应位置上，并能显示各类消防设备（设施）的名称、物理位置等信息。消防控制室图形显示装置示意图如图 2-7 所示。

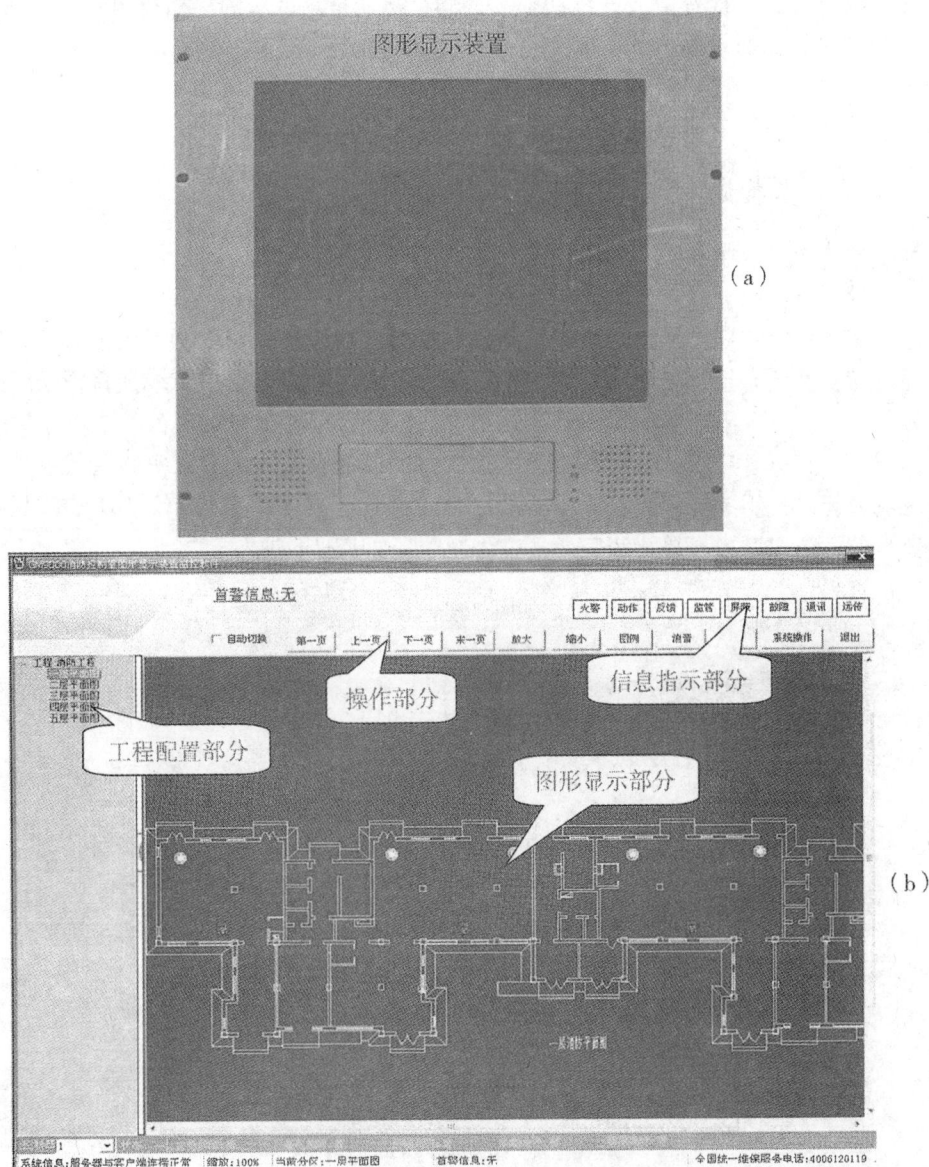

图 2-7 图形显示装置示意图

五、火灾应急广播

（一）作用

火灾应急广播系统是火灾逃生疏散和灭火指挥的重要设备，在整个消防控制管理系统中起着极其重要的作用。在火灾发生时，应急广播信息通过音源设备发出，经过功率放大后，切换到广播指定区域的扬声器实现应急广播。

火灾应急广播系统主要功能：

1. 接收消防联动信号功能：接收消防联动控制的联动信号。

2. 应急广播功能：

（1）语音音源可接收应急广播话筒、预先录制的应急语音信息和正常广播。

（2）可按照预定的逻辑同时向一个或多个指定广播区域广播信息。

（3）功率放大功能：将语音信号进行功率放大满足覆盖指定区域的广播扬声器的功率。

（4）对广播语音可监听录制。

3. 故障报警功能：对应急广播系统故障检测。

4. 自检功能：能手动检查其面板所有指示灯（器）、显示器的功能。

（二）分类和基本构成

消防广播系统分为总线制和多线制两种实现方式。

1. 总线制广播系统

典型的总线制火灾应急广播系统是通过消防控制室的广播设备控制现场专用消防广播编码切换模块来实现广播的切换及播音控制。消防控制室的广播设备通过两根广播主干线连接消防广播编码切换模块。

典型的总线制火灾应急广播系统设备由消防控制室的广播设备，配合火灾报警控制器、消防广播切换模块及现场放音设备组成。消防控制中心的广播设备含广播功率放大器、CD 录放盘等，可组入各式机柜。典型的消防控制中心总线制应急广播系统设备如图 2-8 所示。

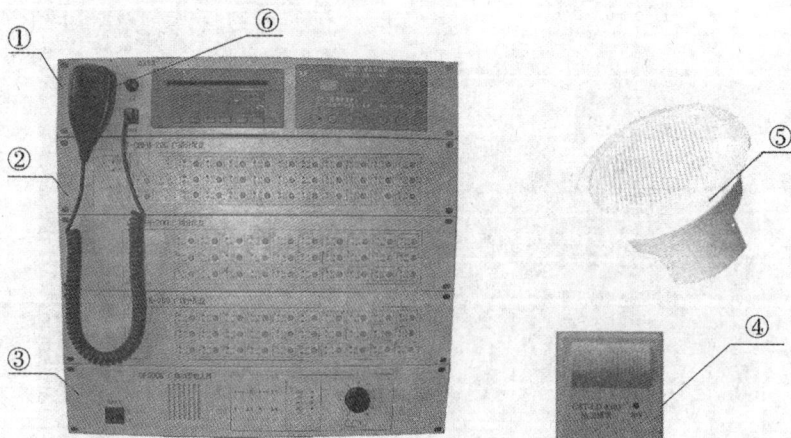

图 2-8　总线制消防广播系统设备
①CD 录放盘；②广播分配盘；③功率放大器；
④输出模块；⑤扬声器；⑥播音话筒

2. 多线制广播系统

典型的多线制火灾应急广播系统是通过消防控制室应急广播设备广播分配盘完成播音切换控制的。广播分配盘需多根广播线连接广播区域的扬声器。

典型的多线制火灾应急广播系统由消防控制中心的广播设备，配合火灾报警控制器、现场广播扬声器组成。消防控制中心的广播设备含多线制消防广播分配盘、广播功率放大器、CD 录放盘或卡座录放盘等，可组入各式机柜。

典型的消防控制中心多线制消防广播分配盘如图 2-9 所示。

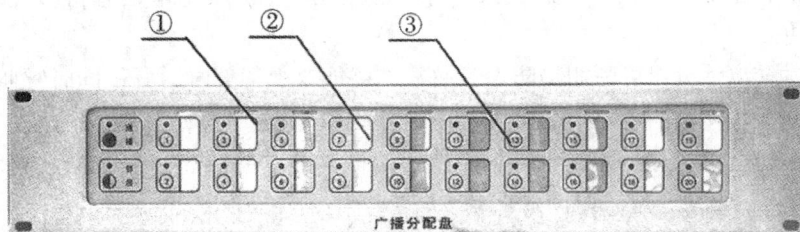

图 2-9　多线制消防广播系统设备
①指示灯区；②按键；③标签插口

(三) 工作原理

总线制火灾应急广播系统可连接的广播区域大，布线少，控制灵活，是主流产品。现以总线制火灾应急广播系统介绍工作原理，系统接线图如图 2-10 所示。

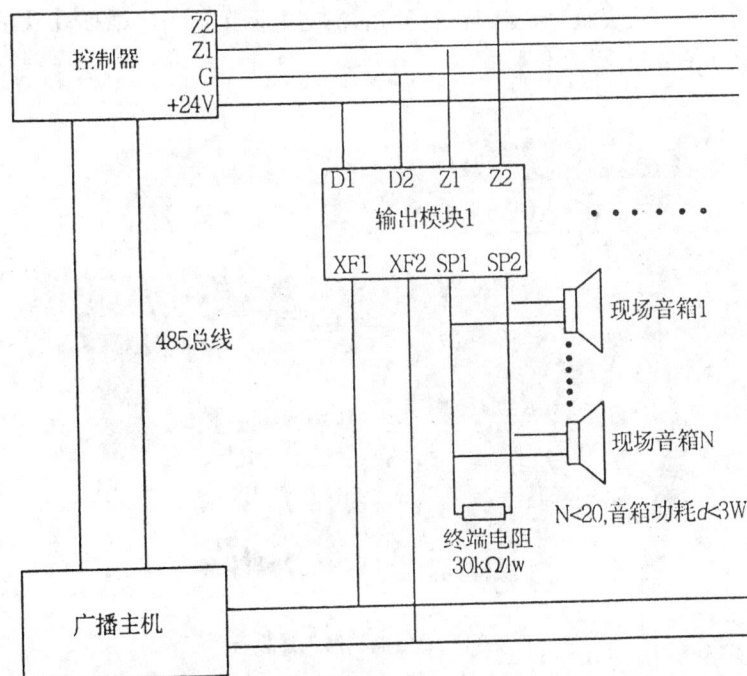

图 2-10　总线制火灾应急广播系统接线图

火灾应急广播通过两根广播主干线连接每个广播区域的广播切换模块，广播切换模块连接该区域的广播扬声器。当火灾确认后，火灾报警控制器按照预定逻辑启动指定区域的广播切换模块，广播切换模块将广播主线与本广播区域的扬声器接通，实现应急广播信息在本区域的广播。

六、消防电话系统

（一）作用

消防电话系统是一种消防专用的通讯系统，通过消防电话总机与消防电话分机或消防电话插孔之间的直接通话可迅速实现对火灾的人工确认，并可及时掌握火灾现场情况，便于指挥灭火及恢复工作。

消防电话系统主要功能如下：

1. 消防电话总机应能向消防电话分机和消防电话插孔供电。消防电话总机应能与消防电话分机进行全双工清晰通话。

2. 任意一部消防电话分机可呼叫消防电话总机，并能至少两部电话分机同时呼叫消防电话总机。

3. 消防电话总机应能呼叫任意一部电话分机，并能同时至少呼叫两部电话分机。

4. 消防电话总机应具有记录和显示呼叫、应答时间功能；并应能向前查询、显示消防电话总机和消防电话分机呼叫的记录、应答时间的记录。

5. 消防电话语音录音功能。

6. 故障报警功能：对消防电话系统故障检测功能。

7. 自检功能：能手动检查其面板所有指示灯（器）、显示器的功能。

（二）分类和基本构成

消防电话系统按照电话线布线方式分为总线制和多线制两类产品。

1. 总线制电话总机

总线制电话主机应用于总线制消防电话系统中，典型的总线制消防电话系统由设置在消防控制中心的总线制消防电话总机、火灾报警控制器和现场的消防电话接口、电话插孔及消防电话分机构成。典型总线制电话总机如图 2-11 所示。

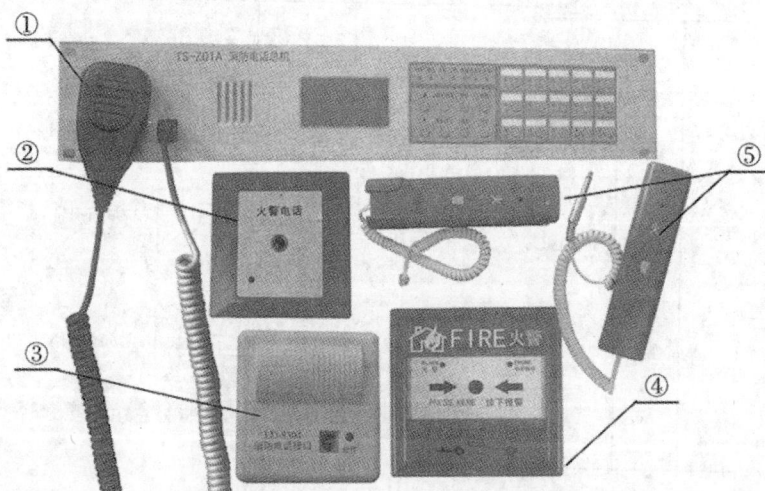

图 2-11　总线制消防电话设备
①电话总机；②电话插孔；③电话接口；
④带电话插孔手动火灾报警按钮；⑤电话分机

2. 多线制电话总机

多线制电话主机应用于多线制消防电话系统中，典型的多线制消防电话系统由设置在消防控制中心的多线制消防电话总机、火灾报警控制器和现场的电话插孔、固定式消防电话分机构成。典型多线制电话总机如图 2-12 所示。

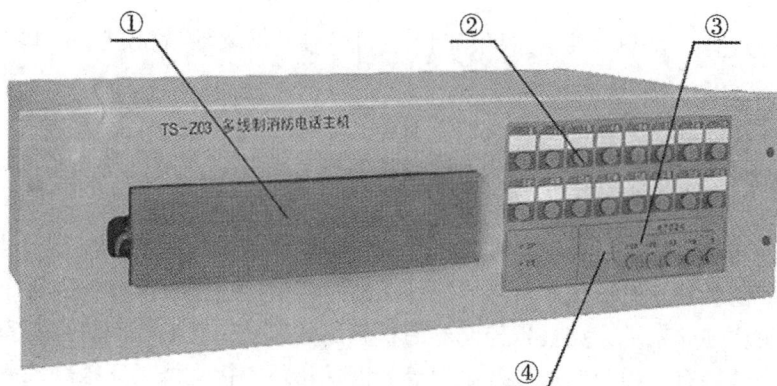

图 2-12　多线制消防电话总机
①手柄电话；②按键；③指示灯区；④时间显示

（三）工作原理

总线制消防电话系统可连接的电话插孔多，布线少，控制灵活，是主流产品。现以总线制消防电话系统介绍工作原理。系统接线图如图 2-13 所示。

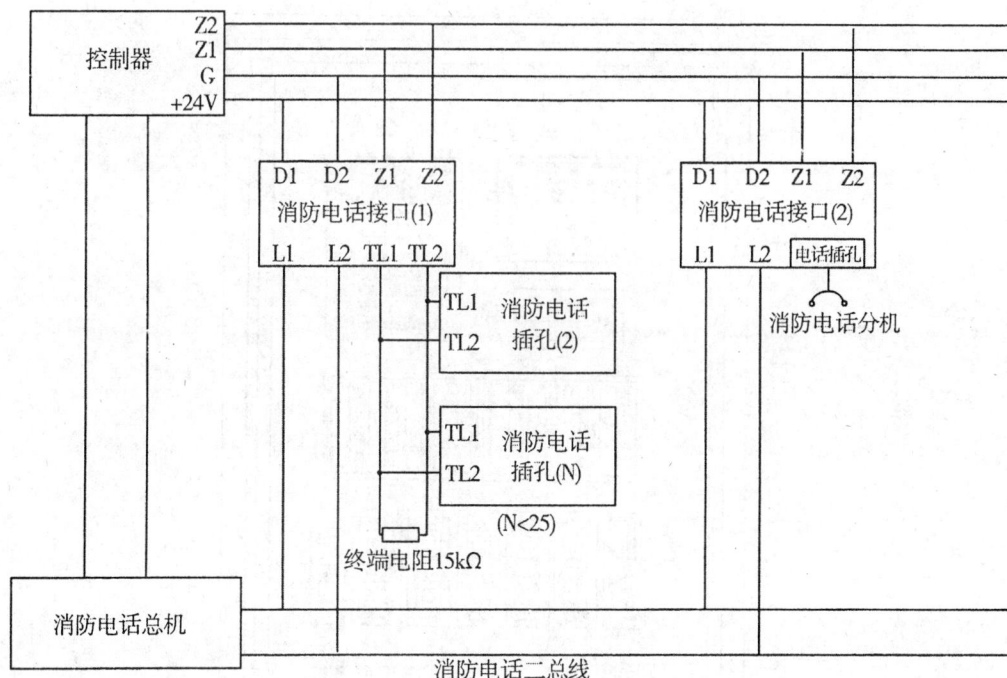

图 2-13　总线制消防电话系统接线图

消防电话总机通过两根电话主干线连接每个报警区域的消防电话接口，消防电话接口连接该区域的消防电话分机或电话插孔。当火灾确认时，确认人员将电话分机插入电话插孔，火灾报警控制器探测到电话插孔接入电话分机时启动指定区域的消防电话接口，消防电话接口将电话分机接通电话主线，电话总机振铃响，控制室人员拿起电话总机与现场火灾确认人员直接通话实现火灾确认。

七、消防外线电话

消防外线电话是消防控制室专用的报警电话机，在火灾确认后拨打"119"向消防机构报告火警。

第三节 火灾报警控制器状态识别及操作

火灾报警控制器的状态识别和正确操作是消防控制室值班人员的基本技能。虽然火灾报警控制器种类繁多，操作界面各异，但操作方法和界面显示的内容信息还是有规律的，每个厂家的火灾报警控制器的使用说明书详细介绍了火灾报警控制器的状态识别和操作方法，消防控制室值班人员在值班上岗前除持有初级消防特有工种职业技能及以上等级证外，还应接受该火灾报警控制器的操作培训，并掌握火灾报警控制器的使用说明书中相关内容。

下面以总线制火灾报警控制器（联动型）为例介绍火灾报警控制器状态识别及操作。

一、主要组成结构说明

火灾报警控制器（联动型）的典型配置包括：控制器主机、总线制手动消防启动盘、多线制控制盘、电源。其中控制器主机包括：母板、主板、回路板、按键显示板、液晶屏、打印机、485 通讯板、232 通讯板等功能扩展板。电源包括：电源滤波器、变压器、直流稳压电源、蓄电池等部件。组成结构说明见图 2-14、图 2-15。

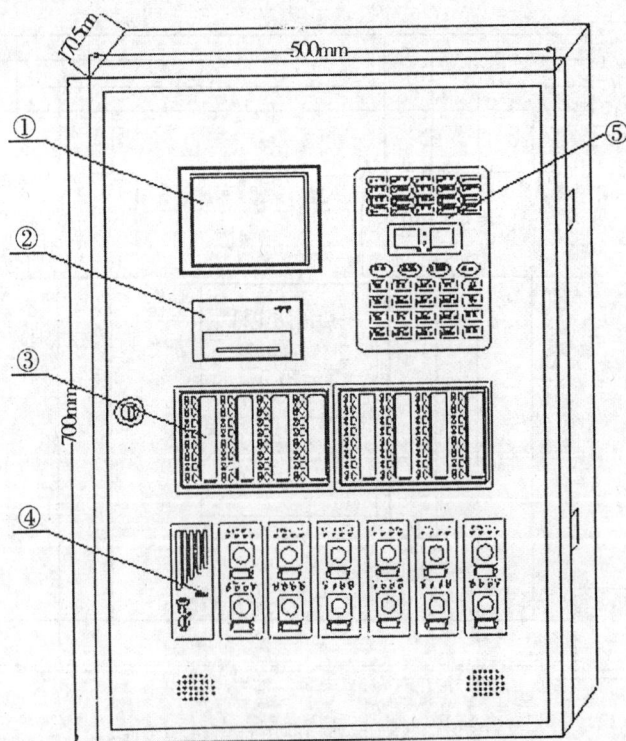

图 2-14　火灾报警控制器（联动型）外形示意图
①液晶屏；②打印机；③总线制手动消防启动盘；④多线制控制盘；⑤显示操作区

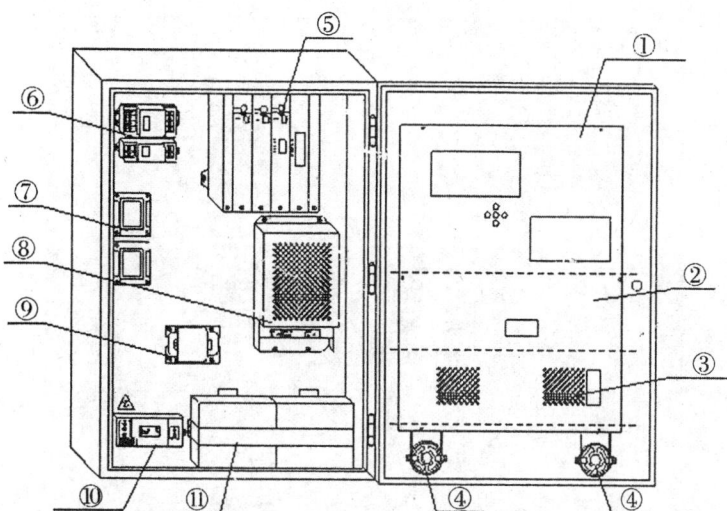

图 2-15 火灾报警控制器（联动型）内部结构意图
①显示及操作部分；②总线制手动消防启动盘；③多线制控制盘；④扬声器；
⑤控制箱；⑥总线滤波器；⑦滤波板；⑧电源；⑨变压器；⑩电源滤波器；⑪蓄电池

二、控制器主机面板按键及指示说明（见图 2-16、图 2-17）。

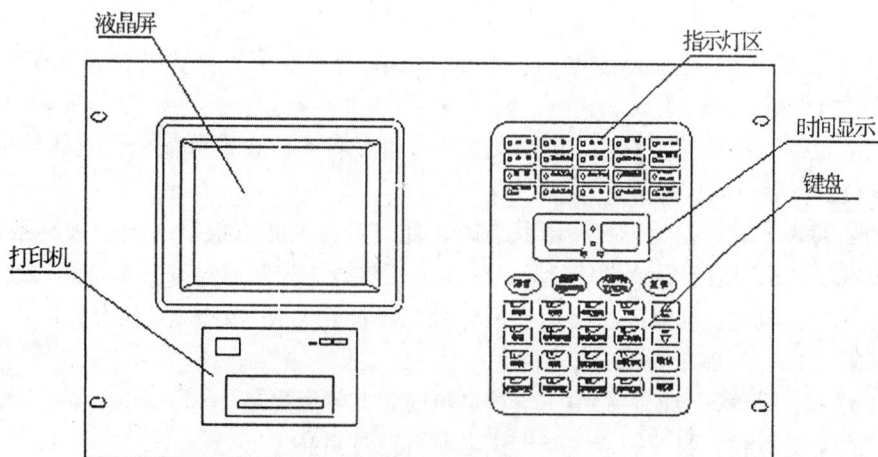

图 2-16 火灾报警控制器（联动型）主控面板图

主控面板：显示器、指示灯区、时间显示窗、按键键盘及打印机五部分。

显示器采用数码 LED 或液晶显示器，现火灾报警控制器以汉字液晶显示为主流。

以总线制汉字液晶显示型火灾报警控制器（联动型）主控面板为例：

主控面板按键指示部分为：汉字液晶显示器：主要显示控制器状态信息和操作提示信息，具体见控制器状态信息识别和操作介绍部分。

主要指示灯说明：（见图 2-17）

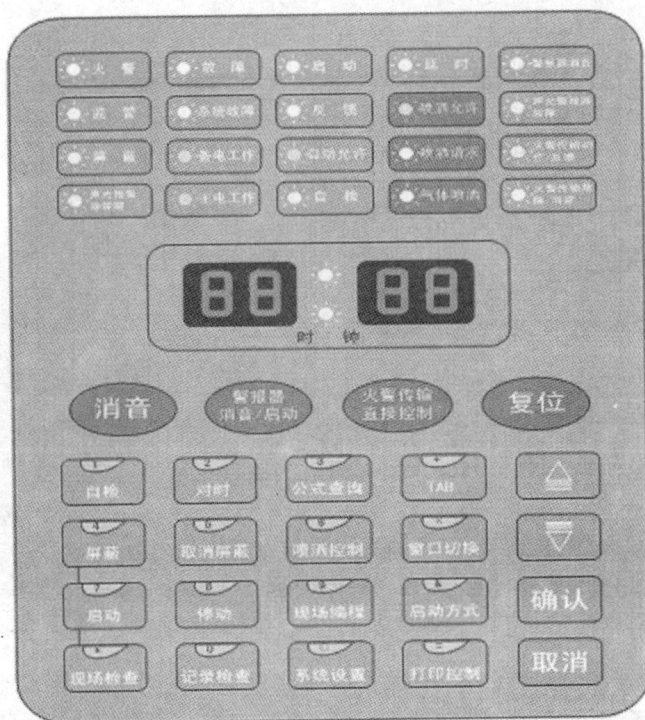

图 2-17　指示灯与按钮示意图

1. 火警灯：红色，此灯亮表示控制器检测到外接探测器处于火警状态，具体信息见液晶显示。控制器进行复位操作后，此灯熄灭。

2. 监管灯：红色，此灯亮表示控制器检测到了外部设备的监管报警信号，具体信息见液晶显示。控制器进行复位操作后，此灯熄灭。

3. 屏蔽灯：黄色，有设备处于被屏蔽状态时，此灯点亮，此时报警系统中被屏蔽设备的功能丧失，需要尽快恢复，并加强被屏蔽设备所处区域的人工检查。控制器没有屏蔽信息时此灯自动熄灭。

4. 系统故障灯：黄色，此灯亮，指示控制器处于不能正常使用的故障状态，以提示用户立即对控制器进行修复。

5. 主电工作灯：绿色，当控制器由主电源供电时，此灯点亮。

6. 备电工作灯：绿色，当控制器由备电供电时，此灯点亮。

7. 故障灯：黄色，此灯亮表示控制器检测到外部设备（探测器、模块或火灾显示盘）有故障，或控制器本身出现故障，具体信息见液晶显示。除总线短路故障需要手动清除外，其他故障排除后可自动恢复，所有故障排除或控制器进行复位操作后，此灯熄灭。

8. 启动灯：红色，当控制器发出启动命令时，此灯点亮，若启动后控制器没有收到反馈信号，则该灯闪亮，直到收到反馈信号。控制器进行复位操作后，此灯熄灭。

9. 反馈灯：红色，此灯亮表示控制器检测到外接被控设备的反馈信号。反馈信号消失或控制器进行复位操作后，此灯熄灭。

10. 自动允许灯：绿色，此灯亮表示当满足联动条件后，系统自动对联动设备进行联动操作。否则不能进行自动联动。

11. 自检灯：黄色，当系统中存在处于自检状态的设备时，此灯点亮；所有设备退出自检状态后此灯熄灭；设备的自检状态不受复位操作的影响。

12. 警报器消音指示灯：黄色，指示报警系统内的声光警报器是否处于消音状态。当警报器处于输出状态时，按"警报器消音/启动"键，警报器输出将停止，同时警报器消音指示灯点亮。如再次按下"警报器消音/启动"键或有新的警报发生时，警报器将再次输出，同时警报器消音指示灯熄灭。

13. 声光警报器故障指示灯：黄色，声光警报器故障时，此灯点亮。

14. 声光警报器屏蔽指示灯：黄色，系统中存在被屏蔽的声光警报器时，此灯点亮。

常用按键说明：

15. 消音键：按下"消音"键可消除火灾报警控制器发出的火警或故障警报声。

16. 复位键：按下"复位"键可使火灾自动报警系统或系统内各组成部分恢复到正常监视状态。

17. 自检键：按下"自检"键可对火灾报警控制器的音响器件、面板上所有指示灯、显示器进行检查。

其他按键具体参见控制器状态信息识别和基本操作介绍部分。

三、状态信息识别

火灾报警控制器的工作状态主要有正常监视状态、火灾报警状态、消音状态、各类故障报警状态、屏蔽状态等，火灾报警控制器通过音响声调、字符－数字显示器或液晶显示器显示的文字信息、点亮指示灯作为当前状态信息特征。以下分别介绍上述状态的信息特征，从而识别控制器所处的工作状态。

（一）正常监视状态

1. 正常监视状态：接通电源后，火灾报警控制器及监控的探测器等现场设备均处于正常工作状态，无火灾报警、故障报警、屏蔽、监管报警、消音等信息发生。火灾报警控制器大多时间处于这种状态。

2. 信息特征：

（1）液晶显示器：显示"系统运行正常"等类似提示信息。

（2）指示灯："主电工作"保持点亮。当允许时，"自动允许"、"喷洒允许"点亮。

（3）声响音调：无声响。

液晶显示器举例见图 2-18。

系统运行正常

图 2-18　火灾报警控制器正常运行状态界面图

（二）火灾报警状态

1. 火灾报警状态：火灾报警控制器接收到监视的火灾触发器件发送的火灾报警信号并发出声、光报警信号时的状态。在所有信息当中，火灾报警信息具有最高显示级别，当系统中存在多种信息时，控制器按照火警、监管、故障、屏蔽的优先顺序进行显示。优先级火灾报警信息为最高显示级别，优先显示，不受其他信息显示影响。

2. 信息特征：

（1）指示灯：点亮"火警"总指示灯，不能自动清除，只能通过手动复位操作进行清除。

（2）声响音调：火灾报警控制器发出与其他信息不同的火警声（例如：消防车声）。

（3）显示器：应指示火灾发生部位、设备类型、报警时间。当多于一个火警时，还应指示火警总数、持续显示首警信息、后续火灾报警部位应按报警时间顺序连续显示。当显示区域不足以显示火灾报警部位时，应按顺序循环显示。同时设有手动查询按钮（键），每手动查询一次，能查询一个火灾报警部位及相关信息，以避免查询时有信息遗漏的现象出现。报警控制器根据显示器类型的不同，显示方式各异。

液晶显示器举例：在顶部显示首警：设备编码、设备类型、该设备部位注释信息

140070　点型感烟　十四 070

［火警］总数　005

后续火警：报警序号、时间、设备编码、设备类型及该设备的注释信息

00111：10140070 点型感烟十四 070

00211：10140071 点型感烟十四 071

00311：10140072 点型感烟十四 072

00411：10140073 点型感烟十四 073

00511：10140074 点型感烟十四 074

具体见图 2-19 火灾报警显示界面。

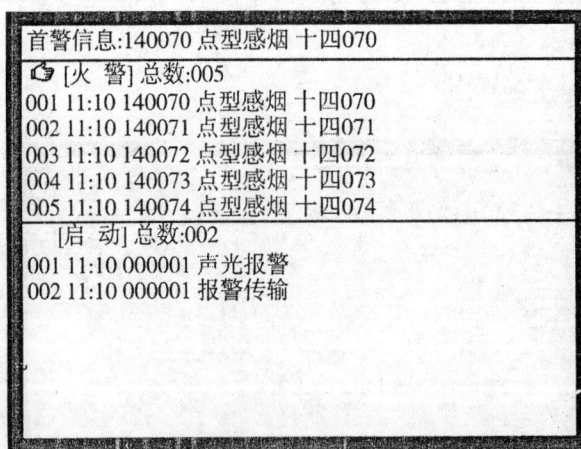

图 2-19　火警信息全显界面示意图

在所有信息当中，火灾报警信息具有最高显示级别，当系统中存在多种信息时，控制器按照火警、监管、故障、屏蔽的优先顺序按类分栏进行显示。当火警信息较多且显示器不能全部显示信息时，可进行手动查询。

图 2-19 示例的控制器液晶屏显示分为上下两部分，下半屏用于显示 4 种联动信息（动作、反馈、启动及延时），火警信息显示在上半屏，当上半屏仅存在火警信息时，一屏最多可显示 5 条火警信

息，当上半屏存在火警以外的信息时，一屏最多仅可显示2条火警信息，如果火警信息多于2条，系统将自动循环显示，也可通过手动操作进行查询（见图2-20）。

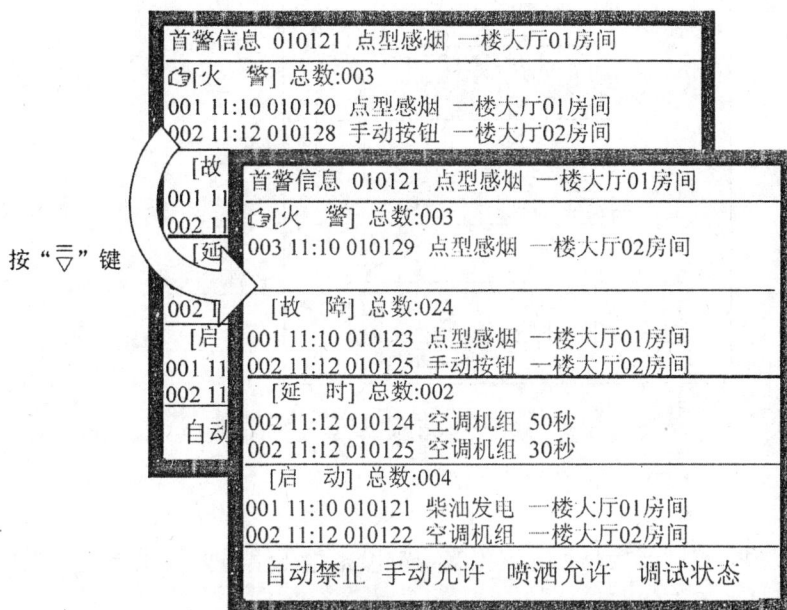

图 2-20 火警信息分屏显示界面示意图

在分屏显示状态下，可以按信息查看的一般方法，对信息进行翻页和选中等操作（见图2-21）。

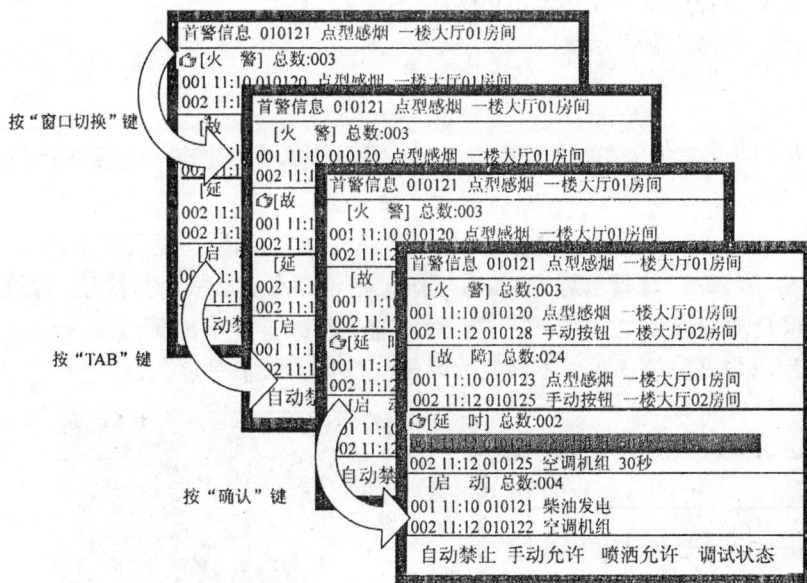

图 2-21 多种信息分屏显示界面示意图

数字显示器举例：火警指示灯点亮，显示当前火警信息的总数，在首警显示器持续显示最先发生火灾报警的部位，循环显示窗的火灾报警部位应按报警时间顺序循环显示。设备类型和火警部位信息采用编码方式显示，图2-22例共有3条火警信息。

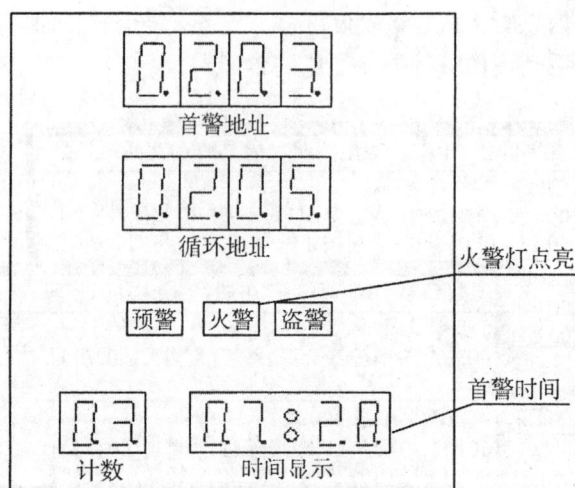

图 2-22　数码显示报警信息示意图

（三）消音状态

1. 消音状态：火灾报警控制器接收到火灾报警或故障报警等信号并发出声、光报警信号时，按下"消音"键控制器所处的工作状态。

2. 信息特征：

（1）显示器：消音状态前内容。

（2）指示灯：消音状态前指示。

（3）声响音调：火灾报警控制器停止发出声响。

举例：参见"消音"操作信息显示。

（四）主电故障状态

1. 主电故障报警状态：火灾报警控制器主电电源部分发生故障并发出声、光报警所处的工作状态。

2. 信息特征：

（1）显示器：显示故障总数和故障报警序号、报警时间、地址编码、设备类型。

（2）指示灯：点亮"故障"总指示灯，"备电工作"指示灯点亮。故障排除后，"故障"、"备电工作"的光指示信号可自动清除，"主电工作"指示灯点亮。

（3）声响音调：发出与火警信息明显不同的故障声（例如：救护车声）。

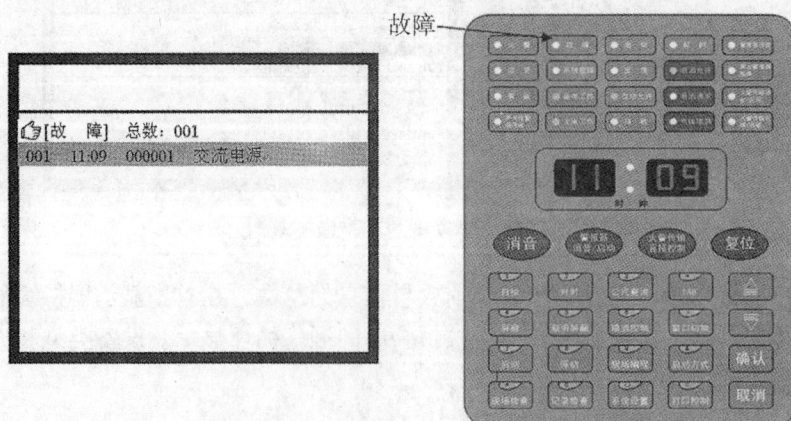

图 2-23　主电故障示意图

（五）备电故障状态

1. 备电故障报警状态：火灾报警控制器备用电源部分发生故障并发出声、光报警所处的工作状态。

2. 信息特征：

（1）显示器：显示故障总数和故障报警序号、报警时间、地址编码、设备类型。

（2）指示灯：点亮"故障"总指示灯，故障排除后，故障信息的光指示信号可自动清除。

（3）声响音调：发出与火警信息明显不同的故障声（例如：救护车声）。

液晶显示器举例见图2-24。

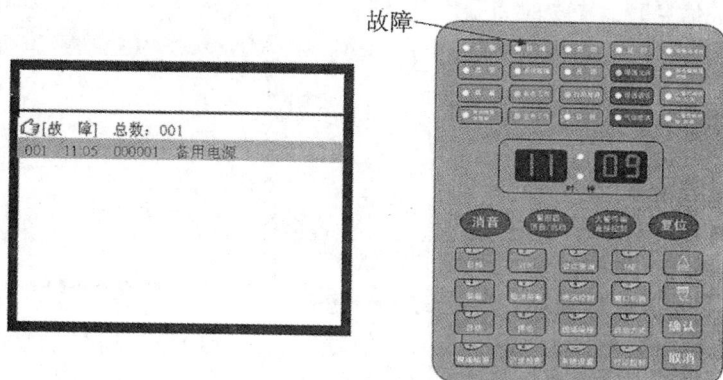

图2-24 备电故障示意图

（六）现场设备故障状态

1. 现场设备故障报警状态：火灾报警控制器监控的现场设备发生故障并发出声、光报警所处的工作状态。

2. 信息特征：

（1）指示灯：点亮"故障"总指示灯，故障排除后，故障信息的光指示信号可自动清除。

（2）声响音调：发出与火警信息明显不同的故障声（例如：救护车声）。

（3）显示器：显示故障总数和故障报警序号、报警时间、地址编码、设备类型。当多于一个故障时，应按报警时间顺序显示所有故障信息。当显示区域不足以显示所有故障部位时，应能手动查询。

液晶显示器举例见图2-25。

图2-25 故障信息显示界面示意图

（七）屏蔽状态

1. 屏蔽状态：按下"屏蔽"按键使火灾报警控制器屏蔽某些设备状态信息所处的工作状态。屏蔽功能为火灾报警控制器的可选功能。屏蔽状态应不受"复位"操作影响。

2. 信息特征：

（1）指示灯：点亮"屏蔽"总指示灯。

（2）声响音调：无音响。

（3）显示器：屏蔽总数、时间、地址编码、设备类型。当多于一个屏蔽信息时，应按时间顺序显示所有屏蔽部位。当显示区域不足以显示所有屏蔽部位时，应显示最新屏蔽信息，其他屏蔽信息应能手动查询。

液晶显示器举例见图2-26。

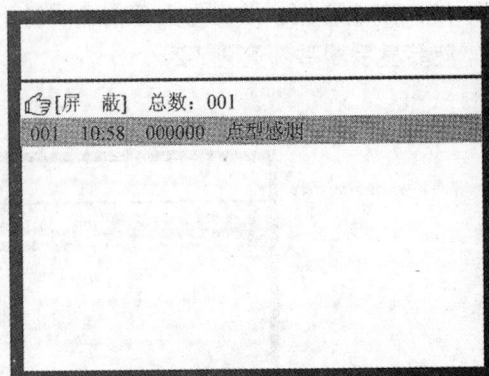

图2-26　屏蔽信息显示界面示意图

（八）监管报警状态

1. 监管报警状态：火灾报警控制器接收到监视的设备信号并发出声、光报警时的状态，监视的信号包括：水流指示信号、压力开关信号、低水位信号、信号蝶阀信号等。在所有信息当中，监管报警显示级别仅次于火警，当系统中存在多种信息时，控制器按照火警、监管、故障、屏蔽的先后顺序进行显示。

2. 信息特征：

（1）指示灯：点亮"监管"指示灯，不能自动清除，只能通过手动复位操作进行清除。

（2）声响音调：发出与火警不同的监管报警声。

（3）显示器：显示监管信息总数和监管报警序号、报警时间、地址编码、设备类型。当多于一个监管信息时，应按报警时间顺序显示所有信息。当显示区域不足以显示所有信息时，应能手动查询。

液晶显示器举例见图2-27。

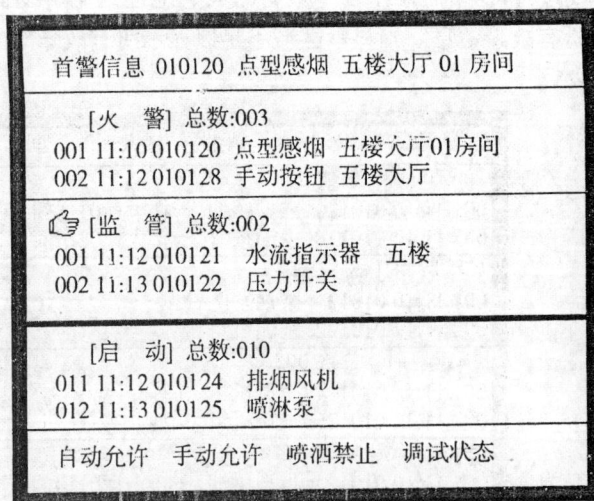

图2-27　监管信息显示界面示意图

（九）气体喷洒状态

1. 气体喷洒状态：通过手动启动或满足气体联动公式中的逻辑关系时，且控制器处于"喷洒允许"的状态下，控制器发出气体启动命令，并接收反馈动作信号。

2. 信息特征：

（1）指示灯：当收到保护现场气体灭火设备请求启动信号时，点亮"喷洒请求"指示灯，确认可以喷洒时，点亮"喷洒允许"指示灯，当现场气体灭火设备喷洒启动时，点亮"气体喷洒"指示灯。

（2）声响音调：发出与火警不同的报警声响。

（3）显示器：液晶屏显示气体启动设备喷洒序号、喷洒时间、地址编码、设备类型。当接收动作信号反馈后，反馈灯亮，液晶屏显示气体动作设备名称和部位，并发出反馈声信号。光和信息的显示只能通过手动复位操作进行清除。

气体喷洒状态显示举例见图2-28。

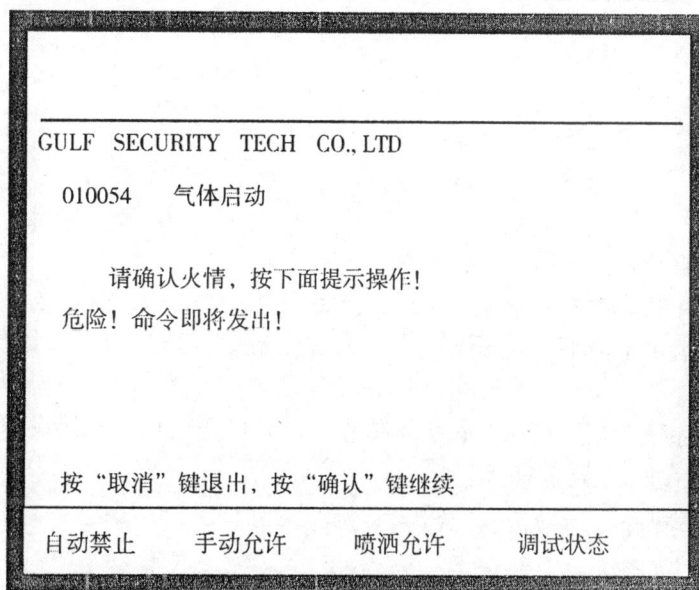

```
GULF  SECURITY  TECH  CO., LTD

010054     气体启动


      请确认火情，按下面提示操作！
危险！命令即将发出！




按"取消"键退出，按"确认"键继续

自动禁止     手动允许     喷洒允许     调试状态
```

图 2-28　气体喷洒显示界面示意图

（十）自动联动状态

1. 联动控制状态：当联动公式中的逻辑关系满足时，且控制器处于"自动允许"的状态下，控制器发出自动联动启动命令，并接收设备动作反馈信号。

2. 信息特征：

（1）指示灯：点亮"启动"指示灯和"自动允许"指示灯。如有动作信号反馈，点亮"反馈"指示灯。

（2）声响音调：发出启动声响、动作声响。

（3）显示器：启动灯亮，液晶屏显示启动设备名称、部位及编码等信息，记录启动时间和启动设备总数。当接收动作信号反馈后，反馈灯亮，液晶屏显示动作设备名称、部位及编码等信息，记录反馈时间和设备总数。

联动状态显示举例见图2-29。

```
┌─────────────────────────────────────────────┐
│  首警信息  010120  点型感烟  五楼大厅  01 房间    │
├─────────────────────────────────────────────┤
│    [火　警] 总数:003                             │
│  001 11:10 010120  点型感烟  五楼大厅 01房间      │
│  002 11:12 010128  手动按钮  五楼大厅            │
├─────────────────────────────────────────────┤
│  ☜ [启　动] 总数:012                            │
│  001 11:10 010121  消防广播   五楼大厅           │
│  002 11:12 010122  排烟口     五楼大厅           │
│  003 11:12 010124  排烟风机                      │
│    [反　馈] 总数:010                             │
│  001 11:11 010121  消防广播   五楼大厅           │
│  002 11:13 010122  排烟口     五楼大厅           │
├─────────────────────────────────────────────┤
│  自动允许   手动允许   喷洒禁止   调试状态         │
└─────────────────────────────────────────────┘
```

图 2-29　联动信息显示界面示意图

四、基本操作

（一）开机

1. 操作目的：调试或维修完成后，开机使用。

2. 操作方法：打开主机主电电源开关，然后打开备用电开关，如有联动电源和火灾显示盘再打开联动电源和火灾显示盘供电电源主电开关、备电开关，最后打开控制器工作开关。（见图2-30、图2-31）。

3. 操作信息显示：系统上电进行初始化提示信息，声光检查信息，外接设备注册信息，注册结果信息显示。开机完成后进入正常监视状态。

以总线制火灾报警控制器（联动型）为例，显示信息界面（见图2-32）。

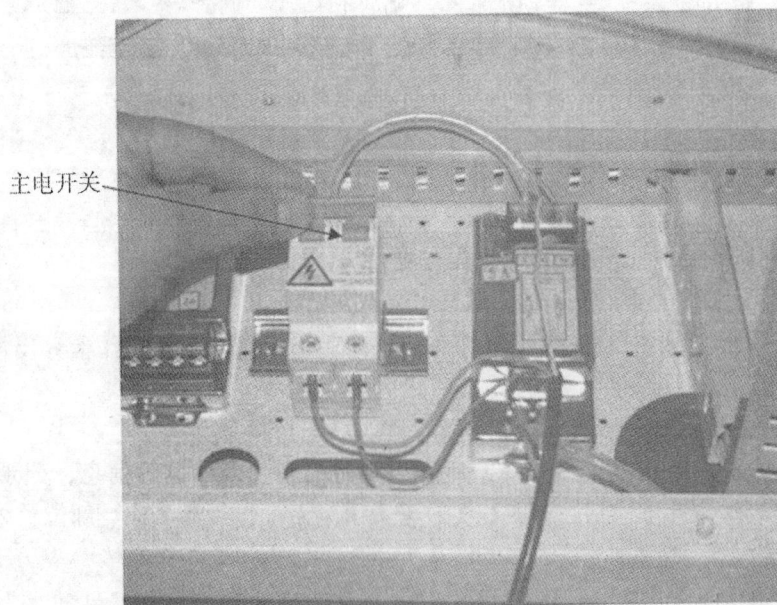

图 2-30　火灾报警控制主电开关图

图 2-31 火灾报警控制工作、备电开关图

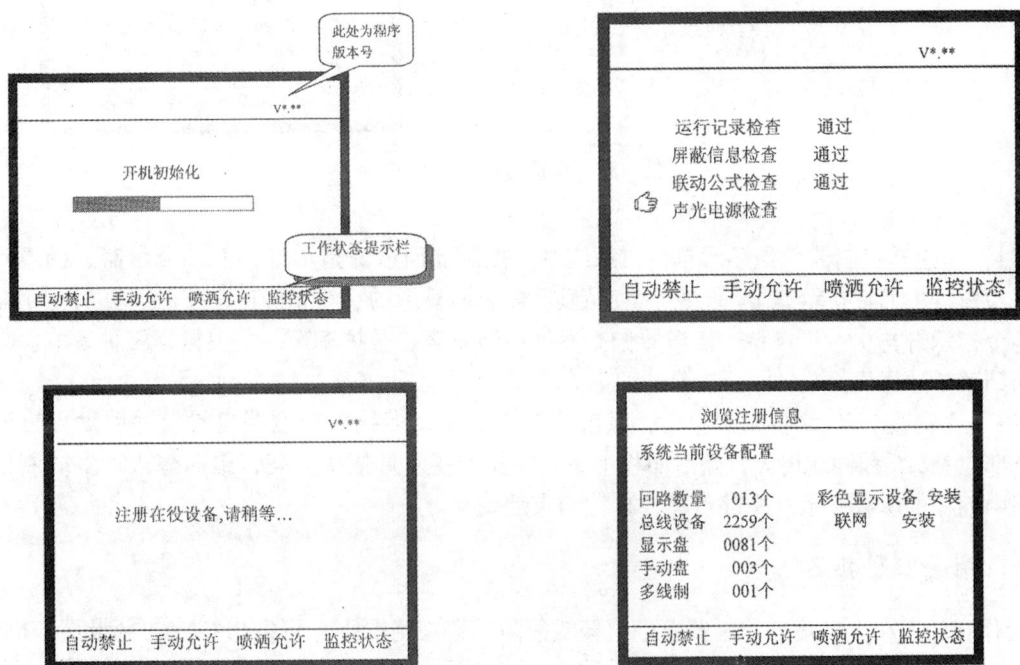

图 2-32 火灾报警控制开机界面示意图

（二）关机

1. 操作方法：关机过程按照与开机时相反的顺序关掉各开关即可。

2. 注意事项：要注意备电开关一定要关掉，否则，由于控制器内部依然有用电电路，将导致备电放空，有损坏电池的可能。由于控制器使用的免维护铅酸电池有微小的自放电电流，需要定期充电维护，如控制器长时间不使用，需要每个月开机充电 48h。如果控制器主电断电后使用备电工作到备电保护，此时电池容量为空，需要尽快恢复主电供电并给电池充电 48h，如果备电放空后超过 1 周不进行充电，可能损坏电池。

（三）自检

1. 操作目的：火灾报警控制器操作面板上具有"自检"键，在"系统运行正常状态"下按下此键能检查本机火灾报警功能，可对火灾报警控制器的音响器件、面板上所有指示灯（器）、显示器进行检查。在执行自检功能期间，受控制器控制的外接设备和输出接点均不动作。当控制器的自检时间超过1min或不能自动停止时，自检功能不影响非自检部位、探测区和控制器本身的火灾报警功能。

2. 操作方法：按下"自检"键。如自检多个功能，还要进一步选择菜单。

3. 操作信息显示：当系统中存在处于自检状态的设备时，此灯点亮；所有设备退出自检状态后此灯熄灭；设备的自检状态不受复位操作的影响。

举例：按下"自检"键出现自检菜单选择界面（见图2-33）。

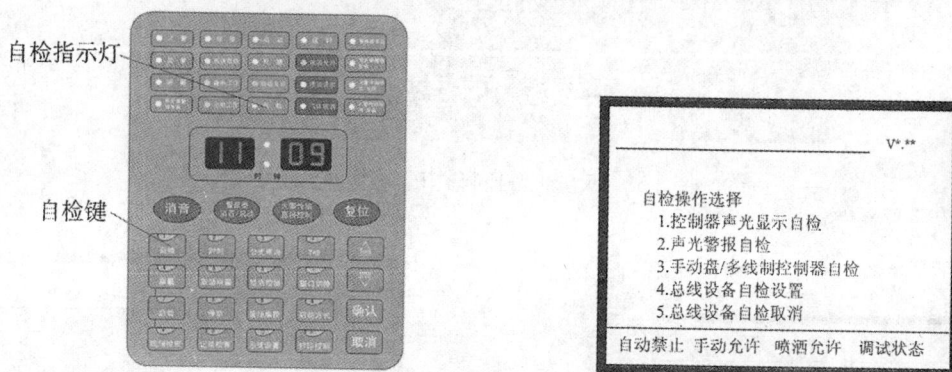

图2-33　自检菜单选择界面

选"1"可进行控制器声光显示自检，系统将对控制器面板的指示灯、液晶显示器、扬声器进行自检，自检过程中面板指示灯全部点亮，液晶显示器上面显示的字符整屏向左平移，随后指示灯全部熄灭，各个指示灯再次一一点亮。扬声器依次发出消防车声、救护车声、机关枪声三种音响。自检结束后返回到菜单选择界面。

选"3"手动盘/多线制控制器自检，系统将对手动盘、多线制控制器自检，手动盘自检过程中指示灯全部点亮，5秒钟后熄灭，随后面板上每一横排的指示灯依次点亮，最后熄灭；多线制控制器自检过程中面板的所有指示灯全部点亮，自检结束后熄灭。

（四）消音 \ 警报器消音

1. 操作目的：在火灾报警控制器发生火警或故障等警报情况下，可发出相应的警报声加以提示，当值班人员进行火警确认时，警报声可被手动消除（按下"消音"\ "警报器消音"键），即消音操作，当再有报警信号输入时，能再次启动警报声音。"消音"消除控制器本机声音，"警报器消音"键消除控制器所直接连接的警报器声音。

2. 操作方法：按下"消音"键 \ "警报器消音"键（见图2-34）。

3. 操作信息显示：按下"警报器消音"键时"警报器消音"灯点亮。

（五）复位

1. 操作目的：复位即是为使火灾自动报警系统或系统内各组成部分恢复到正常监视状态进行的操作。火灾报警控制器设有手动复位按键，当火警或故障等处理完毕后，直接按下复位键，复位后控制器将保持仍然存在的状态及相关信息或在一段时间内重新建立这些信息。

2. 操作方法：按下"复位"按键。

3. 操作信息显示：清除当前的所有火警、故障和反馈等显示；复位所有总线制被控设备和手动消防启动盘、多线制消防联动控制盘上的状态指示灯；清除正处于请求和延时请求启动的命令；清除消音状态。火灾报警控制器的屏蔽状态不受复位操作的影响。

举例：

按下"复位"按键，首先出现密码提示窗口，复位成功后出现系统运行正常窗口。控制器复位后显示界面见图2-35。

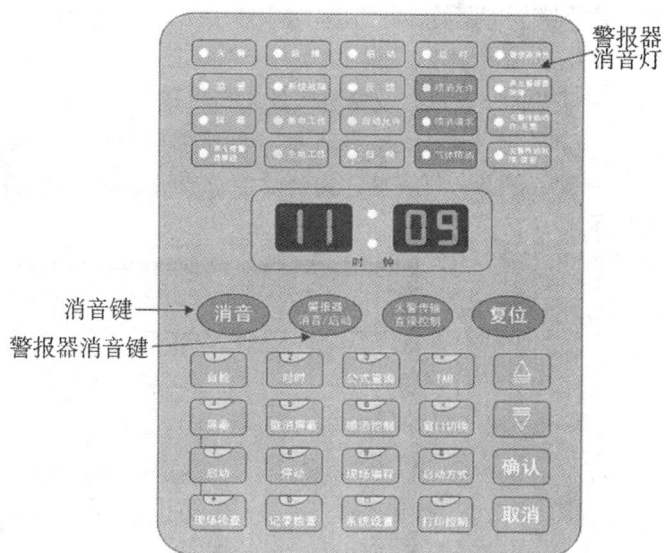

图2-34 消音指示及操作按键示意图

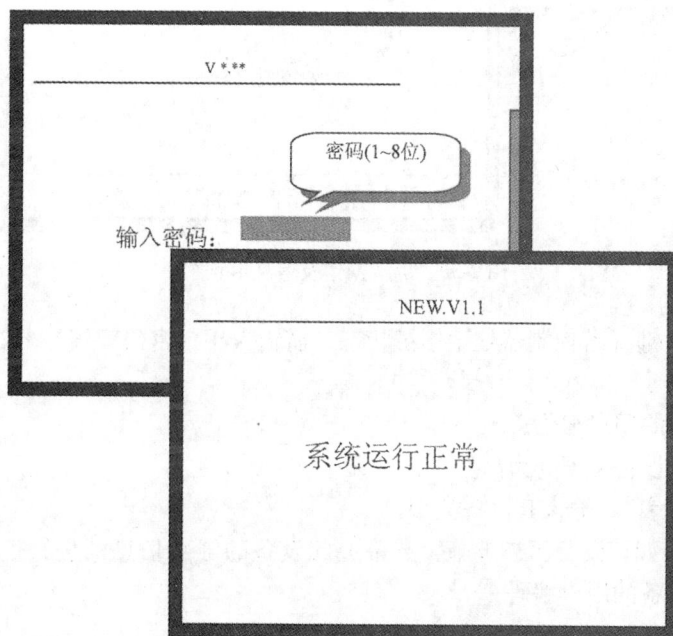

图2-35 控制器正常运行示意图

（六）屏蔽\取消屏蔽

1. 操作目的：当外部设备（探测器、模块或火灾显示盘）发生故障时，可将它屏蔽掉，待修理或更换后，再利用取消屏蔽功能将设备恢复到正常状态。

2. 操作方法：按下"屏蔽"键，执行屏蔽；按下"取消屏蔽"键，执行取消屏蔽。

3. 操作信息显示：有设备处于被屏蔽状态时，屏蔽指示灯点亮，此时报警系统中被屏蔽设备的功能丧失，需要尽快恢复，并加强被屏蔽设备所处区域的人工检查。控制器没有屏蔽信息时，屏蔽指示灯自动熄灭。

举例：

按下"屏蔽"键（若控制器处于锁键状态，需输入用户密码解锁），屏蔽操作界面显示如图2-36所示。假设需要屏蔽的设备为用户编码为 010125 的点型感烟探测器，其屏蔽操作应按照如下步骤进行：

 ＊输入欲屏蔽设备的用户编码 "010125"；

 ＊按 "TAB" 键，设备类型处为高亮条；

 ＊参照 "附录二设备类型表"，输入其设备类型 "03"；

 ＊按 "确认" 键存储，如该设备未曾被屏蔽，屏幕的屏蔽信息中将增加该设备，否则在显示屏上提示输入错误。

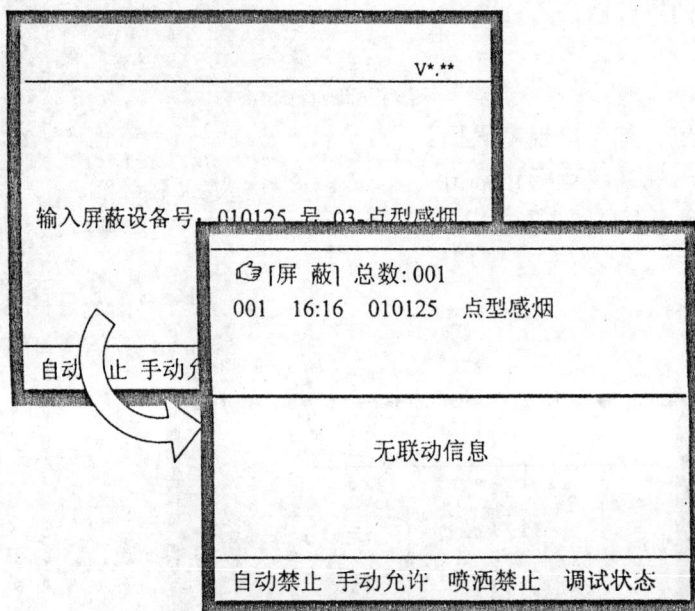

图 2-36　屏蔽操作及信息示意图

 按下 "取消屏蔽" 键（若控制器处于锁键状态，需输入用户密码解锁），取消屏蔽操作界面显示见图 2-37 所示。

 ＊输入欲释放设备的用户编码；

 ＊按 "TAB" 键，设备类型处为高亮条；

 ＊参照 "设备类型表"，输入其设备类型；

 ＊按 "确认" 键，如该设备已被屏蔽，屏幕上此设备的屏蔽信息消失，否则显示屏上提示：输入错误，输入欲释放设备的用户编码。

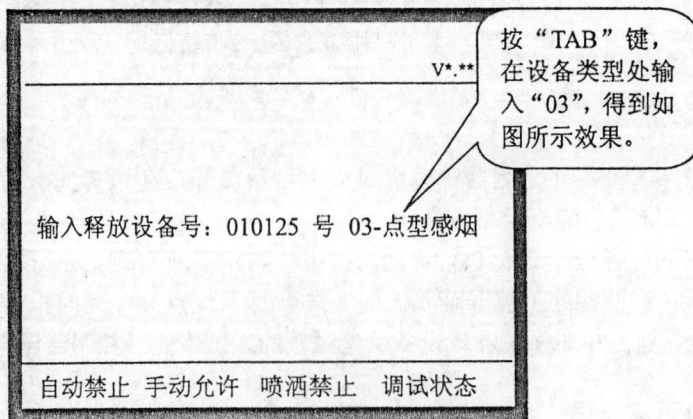

图 2-37　释放操作示意图

（七）信息记录查询

1. 操作目的：火灾报警控制器操作面板上具有"记录检查"键，按下此键可以查看系统存储的各类信息，以了解每条信息包括记录信息发生的时间、六位编码、类型及内容提要。

2. 操作方法：按下"记录检查"键。

3. 操作信息显示：液晶屏显示系统运行记录信息，并可进行查询操作，运行记录上下翻页的界面显示见图2-38，当然也可以进行选中操作，这与一般信息的查看方法完全相同。

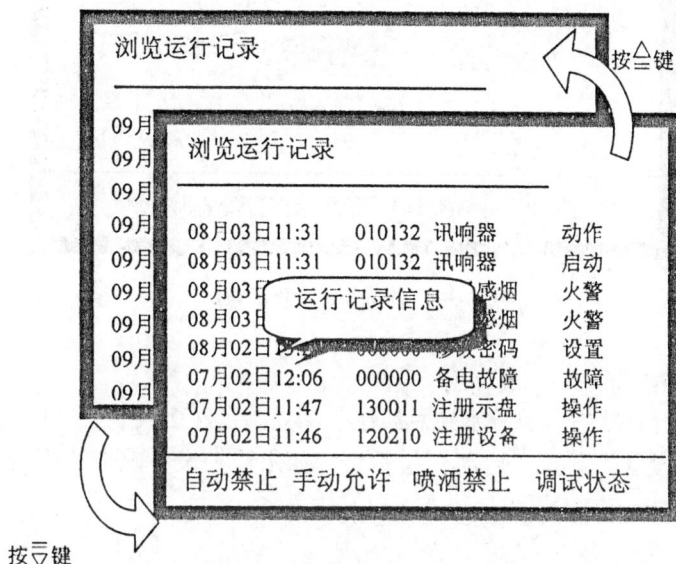

图2-38　信息记录查询界面示意图

（八）启动方式的设置

1. 操作目的：对现场设备的手动、自动启动方式进行允许、禁止设置，避免由于人为误操作或现场设备误报警引发的误动作。

2. 操作方法：按下"启动控制"键，可按TAB、"△＝"、"＝▽"键选择相应方式，按"确认"键存储，系统即工作在所选的状态下。启动方式菜单界面显示见图2-39所示。

3. 操作信息显示：

（1）手动方式是指通过主控键盘或手动消防启动盘对联动设备进行启动和停动的操作，手动允许时，屏幕下方的状态栏显示手动允许状态，只有控制器处于"手动允许"的状态下，才能发出手动启动命令。

（2）自动方式是指满足联动条件后，系统自动进行的联动操作，其包括不允许、部分允许、全部允许三种方式。部分自动允许和全部自动允许时，面板上的"自动允许"灯亮。部分自动允许只允许联动公式中含有"＝＝"的联动公式参加联动。控制器只有处于"自动允许"的状态下，才能发出自动联动启动命令。

（3）提示方式是指在满足联动条件后，而自动方式不允许时，手动盘的指示灯将闪烁提示。其选择方式包括"提示所有联动公式"、"只提示含'＝＝'的公式"以及"没有提示"三种方式。

（九）一般受控设备启/停操作

1. 操作目的：使用总线制手动控制盘、多线制手动控制盘及联动方式，对一般受控设备进行启动、停动控制。

2. 操作方法：

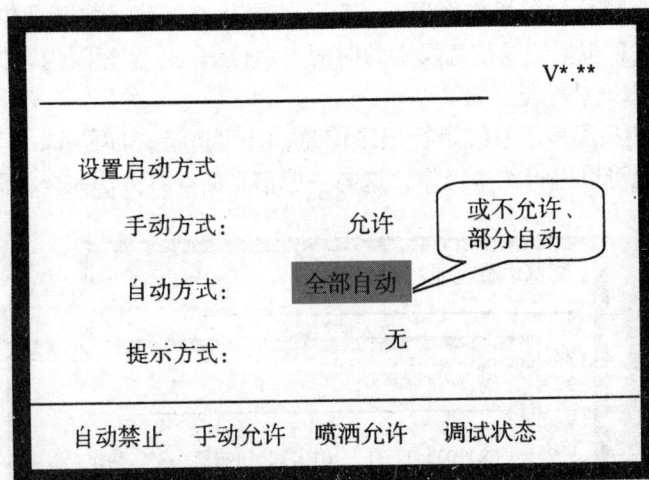

图 2-39　启动方式设置示意图

（1）手动启动方式：

当控制器处于手动允许状态，可分别在总线制手动控制盘和多线制手动控制盘，按下对应受控设备按键，启动现场控制设备，点亮"启动"指示灯；如果受控设备响应，则控制器接收设备动作反馈信号，点亮"反馈"指示灯。

（2）联动控制方式：

当控制器处于自动允许状态，在满足联动条件的情况下，可以通过预先编写的联动公式启动现场控制设备。

3. 操作信息显示：手动消防启动盘按下某一单元按键后，则该单元的命令灯点亮，并有控制命令发出，同时液晶屏显示相应受控设备的名称、部位及编码等信息，若在启动命令发出 10s 后没有收到反馈信号，则命令灯闪亮，直到收到反馈信号，点亮反馈指示灯，液晶屏显示动作设备名称、部位及编码等信息。启动信息显示界面见图 2-40。

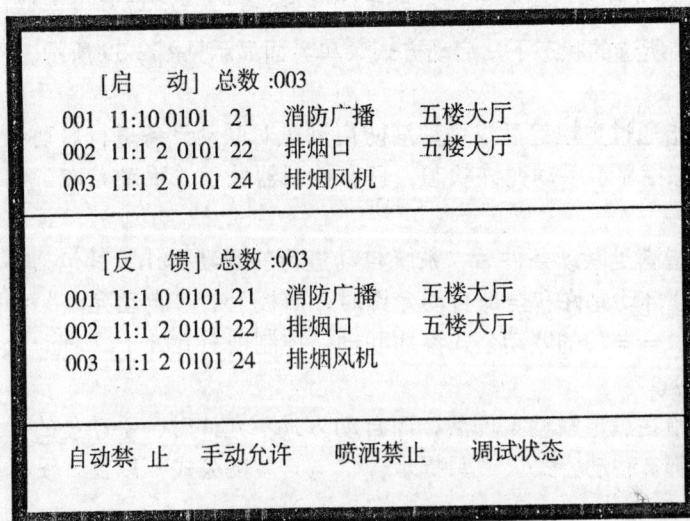

图 2-40　启动信息显示界面示意

（十）多信息查询

1. 操作目的：通过火灾报警控制器面板指示灯显示确定火灾报警控制器所处的工作状态，并通过液晶屏查看详细信息。

2. 操作方法：查看火灾报警控制器面板指示灯，是否有火警、故障报警和屏蔽等状态显示，若有再通过液晶屏分别查看详细信息。查询举例：按"窗口切换"键和"TAB"键可进行窗口显示转换并进行查询。

3. 操作信息显示：当火灾报警控制器面板上火警、故障、屏蔽、启动、反馈等指示灯点亮，同时液晶屏上会按照优选级别显示相应状态总数、时间、地址编码、设备类型及部位等详细信息，并可手动查询。

手动查询举例见图 2-41。

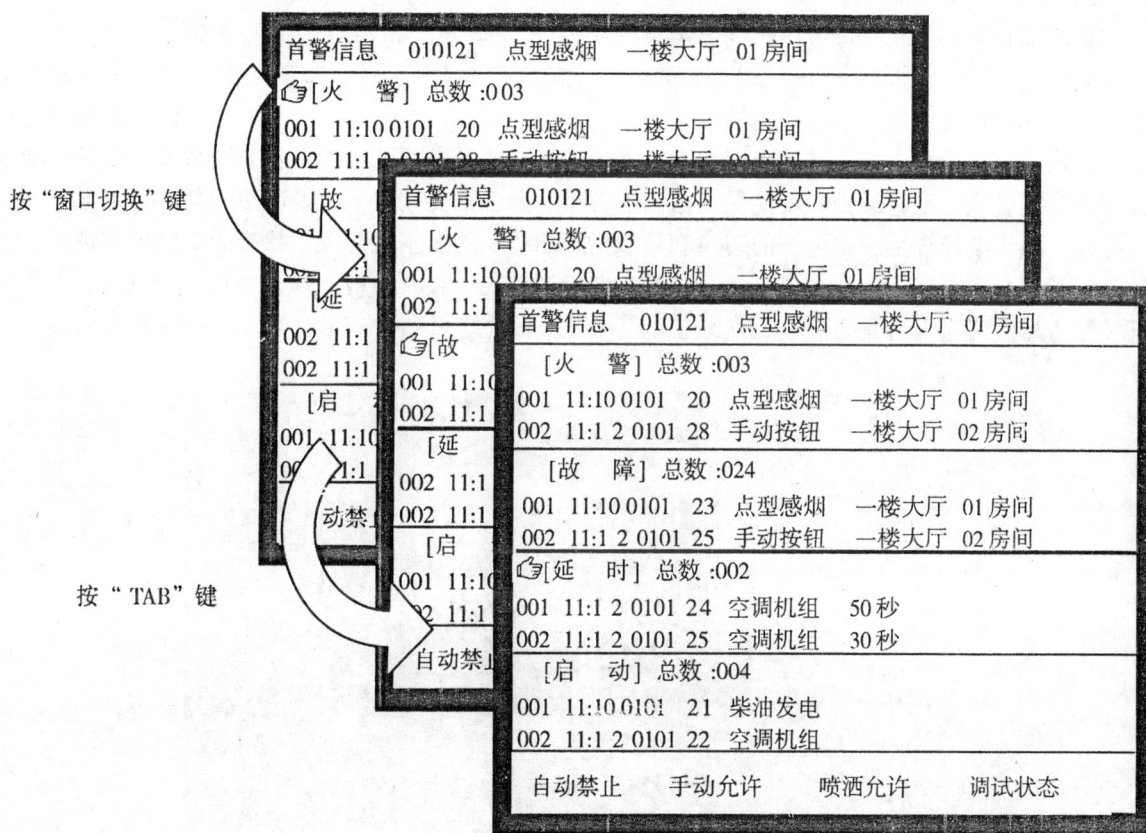

按"窗口切换"键

按"TAB"键

| 首警信息 | 010121 | 点型感烟 | 一楼大厅 | 01 房间 |

| [火　警] 总数 :003 |
| 001 11:10 0101 20 点型感烟 一楼大厅 01 房间 |
| 002 11:1 2 0101 28 手动按钮 一楼大厅 02 房间 |
| [故　障] 总数 :024 |
| 001 11:10 0101 23 点型感烟 一楼大厅 01 房间 |
| 002 11:1 2 0101 25 手动按钮 一楼大厅 02 房间 |
| [延　时] 总数 :002 |
| 001 11:1 2 0101 24 空调机组 50 秒 |
| 002 11:1 2 0101 25 空调机组 30 秒 |
| [启　动] 总数 :004 |
| 001 11:10 0101 21 柴油发电 |
| 002 11:1 2 0101 22 空调机组 |
| 自动禁止　手动允许　喷洒允许　调试状态 |

图 2-41　多信息查询显示界面示意图

（十一）消防广播操作

1. 操作目的：当发生火灾时，在消防控制室通过消防广播组织疏散和自救。

2. 操作方法：

（1）手动启动方式：

按下总线控制盘或广播分配盘相应区域消防广播启动按键，应急广播盘应自动进入应急广播状态，优先默认播放预先录制的应急疏散电子语音，可通过按键转换为话筒播放方式。操作完毕可以通过控制器复位或停动方式，将广播系统恢复正常状态。

（2）联动启动方式：

当控制器处于自动允许状态，同时收到火警信息后，控制器会按照联动公式编写要求，联动相关的广播设备，广播系统将自动播放预先录制的应急疏散电子语音，可手动终止电子语音，使用话筒播放方式，操作完毕可以通过控制器复位或停动方式，将广播系统恢复正常状态。

3.操作信息显示：功放相关指示灯点亮，手动控制盘或广播分配盘上相应分区广播的指示灯亮、应急广播状态灯亮，若用话筒广播，话筒灯点亮，液晶屏会显示应急广播状态的相关信息。

五、主备电源运行检查

火灾报警控制器的电源部分由主电及备用电源组成，均具有手动控制开关，且能进行自动转换。火灾报警控制器具有主电及备用电源运行状态指示功能，当由主电供电时，"主电工作"指示灯（器）点亮（见图2-42），如果主电源发生故障，火灾报警控制器自动切换到备用电源供电，同时"备电工作"指示灯（器）及"故障"指示灯（器）点亮（见图2-43），"主电工作"指示灯熄灭。

如控制器备电发生故障或欠压不能正常投入使用时，"故障"指示灯（器）点亮。

首先通过控制器面板指示灯（器）的显示情况，了解主电源、备电源的情况。如果主电源发生故障，应首先确认是主电源断电还是控制器或线路发生故障，如控制器或线路发生故障应进行及时通知施工单位或厂家绂修；如果备用电源发生故障，应确认是备电源断电控制器发生故障还是蓄电池亏电或损坏，当蓄电池亏电或损坏不能保证控制器备用电源正常使用时，应及时更换新的蓄电池。

此外，应定期检查主、备电源的切换和故障指示功能。关闭主电开关，检查备电的投切情况，查看故障指示灯是否点亮；恢复主电开关，查看主电投切情况，查看主电工作指示灯是否点亮。关闭备电开关，查看故障指示灯是否点亮；恢复备电开关且关闭主电开关，查看备电工作指示灯是否点亮。

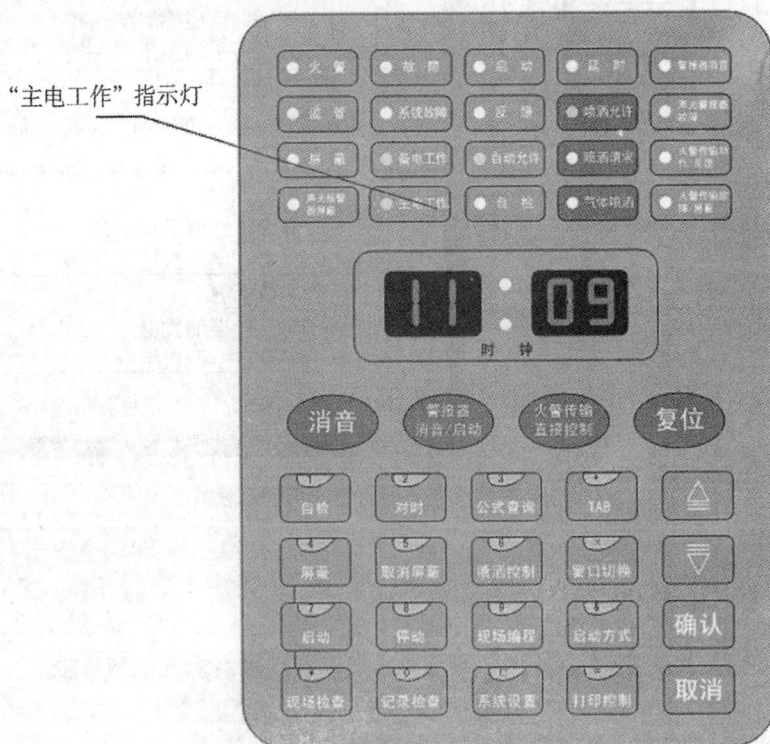

图2-42　主电工作示意图

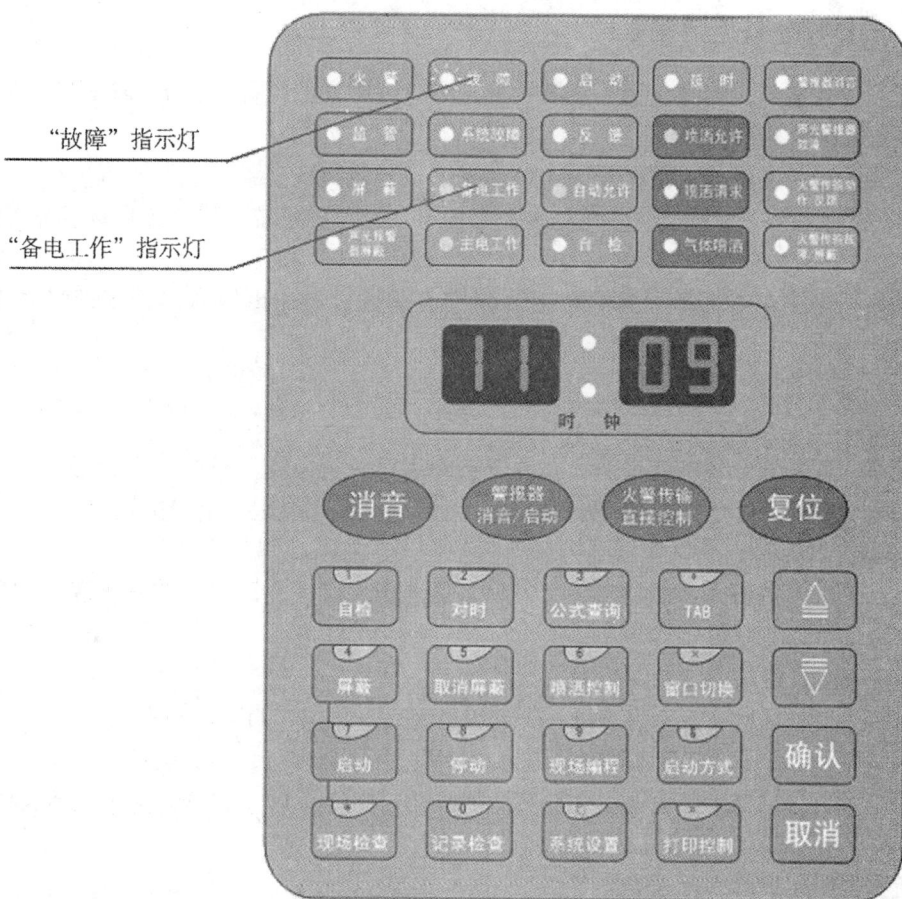

"故障"指示灯

"备电工作"指示灯

图 2-43　备电工作示意图

第四节　火灾报警与故障处置

一、火灾报警的处置方法（见图 2-44）

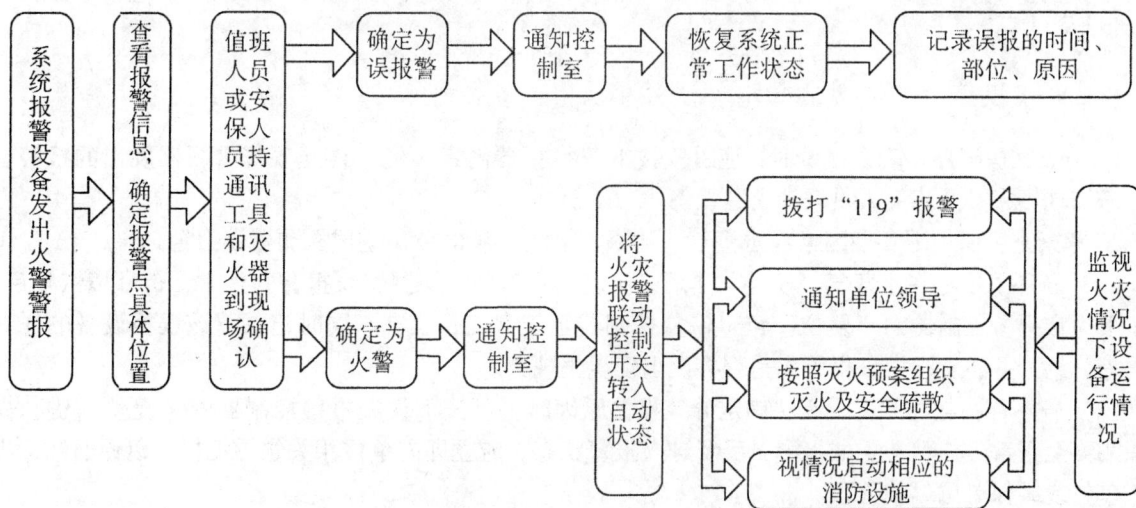

图 2-44　消防控制室火灾报警紧急处理程序流程图

（一）火灾报警信息的确认

1. 火灾报警控制器报出并显示火警信号后，消防值班人员应首先按下"消音"键消音，再依据报警信号确定报警点具体位置。

2. 通知另一名消防值班人员或安保人员到报警点现场火灾确认。消防控制室内消防值班人员在控制室内随时准备实施系统操作。若消防控制室设有闭路监控系统，可直接将该系统切换至报警位置确认火情。

3. 现场火灾确认人员携带手提消防电话分机或对讲机等通讯设备尽快到现场查看是否有火情发生。

（二）火灾处置流程

1. 如确有火灾发生，现场火灾确认人员应立即用对讲机或到附近消防电话插孔处用消防电话分机等通讯工具向消防控制室反馈火灾确认信息。可根据火灾燃烧规模情况决定利用现场灭火器材进行扑救还是立即疏散转移。

2. 消防控制室内值班人员接到现场火灾确认信息后，必须立即将火灾报警联动控制开关转入自动状态（处于自动状态的除外）。

3. 拨打119火警电话向消防部门报警。

（1）拨打火警电话时，应首先摘机，听到拨号音后，再拨"119"号码。

（2）拨通"119"后，应确认对方是否为"119"火警受理台，以免拨错。

（3）准确报出建筑物所在地地址（路名、街区名、门牌号），说明建筑物所处地理位置及周围明显的建筑物或道路标志。

（4）简要说明起火原因及火灾范围。

（5）等待接警人员提问，并简要准确地回答问题。

（6）挂断电话后，通知消防巡查人员做好迎接消防车的各项准备工作。

4. 消防值班人员向消防值班经理和单位负责人报告火情，同时立即启动单位内部灭火和应急疏散预案。

5. 启动相应的联动设备，如消防栓系统、喷淋系统、防排烟系统等消防设施。

6. 通过消防广播系统通知火灾及相关区域人员疏散。

7. 消防队到场后，要如实报告情况，协助消防人员扑救火灾，保护火灾现场，调查火灾原因，做好火警记录。

（三）误报警的处置方法

1. 当火灾探测器出现误报警时，应首先按下"警报器消音"键，停止现场警报器发出的报警音响，通知现场人员及相关人员取消火警状态。

2. 考察是否由周围环境因素（水蒸气、油烟、潮湿、灰尘等）造成探测器误报警。

（1）若环境中存在水蒸气、扬尘、油烟或快速温升等导致探测器误报警的因素，待环境恢复后，可按下火灾报警控制器的"复位"键，恢复探测器至正常工作状态。同时记录下该误报设备的详细编码等信息，并注意观察该报警点是否再次出现误报现象。

（2）若不存在上述状况，无法确定导致报警原因时，可按下火灾报警控制器的"复位"键，恢复探测器至正常工作状态。如探测器反复进入报警状态，应立即向单位相关领导汇报，以便通知工程施工单位或维保单位尽快处理。

3. 当场有条件维修解决的应当场维修解决；当场没有条件维修解决的，应尽可能在24h内维修解决；需要由供应商或者厂家提供零配件或协助维修解决的，若不影响系统主要功能的，可在 7 个工作日内解决。误报排除后应经单位消防安全管理人检查确认，维修情况应记入《建筑消防设施故障维修记录表》。

二、故障处置方法

当火灾报警控制器报出故障信号时，首先应按"消音"键中止警报声。然后应根据火灾报警控制器的故障信息确定故障发生部位和故障类型，查找故障原因，及时排除故障。故障一般可分为两类，一类为控制器内部部件产生的故障，如主备电故障、总线故障等；另一类是现场设备故障，如探测器故障、模块故障等。

（一）主电故障

当报主电故障时，应确认是否发生主电停电，否则检查主电源的接线、熔断器是否发生断路。主电断电情况下，火灾报警控制器自动投向备电供电，处于充满状态的备电一般可以连续供电 8h。

注意：备电连续供电 8h 后会自动保护，在备电自动保护后，为提示用户消防报警系统已关闭，控制器会提示 1h 的故障声。在使用过备电供电后，需要尽快恢复主电供电并给电池充电 48h，以防蓄电池损坏。

（二）备电故障

当报备电故障时，应检查备用电池的连接器及接线；当备用电池连续工作时间超过 8h 后，也可能因电压过低而报备电故障。

（三）现场设备故障

若为现场设备故障，应及时维修，若因特殊原因不能及时排除的故障，也可先将其屏蔽，待故障排除后再利用设备释放功能将设备恢复。

（四）系统设备故障

若系统设备发生异常的声音、光指示、气味等可能导致人身伤害或火灾危险情况时，应立即关闭控制器电源。火灾报警控制器关机后应立即向单位消防安全管理人报告，采取相应消防措施，值班记录中必须详细记录关机的时间及关机后临时采取的处理措施。

当故障经初步检查不能排除时，请立即通知安装单位或厂家进行维修。当场有条件维修解决的应当场维修解决；当场没有条件维修解决的，应尽可能在 24h 内维修解决；需要由供应商或者厂家提供零配件或协助维修解决的，若不影响系统主要功能的，可在 7 个工作日内解决。故障排除后应经单位消防安全管理人检查确认，维修情况应记入《建筑消防设施故障维修记录表》。

第五节　消防控制室值班

一、消防控制室值班职责

1. 负责对消防控制室消防控制设备的监视，值班期间随时记录消防控制室内消防设备的运行情况，填写《消防控制室值班记录表》。

2. 负责对火灾报警控制器等消防控制设备进行每日检查，以确保消防控制设备正常运行。

3. 当建筑消防设施出现异常、误报和故障时，应及时通知并协助维保人员进行修理、维护，填写《建筑消防设施故障维修记录表》。

4. 接到火灾警报后，按火警处置流程处置。

5. 做好交接班工作，认真填写《消防控制室值班记录表》。

6. 值班人员要认真学习消防法律、法规，学习消防专业知识。熟练掌握消防设备的性能及操作规程，提高消防技能。

二、消防控制室交接班

（一）交接班程序

1. 交接班前交班与接班人员应对当班次值班记录表以及系统工作情况记录表的内容进行逐项核实。

2. 系统工作登记表核实完毕后，交接双方应对系统进行全面检查，并对该班次工作表中重点记录的系统部位进行仔细核查以便事后追溯。

3. 各项内容核查完毕后，双方填写工作交接记录，并针对当班次发生的重点事项予以备注，双方签字后交接完成。

（二）交接班注意事项

1. 交接记录有无遗漏。

2. 仔细核查各系统的工作状态是否正常，有无不正常发生。

3. 仔细核查各系统的关键部位有无故障和失效情况（如水泵、排烟风机、气体灭火、消防广播等）。

4. 若存在不确定的情况，可对关键部位进行有针对性的独立交接或核查。

三、消防值班记录要求

《消防控制室值班记录》是消防控制室消防值班人员用于日常值班时记录火灾报警控制器日运行情况及火灾报警控制器日检查情况，是值班工作的文字反映，可以真实详细地反映各系统的工作情况。

当值人员应按《消防控制室值班记录》填写说明要求进行填写，不得从简。填写记录应字迹清楚、端正，不得乱画乱涂，错别字可以擦去或用"/"符号。记录的签名不得只签姓，必须签全名。记录的填写应采用蓝色或黑色钢笔或碳素笔，各种记录均由当班值班人员填写，当班管理人员审核或检查。

四、《消防控制室值班记录》填写说明

（一）适用范围

此表格为消防控制室消防值班人员用于日常值班和相关消防检查人员记录使用。

（二）填写要求

1. 序号：可根据消防控制室情况按照时间依次编写，序号内容以便于查询为主。

2. 火灾报警控制器运行情况记录：由值班人员填写所在时间段内火灾报警控制器的运行情况，如出现异常问题需填写相应原因和处理结果。

3. 控制室内其他消防系统运行情况记录：由值班人员填写所在时间段内控制室内其他消防系统

运行情况，如出现异常问题需填写相应原因和处理结果。

4. 火灾报警控制器日检查情况记录：由相关检查员填写当日检查火灾报警控制器的记录，如出现异常问题需填写相应原因和处理结果。

5. 值班情况记录：由值班人员填写值班的时间段，由接班人员进行确认。

6. 时间记录：由值班人员填写值班期间出现异常问题的具体时间。

7. 消防安全管理人（签字）：当日的《消防控制室值班记录》最终由消防安全管理人签字确认。

下面以《消防控制室值班记录》填写举例说明：

记录表主要包括以下几个部分：

消防控制室值班记录表

序号：　2007121001

火灾报警控制器运行情况						报警、故障部位、原因及处理情况	控制室内其他消防系统运行情况					报警、故障部位、原因及处理情况	值班情况				
正常	故障	火警		故障报警	监管报警	漏报		消防系统及其相关设备名称	控制状态		运行状态			值班员 张小虎		值班员		值班员
		火警	误报						自动	手动	正常	故障		时段 8:00～11:00		时段	～	时段～
														时间记录				
√											√			2007.12.10 8：00				
	√						主电故障，恢复后正常							2007.12.10 8：30				

火灾报警控制器日检查情况记录	火灾报警控制器型号	检查内容					查时间	检查人	故障及处理情况
		自检	消音	复位	主电源	备用电源			
	GST5000	√	√	√	√	√	2007.12.10 9：00	张明	

消防安全管理人（签字）：吴治国

1. 对发现的问题应及时处理，当场不能处置的要填报《建筑消防设施故障维修记录表》，将处理记录表序号填入"故障及处理情况"栏；

2. 本表为样表，单位可根据控制器数量及值班时段制表。

建筑消防设施故障维修记录表

故障情况				故障维修情况						故障排除确认
发现时间	发现人签名	故障部位	故障情况描述	是否停用系统	是否报消防部门备案	安全保护措施	维修时间	维修人员（单位）	维修方法	

    注1："故障情况"由值班、巡查、检测、灭火演练时的当事者如实填写；

    注2："故障维修情况"中因维修故障需要停用系统的由单位消防安全责任人在"是否停用系统"栏签字；停用系统超过24h的，单位消防安全责任人在"是否报消防部门备案"及"安全保护措施"栏如实填写；其他信息由维护人员（单位）如实填写；

    注3："故障排除情况"由单位消防安全管理人在确认故障排除后如实填写并签字；

    注4：本表为样表，单位可根据建筑消防设施实际情况制表。

思考与练习题

1. 什么是消防控制室？

2. 消防控制室具有哪些功能？

3. 消防控制室值班人员的职责是什么？

4. 消防控制室应遵守哪些日常管理制度？

5. 简述消防控制室火灾事故紧急处理程序。

6. 简述消防控制室设备的组成。

7. 消防控制室图形显示装置的作用有哪些？

8. 火灾报警控制器如何分类？

9. 简述火灾报警控制器及其主要功能。

10. 简述消防联动控制器及其主要功能。

11. 火灾应急广播系统的作用是什么？

12. 火灾应急广播系统的主要功能有哪些？

13. 消防电话系统的作用是什么?

14. 消防电话系统的主要功能有哪些?

15. 简述火灾报警控制器的基本操作方法。

16. 火灾报警控制器的火灾报警状态及信息特征是怎样的?

17. 现场设备和电源的故障报警状态及信息特征是怎样的?

18. 火灾报警控制器的屏蔽状态、信息特征及操作目的是什么?

19. 火灾报警控制器复位操作的目的及功能是什么?

20. 火灾报警控制器启动方式设置中手动方式、自动方式的含义是什么?

21. 火警的处置方法有哪些?

22. 误报警的处置方法有哪些?

23. 故障的处置方法有哪些?

24. 交接班的程序及注意事项有哪些?

第三章　建筑消防设施操作与维护

第一节　概　述

一、建筑消防设施的概念

建筑消防设施是指建筑物、构筑物中设置的用于火灾报警、灭火、人员疏散、防火分隔、灭火救援行动等设施的总称。建筑消防设施一般可分为可移动（或非固定）消防设施和固定消防设施。可移动消防设施包括灭火器、其他灭火工具、防毒面具和呼吸器等。建筑固定消防设施包括灭火系统、火灾报警系统、火灾事故广播及通讯系统、疏散指示标志及应急照明系统、机械防排烟系统、防火防烟分隔设施、消防电梯等。

建筑消防设施的作用就是限制火灾蔓延的范围，及时发现和扑救火灾，为有效地扑救火灾和人员疏散创造必要的条件，从而减少火灾所造成的财产损失和人员伤亡。

二、建筑消防设施维护管理与检查要求

对建筑消防设施实施维护管理，确保其完好有效，是建筑物产权、管理和使用单位的法定职责。建筑消防设施的管理应当明确主管部门和相关人员的责任，建立完善的管理制度。

建筑消防设施检查分为巡查、单项检查、联动检查三种方式。建筑消防设施巡查、单项检查、联动检查的技术要求和检查方法应当遵循有关国家标准规定。建筑消防设施的维护管理与检查要求如下：

1. 建筑消防设施巡查可由归口管理消防设施的部门实施，也可以按照工作、生产、经营的实际情况，将巡查的职责落实到相关工作岗位。

2. 从事建筑消防设施单项检查和联动检查的技术人员，应当经消防专业考试合格，持证上岗。单位具备建筑消防设施的单项检查、联动检查的专业技术人员和检测仪器设备，可以按照相应国家标准自行实施，也可以委托具备消防检测中介服务资格的单位或具备相应消防设施安装资质的单位依照相应国家标准实施。

3. 建筑消防设施单项检查记录和建筑消防设施联动检查记录，应由检测人员和检测单位签字盖章。检测人员和检测单位对出具的《建筑消防设施测试检查记录》和《建筑消防设施联动检查记录》负责。

4. 建筑消防设施投入使用后即应保证其处于正常运行或准工作状态，不得擅自断电停运或长期带故障工作。

5. 建立建筑消防设施故障报告和故障消除的登记制度。发生故障，应当及时组织修复。因故障、维修等原因，需要暂时停用系统的，应当经单位消防安全责任人批准，系统停用时间超过24h的，在单位消防安全责任人批准的同时，应当报当地公安消防机构备案，并采取有效措施确保安全。

三、对初级建（构）筑物消防员的技能要求

根据建（构）筑物消防员国家职业标准，初级消防员应具备以下基本技能：

（一）使用与维护灭火器材

1. 能使用简易灭火工具、灭火器灭初起火灾
2. 能核查灭火器是否有效
3. 能对灭火器进行清洁维护

（二）使用与维护火灾自动报警系统

1. 能使用手动火灾报警按钮报警
2. 能够对手动报警按钮、火灾警报装置的外观进行清洁维护

（三）使用与维护固定灭火系统

1. 能使用室内（外）消火栓扑救初起火灾
2. 能对室内（外）消火栓、消火栓启泵按钮进行清洁维护
3. 能对自动喷水灭火系统喷头进行清洁维护

（四）使用与维护应急广播和消防专用电话

1. 能使用消防专用电话报警
2. 能对应急广播系统的扬声器外观进行清洁维护
3. 能对消防专用电话的分机电话、插孔电话进行清洁维护

（五）维护应急照明和疏散指示标志

1. 能对应急照明的灯具进行清洁维护
2. 能对疏散指示标志外观进行清洁维护

（六）检查与维护防火分隔设施

1. 能对防火门、防火卷帘进行功能检查
2. 能对防火阀、排烟防火阀进行功能检查

本章的教学目的是使学员掌握以上各项基本技能和相关知识。此外，为了使学员在实际工作中具有更广泛的适应性，本章还增加了对泡沫自动灭火系统和气体自动灭火系统设备一般性知识的介绍。

第二节　简易灭火工具

一、简易灭火工具的种类与用途

常用的简易灭火工具主要有黄沙、泥土、水泥粉、炉渣、石灰粉、铁板、锅盖、湿棉被、湿麻袋以及盛装水的简易容器，如水桶、水壶、水盆、水缸等。除上述提到的这些东西以外，在初起火灾发生时凡是能够用于扑灭火灾的所有工具（如扫帚、拖把、衣服、拖鞋、手套等）都可称为简易灭火工具。

比如，对于初起阶段的火灾，往往随手用黄沙、泥土和浸湿的棉被、麻袋去覆盖，就能使火

熄灭。

又如炒菜时候的油锅起火了，只需迅速用锅盖盖住油锅，然后把锅端开即可。这是因为锅盖把着火的油和空气隔开了，油得不到足够的空气，就不能继续燃烧下去。

同样道理，用黄沙、泥土、湿棉被、湿麻袋甚至滑石粉等去覆盖着火的燃烧物，并将燃烧着的东西全部盖住，也是为了隔绝空气与燃烧物接触。待燃烧着的物体内部附着的一些空气烧完，火就熄灭了。

简易灭火工具，种类很多，用途很广，而且能因地制宜，就地取材，取用方便，在火灾初起阶段值得推广使用。

二、常用简易灭火工具的使用

由于燃烧对象的复杂性，简易灭火工具在使用上也有其局限性。各企事业单位或居民家庭可以根据灭火对象的具体情况和简易灭火工具的适用范围，备好器材，特别是专用灭火器缺少的单位、家庭或临时施工现场，备有一定的简易灭火工具，是非常需要和十分必要的，以便发生火灾时在最短的时间内将火灾扑灭。

1. 一般易燃固体物质（如木材、纸张、布片等）初起火灾用水、湿棉被、湿麻袋、黄沙、水泥粉、炉渣、石灰粉等均可以扑救。

2. 易燃、可燃液体（如汽油、酒精、苯、沥青、食油等）初起火灾扑救，要根据其燃烧时的状态来确定简易灭火工具。液体燃烧时局限在容器内，如油锅、油桶、油盘着火，可用锅盖、铁板、湿棉被、湿麻袋等灭火，不宜用黄沙、水泥、炉渣等扑救，以免燃烧液体溢出造成流淌火灾。流淌液体火灾，可用黄沙、泥土、炉渣、水泥粉、石灰粉筑堤并覆盖灭火。

3. 可燃气体（如液化石油气、煤气、乙炔气等）火灾，在切断气源或明显降低燃气压力（小于0.5大气压）的情况下方可用湿麻袋、湿棉被等灭火。但灭火后必须立即切断气源。如不能切断气源的，应在严密防护的情况下维持稳定燃烧。

4. 遇湿燃烧物品（如金属钾、钠等）火灾，因此类物品遇水能强烈反应，置换水中的氢，生成氢气并产生大量的热，能引起着火爆炸，因此，只能用干燥的砂土、泥土、水泥粉、炉渣、石灰粉等扑救，但灭火后必须及时回收，按要求盛装在密闭容器内。

5. 自燃物品（如黄磷、硝化纤维、赛璐珞、油脂等）着火，因其在空气中或遇潮湿空气能自行氧化燃烧，因此，用砂土、水泥粉、泥土、炉渣、石灰粉等灭火后，应及时回收，按规定存放，防止复燃。

初起火灾扑救，关键在于"快"，不要让火势蔓延扩大。"快"就要求现场人员灵活机动，就地取材；"快"才能阻止火灾扩大；"快"才能减少火灾损失。因此，各单位、各社区要重视简易灭火工具的作用，教育职工群众学会简易灭火工具的使用，用自己掌握的消防知识保护自己、保护他人。

三、简易式灭火器

1. 简易式灭火器是可任意移动的、灭火剂充装量小于1000mL（或g），由一只手指开启的，不可重复充装使用的一次性储压式灭火器。它是一种用于家庭、厨房、郊游等场合，扑救小型初起火灾的灭火器具（图3-1），它的灭火剂充装量在1000g以下，压力在1.2MPa以下，具有重量轻、操作方便、一次性使用等特点。

图 3-1 简易式灭火器

按充入的灭火剂类型分，简易式灭火器有水基型灭火器，也称水添加剂灭火器；简易式干粉灭火器，也称轻便式干粉灭火器；还有简易式氢氟烃类气体灭火器；简易式空气泡沫灭火器，也称轻便式空气泡沫灭火器。

2. 简易式灭火器适用于家庭使用，简易式水基型灭火器和简易式干粉灭火器可以扑救液化石油气灶及钢瓶上角阀，或煤气灶等处的初起火灾，也能扑救火锅起火和废纸篓等固体可燃物燃烧的火灾。简易式空气泡沫适用于油锅、煤油炉、油灯和蜡烛等引起的初起火灾，也能对固体可燃物燃烧的火进行扑救。

3. 使用简易式灭火器时，手握灭火器筒体上部，大拇指按住开启钮，用力按下即能喷射。在灭液化石油气灶或钢瓶角阀等气体燃烧的初起火灾时，只要对准着火处喷射，火焰熄灭后即将灭火器关闭，以备复燃再用；如灭油锅火应对准火焰根部喷射，并左右晃动、直至将火扑灭。灭火后应立即关闭燃气开关，或将油锅移离加热炉，防止复燃。用简易式空气泡沫灭油锅火时，喷出的泡沫应对着锅壁，不能直接冲击油面，防止将油冲出油锅，扩大火势。

第三节 灭 火 器

灭火器是由人操作的能在其自身内部压力作用下，将所充装的灭火剂喷出实施灭火的器具。根据操作使用方法不同又分为手提式灭火器和推车式灭火器。

手提式灭火器是指能在其内部压力作用下，将所装的灭火剂喷出以扑救火灾，并可手提移动的灭火器具。手提式灭火器的总重量一般不大于 20kg，其中二氧化碳灭火器的总重量不大于 28kg。

推车式灭火器是指装有轮子的可由一人推（或拉）至火场，并能在其内部压力作用下，将所装的灭火剂喷出以扑救火灾的灭火器具。推车式灭火器的总重量大于 40kg。

一、灭火器的种类

（一）按充装的灭火剂类型不同分类

1. 水基型灭火器

水基型灭火器充装的灭火剂是以清洁水为主，另外还可添加湿润剂、增稠剂、阻燃剂或发泡剂等。水基型灭火器包括清水灭火器和泡沫灭火器。采用细水雾喷头的为细水雾清水灭火器。手提式水基型灭火器的规格为 2L、3L、6L、9L（图 3-2）；推车式水基型灭火器的规格为 20L、45L、60L、125L（图 3-3）。

图 3-2　手提式水基型灭火器

图 3-3　推车式水基型灭火器

（1）清水灭火器

清水灭火器通过冷却作用灭火，主要用于扑救固体火灾即 A 类火灾，如木材、纸张、棉麻、织物等的初期火灾。采用细水雾喷头的清水灭火器也可用于扑灭可燃固体的初期火灾。

（2）泡沫灭火器

泡沫灭火器充装的是水和泡沫灭火剂，可分为化学泡沫灭火器和空气泡沫（机械泡沫）灭火器。化学泡沫灭火器已被空气泡沫（机械泡沫）灭火器替代。

空气泡沫（机械泡沫）灭火器充装的是空气泡沫灭火剂，它的性能优良，保存期长，灭火效力高，使用方便。

水成膜泡沫灭火器是当今使用最为广泛的泡沫灭火器。当水成膜泡沫被喷射到烃类燃料表面时，泡沫立即沿着燃料的表面向四周扩散，与此同时，由泡沫中析出的泡沫混合液立即在泡沫和燃料之间的界面处迅速形成一层水膜。通过泡沫和水膜的双重作用实现灭火。

泡沫灭火器主要用于扑救 B 类火灾，如汽油、煤油、柴油、苯、甲苯、二甲苯、植物油、动物油脂等的初起火灾；也可用于固体 A 类火灾，如木材、竹器、纸张、棉麻、织物等的初期火灾。抗溶泡沫灭火器还可以扑救水溶性易燃、可燃液体火灾。但泡沫灭火器不适用于带电设备火灾和 C 类气体火灾、D 类金属火灾。

2. 干粉灭火器

干粉灭火器是目前使用最普遍的灭火器，其有两种类型。一种是碳酸氢钠干粉灭火器，又叫 BC 类干粉灭火器，用于灭液体、气体火灾。另一种是磷酸铵盐干粉灭火器，又叫 ABC 类干粉灭火器，可灭固体、液体、气体火灾，应用范围较广。

干粉灭火器充装的是干粉灭火剂。干粉灭火剂的粉雾与火焰接触、混合时，发生一系列物理、化学作用，对有焰燃烧及表面燃烧进行灭火。同时，干粉灭火剂可以降低残存火焰对燃烧表面的热辐射，并能吸收火焰的部分热量，灭火时分解产生的二氧化碳、水蒸气等对燃烧区内的氧浓度又有稀释作用。

ABC 类干粉灭火器适用于扑救易燃液体、可燃气体、固体物质和电气设备的初起火灾，常用于加油站、汽车库、实验室、变配电室、煤气站、液化气站、油库、船舶、车辆、工矿企业及公共建筑等场所。BC 类干粉灭火器不适用于扑救固体物质初起火灾。

干粉灭火器有手提式（图 3-4）、推车式（图 3-5）。手提式干粉灭火器的规格为 1kg、2kg、3kg、4kg、5kg、6kg、8kg、9kg、12kg；推车式干粉灭火器的规格为 20kg、50kg、100kg、125kg。

图 3-4　手提式干粉灭火器

图 3-5　推车式干粉灭火器

3. 二氧化碳灭火器

灭火器充装的是二氧化碳灭火剂。二氧化碳灭火剂平时以液态形式储存于灭火器中，其主要依靠窒息作用和部分冷却作用灭火。二氧化碳具有较高的密度，约为空气的 1.5 倍。在常压下，液态的二氧化碳会立即汽化，一般 1kg 的液态二氧化碳可产生约 0.5m³ 的气体。因而，灭火时，二氧化碳气体可以排除空气而包围在燃烧物体的表面或分布于较密闭的空间中，降低可燃物周围或防护空间内的氧浓度，产生窒息作用而灭火。另外，二氧化碳从储存容器中喷出时，会由液体迅速汽化成气体，而从周围吸引部分热量，起到冷却的作用。

二氧化碳灭火器有手提式（图 3-6）和推车式（图 3-7）两种。手提式二氧化碳灭火器规格为 2kg、3kg、5kg、7kg；推车式二氧化碳灭火器的规格为 10kg、20kg、30kg、50kg。

图 3-6　手提式二氧化碳灭火器

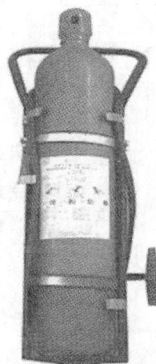

图 3-7　推车式二氧化碳灭火器

4. 洁净气体灭火器（图 3-8）

所谓洁净气体灭火器，主要是针对哈龙灭火器而言的，在不破坏臭氧层的前提基础上，洁净气体主要是指，非导电的气体或汽化液体，这种灭火剂能蒸发，不留残余物。目前典型的洁净气体灭火器有六氟丙烷灭火器。该灭火器充装的是六氟丙烷灭火剂，主要以物理方式灭火，同时伴有化学反应，灭火效能较高。

六氟丙烷灭火器可用于扑救可燃固体的表面火灾、可熔固体火灾、可燃液体及灭火前能切断气源的可燃气体火灾，还可扑救带电设备火灾。手提式六氟丙烷灭火器是目前卤代烷 1211 灭火器理想的替代品。

图 3-8　洁净气体灭火器

（二）按驱动灭火器的压力型式分类

1. 储气瓶式灭火器

灭火剂由灭火器的储气瓶释放的压缩气体或液化气体的压力驱动的灭火器。

2. 储压式灭火器

灭火剂由储于灭火器同一容器内的压缩气体或灭火剂蒸气压力驱动的灭火器。

二、常用灭火器的使用方法

（一）手提式清水灭火器

将灭火器提至火场，在距着火物 5m~6m 左右处，拔出保险销，一只手紧握喷射软管前的喷嘴并对准燃烧物，另一手握住提把并用力压下压把，水即可从喷嘴中喷出。灭火时，随着有效喷射距离的缩短，使用者应逐步向燃烧区靠近，使水流始终喷射在燃烧物处，直至将火扑灭。

清水灭火器在使用过程中切忌将灭火器颠倒或横卧，否则不能喷射。

（二）手提式机械泡沫灭火器（图3-9）

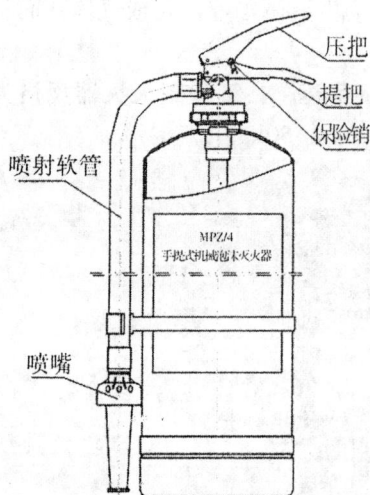

图3-9 手提式机械泡沫灭火器

将灭火器提至火场，在距着火物 5m~6m 左右处，拔出保险销，一只手紧握喷射软管前的喷嘴并对准燃烧物，另一手握住提把并用力压下压把，泡沫即可从喷嘴中喷出。在室外使用时，应选择在上风方向喷射。

在扑救可燃液体火灾时，如燃烧物已呈流淌状燃烧，则将泡沫由近而远喷射，使泡沫完全覆盖在燃烧液面上；如在容器内燃烧，应将泡沫射向容器的内壁，使泡沫沿着内壁流淌，逐步覆盖着火液面，切忌直接对准液面喷射；在扑救固体物质时，应将射流对准燃烧最猛烈处。灭火时，随着有效喷射距离的缩短，使用者应逐步向燃烧区靠近，并始终将泡沫喷射在燃烧物上，直至将火扑灭。

使用时，灭火器应当是直立状态的，不可颠倒或横卧使用，否则会中断喷射；也不能松开开启压把，否则也会中断喷射。

（三）手提式干粉灭火器（图3-10）

手提式干粉灭火器使用时，应手提灭火器的提把，迅速赶到火场，在距离起火点 5m 左右处，放下灭火器。在室外使用时注意占据上风方向。使用前先把灭火器上下颠倒几次，使筒内干粉松动。使用时应先拔下保险销，如有喷射软管的需一只手握住其喷嘴（没有软管的，可扶住灭火器的底圈），另一只手提起灭火器并用力按下压把，干粉便会从喷嘴喷射出来。

干粉灭火器扑救可燃、易燃液体火灾时，应对准火焰根部扫射。如果被扑救的液体火灾呈流淌燃烧时，应对准火焰根部由近而远，并左右扫射，直至把火焰全部扑灭。在扑救容器内可燃液体火灾时，应注意不能将喷嘴直接对准液面喷射，防止射流的冲击力使可燃液体溅出而扩大火势，造成灭火困难。

干粉灭火器扑救固体可燃物火灾时，应对准燃烧最猛烈处喷射，并上下、左右扫射。如条件许可，操作者可提着灭火器沿着燃烧物的四周边走边喷，使干粉灭火剂均匀地喷在燃烧物的表面上，直至将火焰全部扑灭。

干粉灭火器在喷射过程中应始终保持直立状态，不能横卧或颠倒使用，否则不能喷粉。

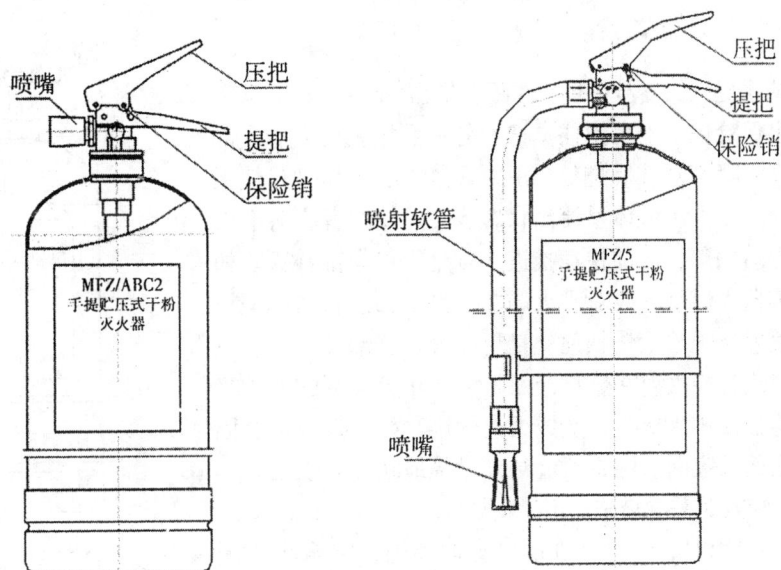

图 3-10 手提式干粉灭火器

（四）手提式二氧化碳灭火器（图 3-11）

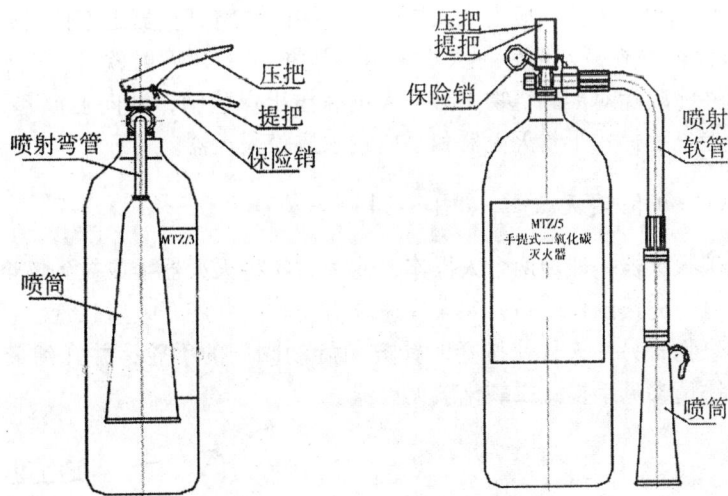

图 3-11 手提式二氧化碳灭火器

使用时，可手提或肩扛灭火器迅速赶到火灾现场，在距燃烧物 5m 左右处，放下灭火器。灭火时，先拔出保险销，一手扳转喷射弯管，如有喷射软管的应握住喷筒根部的木手柄，并将喷筒对准火源，另一只手提起灭火器并压下压把，液态的二氧化碳在高压作用下立即喷出且迅速汽化。

应该注意二氧化碳是窒息性气体，对人体有害，在空气中二氧化碳含量达到 8.5%，会发生呼吸困难，血压增高；二氧化碳含量达到 20% ~ 30% 时，呼吸衰弱，精神不振，严重的可能因窒息而死亡。因此，在空气不流通的火场使用二氧化碳灭火器后，必须及时通风。

在灭火时，要连续喷射，防止余烬复燃，不可颠倒使用。

二氧化碳是以液态存放在钢瓶内的，使用时液体迅速汽化吸收本身的热量，使自身温度急剧下降到 −78.5°C 左右。利用它来冷却燃烧物质和冲淡燃烧区空气中的含氧量以达到灭火的效果。所以在使用中要戴上手套，动作要迅速，以防止冻伤。如在室外，则不能逆风使用。

（五）手提式六氟丙烷灭火器（图 3-12）

使用时，应手提灭火器至火场，在距燃烧物 5m 左右处，放下灭火器，先拔出保险销，一手握住提把，另一手托住灭火器底部的底圈部分。先将喷嘴对准燃烧处，用力握紧并压下压把，使灭火器喷射。当被扑救可燃液体呈流淌状燃烧时，使用者应对准火点由近而远并左右扫射，向前快速推进，直至火焰全部扑灭。如果可燃液体在容器中燃烧，应对准火焰左右晃动扫射，当火焰被赶出容器时，喷射流跟着火焰扫射，直至把火焰全部扑灭，但应注意不能将喷射流直接喷射在燃烧液面上以防止灭火剂的冲力将可燃液体冲出容器而扩大火势，造成灭火困难。如果扑救可燃固体物质的初起表面火灾时，则将喷流对准燃烧最猛烈处喷射，当火焰被扑灭后，应及时采取措施，不让其复燃。

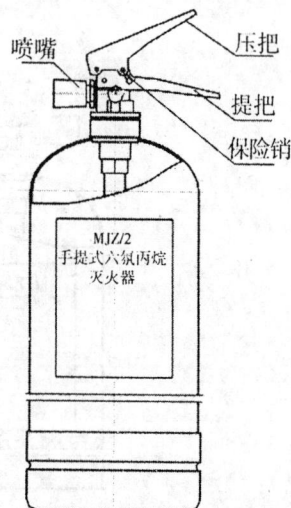

图 3-12　手提式六氟丙烷灭火器

另外在室外使用时，应选择在上风方向喷射，在窄小空间的室内灭火时，灭火后操作者应迅速撤离，因六氟丙烷灭火剂有一定的毒性，以防对人体的伤害。

（六）推车式干粉灭火器、推车式水成膜灭火器（图 3-13）

推车式干粉、水成膜灭火器一般由两人操作。使用时应将灭火器迅速拉到或推到火场，在离起火点 10m 处停下，将灭火器放稳，然后一人迅速取下喷枪并展开喷射软管，然后一手握住喷枪枪管，另一只手打开喷枪并将喷嘴对准燃烧物；另一人迅速拔出保险销，并向上扳起手柄，灭火剂即喷出。具体的灭火技法请参见手提式干粉灭火器和手提式水成膜灭火器。

（七）推车式二氧化碳灭火器（图 3-14）

推车式二氧化碳灭火器一般由两个人操作，使用时应将灭火器推或拉到燃烧处，在离燃烧物 10m 处左右停下。灭火时，先拔出保险销，一人快速取下喇叭筒并展开喷射软管后，握住喇叭筒根部的手柄并将喷嘴对准燃烧物；另一人快速按逆时针方向旋动阀门的手轮，并开到最大位置，灭火剂即喷出。具体的灭火技法请参见手提式二氧化碳灭火器。

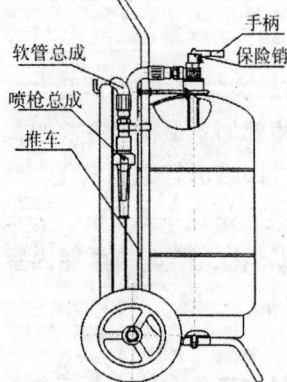

图 3-13　推车式干粉灭火器、推车式水成膜灭火器

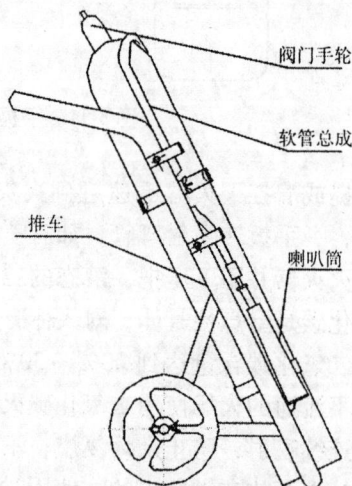

图 3-14　推车式二氧化碳灭火器

三、灭火器的清洁维护

（一）灭火器的清洁维护要求

1. 水基型灭火器

①灭火器应当放置在阴凉、干燥、通风、并取用方便的部位。环境温度应为4℃～55℃，冬季应注意防冻。

②定期检查喷嘴是否堵塞，使之保持通畅。每半年检查灭火器是否有工作压力。对空气泡沫灭火器只需检查压力显示表，如表针指向红色区域即应及时进行修理。

③每次更换灭火剂或者出厂已满三年的，及以后每隔一年应对灭火器进行水压强度试验，水压强度合格才能继续使用。

④灭火器的检查应当由经过培训的专业人员进行，维修应由取得维修许可证的专业单位进行。

2. 干粉灭火器

①干粉灭火器应放置在保护物体附近干燥通风和取用方便的地方。要注意防止受潮和日晒，灭火器各连接件不得松动，喷嘴塞盖不能脱落，保证密封性能。灭火器应按制造厂规定要求定期检查，如发现灭火剂结块或储气量不足时，应更换灭火剂或补充气量。

②灭火器一经开启必须进行再充装。再充装应由经过训练的专人按制造厂的规定要求和方法进行，不得随便更换灭火剂的品种和重量，充装后的储气瓶，应进行气密性试验，不合格的不得使用。

③灭火器满五年或每次再充装前，及以后每隔二年应进行水压试验，合格的方可使用。

3. 二氧化碳灭火器

①应放置明显、取用方便的地方，不可放在采暖或加热设备附近和阳光强烈照射的地方，存放温度应为 $-10℃～+55℃$ 。

②定期检查灭火器钢瓶内二氧化碳的存量，手提式灭火器的年泄漏量不大于灭火器额定充装量的5%或50g（取两者中较小值），推车式灭火器的年泄漏量不大于灭火器额定充装量的5%，超过规定泄漏量的，应及时补充罐装。

③在搬运过程中，应轻拿轻放，防止撞击。在寒冷季节使用二氧化碳灭火器时，阀门（开关）开启后，不得时启时闭，以防阀门冻结。

④灭火器满五年或每次再充装前，及以后每隔二年应进行水压试验，并打上试验年、月的钢印。

4. 洁净气体灭火器

①应存放在通风、干燥、阴凉及取用方便的场合，环境温度应在0℃～50℃。

②不要存放在加热设备附近，也不应放在有阳光直晒的部位及有强腐蚀性的地方。

③每隔半年左右检查灭火器上显示内部压力的显示器，如发现指针已降到红色区域时，应及时送维修部门检修。

④每次使用后不管是否有剩余灭火剂都应送维修部门进行再充装，每次再充装前或期满五年，及以后每隔二年应进行水压试验，试验合格方可继续使用。

（二）灭火器的清洁维护注意事项及方法

1. 灭火器标识内容

①灭火器的名称、型号和灭火剂的种类。

②灭火器灭火级别和灭火种类。

③灭火器使用温度范围。

④灭火器驱动气体名称和数量或压力。

⑤灭火器水压试验压力。

⑥灭火器认证等标志。

⑦灭火器生产连续序号。

⑧灭火器生产年份。

⑨灭火器制造厂名称或代号。

⑩灭火器的使用方法、再充装说明和日常维护说明。

2. 灭火器标识清洁维护注意事项及方法

①无法清楚识别生产厂名称和出厂日期（包括贴花脱落，或虽有贴花但已看不清）的灭火器必须报废。

②维修后的灭火器的筒体应贴有永久性的维修和合格标识，维修标识上的维修单位的名称、筒体的试验压力值、维修日期等内容应清晰，每次的维修铭牌不得相互覆盖。

3. 灭火器外观结构清洁维护注意事项及方法

①灭火器压力表的外表面不得有变形、损伤等缺陷，否则应更换。

②灭火器的压力表的指针是否在绿区，否则应充装驱动气体。

③灭火器的喷嘴是否有变形、开裂、损伤等缺陷，否则应予更换。

④喷射软管是否畅通、是否有变形和损伤，否则应予更换。

⑤灭火器的压把、阀体等金属件不得有严重损伤、变形、锈蚀等影响使用的缺陷，否则必须更换。

⑥保险销和铅封是否完好，是否被开启喷射过。

⑦筒体严重变形、筒体严重锈蚀（漆皮大面积脱落，锈蚀面积大于、等于筒体总面积的三分之一者）或连接部位、筒底严重锈蚀的灭火器必须报废。

⑧灭火器的橡胶、塑料件不得变形、变色、老化或断裂，否则必须更换。

4. 再充装

灭火器在使用后或维修中发现需要换灭火剂时应进行再充装。充装必须由经过专业训练的人员进行。

四、灭火器有效性的检查

（一）灭火器有效性的检查要求

1. 外观检查

①铅封应完整。

②压力表指针应在绿区。

③灭火器可见部位防腐层应完好，无锈蚀。

④灭火器可见零部件应完整，无松动、变形、锈蚀和损坏。

⑤喷嘴及喷射软管应完整，无堵塞。

2. 密封性检查

①二氧化碳储气瓶用称重法检验泄漏量。

②储压式灭火器应采用测压法检验泄漏量。灭火器每年的压力降低值不应大于工作压力的10%。

3. 强度检查

灭火器筒体、受内压的器头及筒体与器头的连接零件等，应按规定进行水压试验，试验中不应有泄漏及可见的变形。

（二）灭火器有效性检查的方法

1. 密封性试验

①称重法

将灭火器（或储气瓶）称出重量，然后放置在室内常温下。分别在第 30 天、第 90 天、第 120 天复称重量，当质量发生减少，则表示发生了泄漏。

②测压法

将灭火器（或储气瓶）放置在 20℃±2℃ 环境中 24h 后，测出其内压，然后放置在室内常温下。分别在第 30 天、第 90 天、第 120 天后，再放置在 20℃±2℃ 环境中 24h 后，测出其内压，当压力出现下降，则表示发生了泄漏。

2. 水压强度试验

试验前，应将灭火器内的灭火剂清除，然后测量其容积。

将灭火器（或储气瓶）安装在试验台上，试验台结构应保证灭火器筒体不受外力。试验采用水作加压介质，水温应不低于 5℃。试验用压力指示仪精度应不低于 1.5 级。灭火器筒体与器头可分别进行试验，但它们之间的连接零件与连接部位也应经受水压试验。

试验时先升压至最大工作压力，然后卸压，反复进行数次，以排除水中气体；然后缓慢、均匀升压至规定的压力，在此压力下持续时间应不少于 1min 并仔细观察。试验结果应符合上述规定。

（三）灭火器日常检查及记录

专职人员应每日巡查灭火器的设置状况，若发现有位置挪动等配置不符合要求、已经喷射使用过、零部件缺失或泄漏等情况时，应立即采取措施进行完善，并做好检查记录。

第四节　手动火灾报警按钮

在火灾自动报警系统中，手动方式产生火灾报警信号启动火灾自动报警的器件称为手动火灾报警按钮。

一、手动火灾报警按钮的分类

手动火灾报警按钮（图 3-15）是通过手动启动器件发出火灾报警信号的装置。手动火灾报警按钮的作用是确认火情和人工发出火警信号。手动火灾报警按钮按照其触发方式可分为两种：一种是玻璃破碎按钮，另一种是可复位报警按钮。

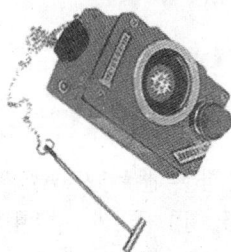

玻璃破碎报警按钮　　　　　　　　　可复位报警按钮

图 3-15　手动火灾报警按钮

二、手动火灾报警按钮报警操作的方法

玻璃破碎报警按钮使用时，击碎玻璃触发报警；可复位报警按钮使用时，推入报警按钮的玻璃触发报警，火警解除后可用专用工具进行复位。

三、手动火灾报警按钮的外观清洁维护

手动报警按钮的核心动作"机关"是玻璃，因此在日常的维护和清洁时应特别注意对玻璃的保护。破碎玻璃按钮的玻璃是一次性使用部件，启动后即需更换，为此一般配有专用测试工具，用于在不击碎玻璃的情况下进行维护和测试。对手动火灾报警按钮的外观清洁维护时，不要用力擦触玻璃，不要用水冲洗，可用吹风机吹扫或用不太湿的布轻轻擦拭手动火灾报警按钮表面。

第五节　火灾警报装置

在火灾自动报警系统中，用以发出区别于环境声、光的火灾警报信号的装置称为火灾警报装置。

一、火灾警报装置的作用

火灾警报装置的作用是：当现场发生火灾并被确认后，安装在现场的火灾警报装置可由消防控制室的火灾报警控制器启动，发出强烈的声光信号，以达到提醒人员注意、指导人员安全迅速疏散的目的。

二、火灾警报装置的分类

火灾警报装置一般分为编码型和非编码型两种。编码型可直接接入火灾报警控制器的信号二总线（需要电源系统提供二根 DC24V 电源线），非编码型可直接由有源 DC24V 常开触点进行控制，如用手动报警按钮的输出触点控制等。常用火灾警报装置包括：警铃、警灯和声光组合警报器等（图3-16）。

警铃　　　　　　　　警灯　　　　　　声光组合警报器

图3-16　常用火灾警报装置

三、火灾警报装置的外观清洁维护

由于火灾警报装置为有源器件，对其清洁维护时要格外小心。非专业人员不要随意拆卸火灾警报装置；不要用水冲洗或湿布擦拭火灾警报装置，以免进水造成短路，损坏器件；可用吹风机吹扫或用不太湿的布擦拭火灾警报装置表面。

第六节　室外消火栓

室外消火栓就是安装在室外的、当出现火情灾害时供消防部队用于取水灭火的一种装置。室外消

火栓系统是最基本的消防设施。在城镇、居民区、企事业单位等进行规划时要设置室外消火栓；工业建筑、民用建筑、堆场、储罐等周围也必须设置室外消火栓系统。

一、室外消火栓的形式与构造

（一）室外消火栓的形式

1. 室外消火栓按其安装形式可分为地上式和地下式两种。按其进水口连接形式可分为承插式和法兰式两种。地上消火栓适用于温度较高的地方，地下消火栓适用于寒冷地区。

地下式和地上式室外消火栓如图 3-17、图 3-18 所示。

图 3-17　地下式室外消火栓　　　　　　　图 3-18　地上式室外消火栓

2. 室外消火栓的公称压力有 1.0MPa 和 1.6MPa 两种。其中承插式室外消火栓为 1.0MPa、法兰式室外消火栓为 1.6MPa。

3. 型号编制

①地上消火栓用 SS 表示，具体型号表示如下所示：

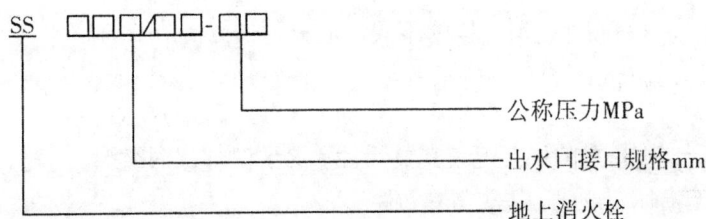

```
SS  □□□/□□-□□
            │    └── 公称压力MPa
            └─────── 出水口接口规格mm
        └─────────── 地上消火栓
```

如出水口为 100mm 和 65mm、公称压力为 1.0MPa 的地上消火栓表示为：
SS100/65 - 1.0。

②地下消火栓用 SA 表示，具体型号表示如下所示：

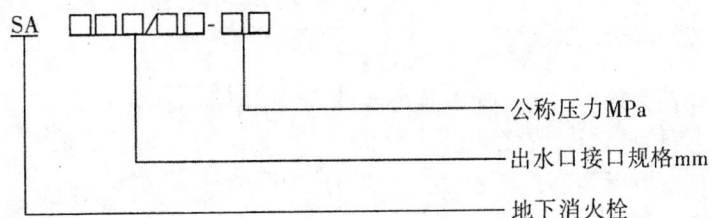

```
SA  □□□/□□-□□
            │    └── 公称压力MPa
            └─────── 出水口接口规格mm
        └─────────── 地下消火栓
```

如出水口为 65mm 两个、公称压力为 1.6MPa 的地下消火栓表示为：
SA65/65 - 1.6。

（二）室外消火栓的构造

1. 室外消火栓由本体、阀座、阀瓣、排水阀、阀杆和接口等零部件组成。

2. 室外消火栓进水口的公称通径有 100mm 和 150mm 两种。进水口公称通径为 100mm 的消火栓，其吸水管出水口应选用规格为 100mm 的消防接口，水带出水口应选用规格为 65mm 的消防接口。进水口公称通径为 150mm 的消火栓，其吸水管出水口应选用规格为 150mm 的消防接口，水带出水口应选用规格为 80mm 的消防接口。

二、室外消火栓的用途与操作方法

（一）室外消火栓的用途

室外消火栓主要是满足于消防管理部门使用，它的用途包括两个方面：

1. 迅速给消防车加水满足火场供水需要。

2. 当消火栓周围发生火灾时，直接出水枪灭火。

（二）室外消火栓的操作方法

DN100、DN150mm 出水口专供灭火消防车吸水之用。DN65mm 出水口供连接水带后放水灭火之用。当使用 DN100、DN150mm 出水口时，必须将两个 DN65mm 出水口关闭，使用 DN65mm 出水口时，必须将不用的出水口关紧，防止漏水，以免影响水流压力。

室外消火栓的操作方法为：第一步将消防水带铺开；第二步将水枪与水带快速连接；第三步连接水带与室外消火栓。连接完毕后，用室外消火栓专用扳手逆时针旋转，把螺杆旋到最大位置，打开消火栓。

室外消火栓使用完毕后，需打开排水阀，将消火栓内的积水排出，以免结冰将消火栓损坏。

三、室外消火栓的清洁维护

室外消火栓按地下消火栓和地上消火栓的不同，应分别进行清洁维护。

（一）地下消火栓清洁维护

1. 用专用扳手转动消火栓启闭杆，观察其灵活性。必要时加注润滑油。

2. 检查密封件有无损坏、老化、丢失等情况。

3. 检查栓体外表油漆有无脱落，有无锈蚀，如有应及时修补。

4. 入冬前检查消火栓的防冻设施是否完好。

5. 定期对地下消火栓进行出水试验。

6. 随时清除消火栓井周围及井内可能积存的杂物。

（二）地上消火栓的清洁维护

1. 用专用扳手转动消火栓启动杆，检查其灵活性，必要时加注润滑油。

2. 检查出水口闷盖是否密封，有无缺损。

3. 检查栓体外表油漆有无剥落，有无锈蚀，如有应及时修补。

4. 定期对地上消火栓进行出水试验。

5. 定期检查消火栓前端阀门井，消除堆、挡、埋、压等现象，清除阀门井内杂物。

第七节　室内消火栓

室内消火栓是扑救建筑室内火灾的主要设施，通常安装在消火栓箱内，与消防水带和水枪等器材配套使用，是我国使用最早和最普通的消防设施之一，在消防灭火的使用中因性能可靠、成本低廉而被广泛采用。

一、室内消火栓的形式与设备组成

（一）消火栓箱

1. 消火栓箱的组成

消火栓箱由箱体及箱内配置的消防器材组成。消火栓箱的箱体一般由冷轧薄钢板弯制焊接而成，箱门材料除全钢型、钢框镶玻璃型、铝合金框镶玻璃型外，还可根据消防工程特点，结合室内建筑装饰要求来确定。箱门表面上喷涂有"消火栓"等明显标志。消火栓箱内室内消火栓安装于箱内并与供水管路相连。直流水枪安装在箱内的弹簧卡上，取用应方便。消防水带根据栓箱的结构形式安装于箱内，并应保证不影响其他消防器材的使用。在箱内的明显部位配有消防按钮和指示灯，消防按钮可向消防控制中心报警并能直接启动消防水泵；指示灯为红色，可及时报道险情。消防软管卷盘可用于扑救初起火灾，它由进口阀、卷盘、卷盘轴、支承部分、软管、开关喷嘴、弯管及水路系统零部件组成。

2. 消火栓箱的型式

（1）消火栓箱按安装方式可分为：明装式、暗装式和半暗装式。

（2）消火栓箱按箱门型式

可分为：左开门式、右开门式、双开门式和前后开门式。

（3）消火栓箱按水带安置方式可分为：挂置式（见图3-19）、盘卷式（见图3-20）、卷置式（见图3-21）和托架式（见图3-22）。

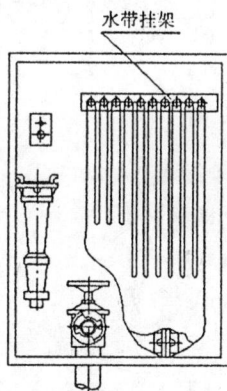

图 3-19　挂置式栓箱　　　　图 3-20　盘卷式栓箱

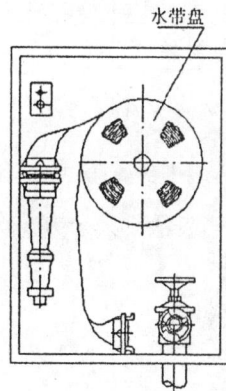

3. 消火栓箱型号表示方法

消火栓箱型号由"基本型号"和"型式代号"两部分组成。其形式如下：

（1）基本型号

箱体的长短边尺寸代号按表3-1规定。

消火栓箱内配置消防软管卷盘时用代号"Z"表示，不配置者不标注代号。

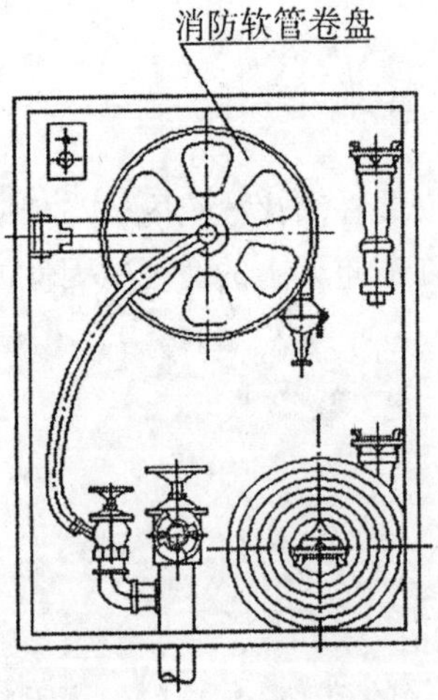

图 3-21 卷置式栓箱（配置消防软管卷盘） 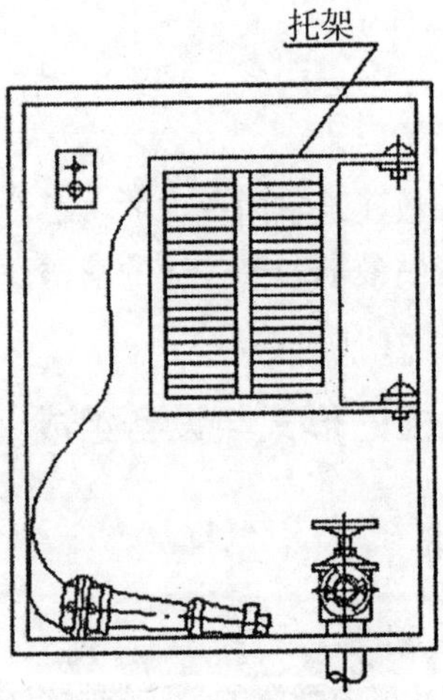   图 3-22 托架式栓箱

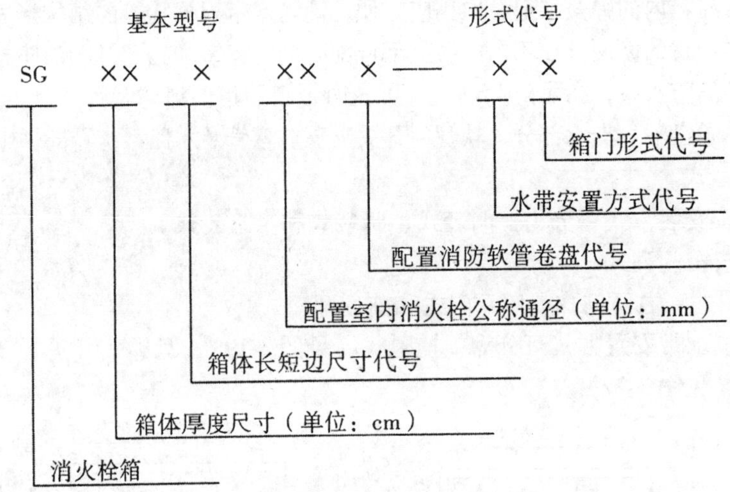

（2）型式代号

①水带安置方式代号

水带为挂置式不用代号表示，其余方式分别用下述代号表示：

"P"（盘）——盘卷式；

"J"（卷）——卷置式；

"T"（托）——托架式。

②箱门型式代号

箱门为单开门型式不用代号表示，其余型式分别用下述代号表示：

"S"（双）——双开门式；

"H"（后）——前后开门式。

4. 消火栓箱基本参数（表3-1）及消防器材配置（表3-2）

（1）消火栓箱基本参数

表3-1　消火栓箱基本参数

A			B			C			D		
长边（mm）	短边（mm）	厚度（mm）	长边（mm）	短边（mm）	厚度（mm）	长边（mm）	短边（mm）	厚度（mm）	长边（mm）	短边（mm）	厚度（mm）
800	650	200	1000	700	200	1200	750	200	600 1800 1850	700 750	200
		210			210			210			210
		240			240			240			240
		280			280			280			280
		320			320			320			320

（2）消火栓箱消防器材配置

表3-2　消火栓箱消防器材的配置

消火栓箱基本型号	室内消火栓				消防水带				消防水枪			基本电器设备				消防软管卷盘		
	公称通径（mm）			出口数量	公称通径（mm）		长度（m）	根数	当量喷嘴直径（mm）		支数	控制按钮		指示灯		软管内径（mm）		软管长度（m）
	25	50	65		50	65	20或25		16	19		防水	数量	防水	数量	19	25	20或25
SG20A50		☆		1	☆		☆	1	☆		1	☆	1	☆	1			
SG20A65			☆	1		☆	☆	1		☆	1	☆	1	☆	1			
SG24A50		☆		1	☆		☆	1	☆		1	☆	1	☆	1			
SG24A65			☆	1		☆	☆	1		☆	1	☆	1	☆	1			
SG24AZ	★		☆	1								☆	1	☆	1	☆	★	☆
SG32A50		☆		1	☆		☆	1	☆		1	☆	1	☆	1			
SG32A65			☆	1		☆	☆	1		☆	1	☆	1	☆	1			
SG32AZ	★		☆	1								☆	1	☆	1	☆	★	☆
SG20B50		☆		1	☆		☆	1	☆		1	☆	1	☆	1			
SG20B65			☆	1		☆	☆	1		☆	1	☆	1	☆	1			
SG24B50		☆		1或2	☆		☆	1或2	☆		1或2	☆	1	☆	1			
SG24B65			☆	1或2		☆	☆	1或2		☆	1或2	☆	1	☆	1			
SG24B50Z	★	☆		1	☆		☆	1			1	☆	1	☆	1	☆	★	☆
SG24B65Z	★		☆	1		☆	☆	1		☆	1	☆	1	☆	1	☆	★	☆
SG32B50		☆		1或2	☆		☆	1或2	☆		1或2	☆	1	☆	1			
SG32B65			☆	1或2		☆	☆	1或2		☆	1或2	☆	1	☆	1			
SG32B50Z	★	☆		1	☆		☆	1			1	☆	1	☆	1	☆	★	☆
SG32B65Z	★		☆	1		☆	☆	1		☆	1	☆	1	☆	1	☆	★	☆
SG20C50		☆		1	☆		☆	1	☆		1	☆	1	☆	1			
SG20C65			☆	1		☆	☆	1		☆	1	☆	1	☆	1			
SG24C50		☆		1或2	☆		☆	1或2	☆		1或2	☆	1	☆	1			

续表

消火栓箱基本型号	室内消火栓 公称通径(mm) 25	50	65	出口数量	消防水带 公称通径(mm) 50	65	长度(m) 20或25	根数	消防水枪 当量喷嘴直径(mm) 16	19	支数	基本电器设备 控制按钮 防水	数量	指示灯 防水	数量	消防软管卷盘 软管内径(mm) 19	25	软管长度(m) 20或25
SG24C65			☆	1或2	☆	☆	☆	1或2		☆	1或2	☆	1	☆	1			
SG24C50Z	★	☆		1	☆		☆	1		☆	1	☆	1	☆	1	☆	★	☆
SG24C65Z	★	☆		1	☆		☆	1		☆	1	☆	1	☆	1	☆	★	☆
SG32C50		☆		1或2	☆		☆	1或2	☆		1或2	☆	1	☆	1			
SG32C65			☆	1或2	☆		☆	1或2		☆	1或2	☆	1	☆	1			
SG32C50Z	★	☆		1	☆		☆	1	☆		1	☆	1	☆	1	☆	★	☆
SG32C65Z	★	☆		1	☆	☆	☆	1		☆	1	☆	1	☆	1	☆	★	☆

注：1. ☆表示消火栓箱内所配置的器材的规格。

2. 出口数量："1"表示一个单出口室内消火栓；"2"表示一个双出口室内消火栓或两个单出口室内消火栓。

3. ★表示可以选用。当消防软管卷盘进水控制阀选用其他类型阀门时，$Dg \geq 20mm$。

（二）室内消火栓

1. 室内消火栓的型式（表3-3）

（1）室内消火栓按出水口型式可分为：单出口室内消火栓（见图3-23）、双出口室内消火栓（如图3-24、图3-25所示）。

图3-23　单出口（单栓阀）室内消火栓

图3-24　双出口（双栓阀）室内消火栓

图3-25　双出口（单栓阀）室内消火栓

（2）室内消火栓按栓阀数量可分为：单栓阀室内消火栓（如图3-23、图3-25所示）、双栓阀室内消火栓（如图3-24所示）。

（3）按结构型式分类

①直角出口型室内消火栓：进水口与出水口成90°的消火栓。

②45°出口型室内消火栓：出水口与水平面成45°的消火栓。

③旋转型室内消火栓：栓体可相对于与进水管路连接的底座水平360°旋转的消火栓（如图3-26所示）。

④减压型室内消火栓：通过设置于栓内或栓体进、出水口的节流装置，实现降低栓后出口压力的消火栓（如图3-27所示）。

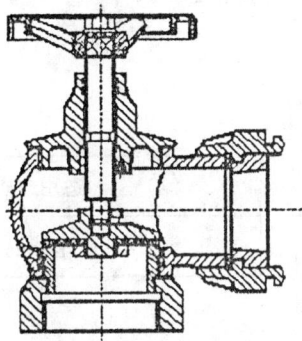

图3-26　旋转型室内消火栓

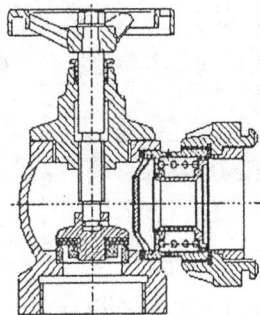

图3-27　减压型室内消火栓

⑤旋转减压型室内消火栓：同时具有旋转室内消火栓与减压室内消火栓功能的室内消火栓。

⑥减压稳压室内消火栓：在栓体内或栓体进、出水口设置自动节流装置，依靠介质本身的能量，改变节流装置的节流面积，将规定范围内的进水口压力减至某一需要的出水口压力，并使出水口压力自动保持稳定的室内消火栓。

⑦旋转减压稳压型室内消火栓：同时具有旋转型室内消火栓与减压稳压室内消火栓功能的室内消火栓。

（4）型号

室内消火栓的型号表示如下：

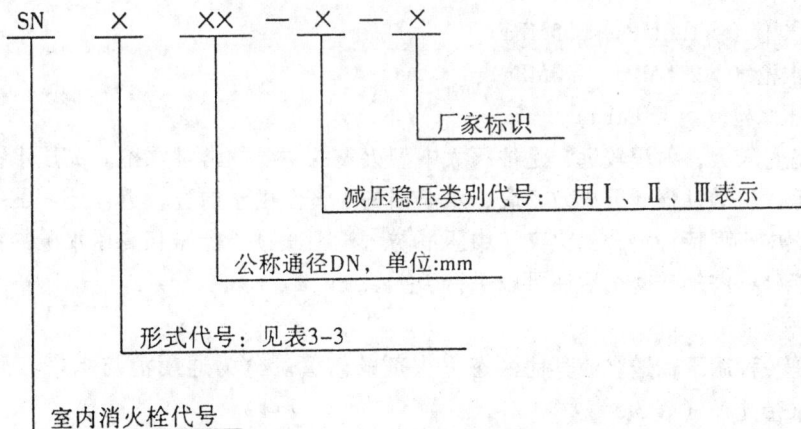

厂家标识

减压稳压类别代号：用Ⅰ、Ⅱ、Ⅲ表示

公称通径DN，单位：mm

形式代号：见表3-3

室内消火栓代号

注：减压稳压消火栓类别代号Ⅰ，Ⅱ，Ⅲ表示进口压力分别为0.4MPa~0.8MPa，0.4MPa~1.2MPa，0.4MPa~1.6MPa；出口压力为0.25MPa~0.35MPa。

表3-3　室内消火栓形式代号

形式	出口数量		栓阀数量		普通直角出口型	45°出口型	旋转型	减压型	减压稳压型
	单出口	双出口	单栓	双栓					
代号	不标注	S	不标注	S	不标注	A	Z	J	W

如：公称通径为65mm的普通直角单出口单阀型消火栓的型号表示为：SN65，公称通径为65mm的稳压类别代号I的旋转减压稳压室内消火栓的型号表示为：SNZW65－I。

（5）基本参数

室内消火栓的基本参数见表3-4所示。

表3-4　室内消火栓的基本参数

公称通径 DN（mm）	公称压力 PN（MPa）	适用介质
25、50、65、80	1.6	水、泡沫混合液

2. 室内消火栓的设备组成

室内消火栓由阀体、阀盖、阀杆、阀杆螺母、阀瓣、阀座、手轮、固定接口、伞形手轮等部件组成；建筑中使用的室内消火栓设备通常由设置在消火栓箱内的水带、水枪、栓阀等组成。

（三）消防水枪、水带及消防软管卷盘

1. 消防水枪

消防水枪是以水为喷射介质的消防枪。消防水枪可以通过水射流形式的选择进行灭火、冷却保护、隔离、稀释和排烟等多种消防作业，是消防灭火过程中最广泛使用的装备之一。

消防水枪根据射流形式主要分为直流水枪、喷雾水枪、直流喷雾水枪和多用水枪。随着社会经济的发展和消防装备技术的进步，过去我国广泛使用的直流水枪、喷雾水枪和多用水枪正逐步被导流式直流喷雾水枪所取代。消防水枪按工作压力范围分为：

（1）低压水枪（0.2MPa～1.6MPa）；

（2）中压水枪（＞1.6MPa～2.5MPa）；

（3）高压水枪（＞2.5MPa～4.0MPa）；

（4）超高压水枪（＞4.0MPa）。

低压水枪流量较大，射程较远，是扑灭大中型火灾的主要的常规水枪。高压水枪可以提供更高雾化程度的水射流，机动性强，灭火效率高，水渍损失小，但由于射程较近，还需配备专用高压供水设备，适用于扑灭中小型特种场合的火灾。中压消防水枪则兼顾了低压和高压水枪的特征。超高压水枪除具备灭火功能外，添加研磨剂后还可以进行破拆。

2. 消防水带

消防水带是一种用于输送水或其他液态灭火剂的软管。分为通用消防水带，消防湿水带，抗静电、水幕消防水带几种（表3-5）。

表 3-5　消防水带分类

名称\n分类		消防水带																	
		通用消防水带									消防湿水带				抗静电、水幕消防水带				
衬里材料		橡胶（合成橡胶）乳胶　聚氨酯　涂塑									橡胶　乳胶				橡胶　聚氨酯				
直径	（mm）	25	40	50	65	80	100	125	150	300	40	50	65	80	40	50	65	80	100
承受工作压力	（MPa）	0.8	1.0		1.3	1.6	2.0		2.5	2.5	0.8	1.0		1.3	1.3	1.6	2.0		2.5
编织方式		平纹　斜纹									平纹　斜纹				平纹　斜纹				

3. 消防软管卷盘（图 3-28）

消防软管卷盘是一种输送水、干粉、泡沫等灭火剂，供一般人员自救室内初期火灾或消防员进行灭火作业的一种消防装置，它广泛用于建筑楼宇、工矿企业、消防车等场所和装备上。

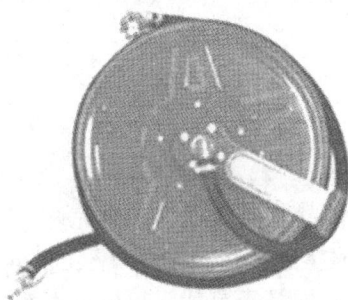

图 3-28　消防软管卷盘

消防软管卷盘可分为水软管卷盘、干粉软管卷盘、泡沫软管卷盘、水和泡沫联用软管卷盘、水和干粉联用软管卷盘、干粉和泡沫联用软管卷盘等（表 3-6）。

消防软管卷盘由输入阀门、卷盘、输入管路、支承架、摇臂、软管及喷枪等部件组成。

表 3-6　消防软管卷盘规格分类

软管卷盘类别	额定工作压力（MPa）	喷射性能试验时软管卷盘进口压力（MPa）	射程（m）	流量		使用场合
				L/min	kg/min	
水软管卷盘	0.8	0.4	≥6	≥24		非消防车用
	1.0					
	1.6					
	1.0	额定工作压力	≥12	≥120		消防车用
	1.6					
	2.5					
	4.0		≥8		≥45	非消防车用
干粉软管卷盘	1.6		≥10		≥150	消防车用
泡沫软管卷盘	0.8		≥10	≥60		非消防车用
	1.6		≥12	≥120		非消防车用

二、室内消火栓的用途与操作方法

（一）室内消火栓的用途

室内消火栓是我国目前采用的主要室内灭火设备之一，室内消火栓是室内管网向火场供水的带有阀门的接口，室内消火栓与室内消防给水管线连接，为工厂、仓库、高层建筑、公共建筑及船舶等室内固定消防设施，通常安装在消火栓箱内，与消防水带和水枪等器材配套使用。

（二）室内消火栓的操作方法

发生火灾时，应迅速打开消火栓箱门，紧急时可将玻璃门击碎。按下箱内控制按钮，启动消防水泵。取出水枪，拉出水带，同时把水带接口一端与消火栓接口连接，另一端与水枪连接，在地面上拉直水带，把室内栓手轮顺开启方向旋开，同时双手紧握水枪，喷水灭火。灭火完毕后，关闭室内栓及所有阀门，将水带冲洗干净，置于阴凉干燥处晾干后，按原水带安置方式置于栓箱内。将已破碎的控制按钮玻璃清理干净，换上同等规格的玻璃片。检查栓箱内所配置的消防器材是否齐全、完好，如有损坏应及时修复或配齐。

三、室内消火栓的清洁维护

室内消火栓系统应定期进行检查维护。检查项目有：

1. 室内消火栓、水枪、水带、消防软管卷盘是否齐全完好，有无生锈、漏水，接口垫圈是否完整无缺，并进行放水检查，检查后及时擦干，在消火栓阀杆上加润滑油。

2. 室内消火栓及各种阀门的转动机构是否灵活，箱内水带卷盘及消防软管卷盘的转动轴是否转动自如。

3. 消防水泵在火警后能否正常供水。

4. 报警按钮、指示灯及报警控制线路功能是否正常、无故障。

5. 检查消火栓箱及箱内配装的消防部件的外观有无损坏，涂层是否脱落，箱门玻璃是否完好无缺。

6. 对室内的消火栓的维护，应做到各组成设备经常保持清洁、干燥，防锈蚀或损坏。为防止生锈，阀门丝杆及转动轴等处转动部位应经常加注润滑油。设备如有损坏，应及时修复或更换。

7. 日常检查时如发现室内消火栓四周放置影响消火栓使用的物品，应进行清除。

第八节　自动喷水灭火系统

自动喷水灭火系统是世界上公认的最为有效的自救灭火设施，应用最广泛、用量最大，且具有安全可靠、经济实用、灭火成功率高等优点，灭控火成功率高达 96.2%。自动喷水灭火系统由洒水喷头、报警阀组、水流报警装置（水流指示器或压力开关）等组件以及管道、供水设施组成，并能在发生火灾时喷水的自动灭火系统。

一、自动喷水灭火系统分类

自动喷水灭火系统根据系统中所使用的喷头形式，分为闭式自动喷水灭火系统和开式自动喷水灭火系统两大类。闭式自动喷水灭火系统采用闭式喷头，开式自动喷水灭火系统采用开式喷头。见表3-7。

表 3-7　自动喷水灭火系统分类表

自动喷水灭火系统	闭式系统	湿式自动喷水灭火系统
		干式自动喷水灭火系统
		预作用自动喷水灭火系统
		自动喷水与泡沫联用系统
	开式系统	雨淋系统
		水喷雾系统
		水幕系统

二、自动喷水灭火系统的适用范围

湿式自动喷水灭火系统适用于环境温度不低于4℃，且不高于70℃的场所。

干式自动喷水灭火系统适用于环境温度低于4℃，或高于70℃的场所。主要用于环境温度低于4℃的冷冻库、寒冷地区非采暖房间等火灾危险性不高的场所。环境大于70℃的场所主要是因生产工艺原因而需要或产生大量的热的生产车间。

预作用自动喷水灭火系统适用于严禁管道漏水、严禁系统误喷的场所。也可以用来替代干式系统。目前多用于保护档案室、计算机、贵重纸张和票证等场所。

雨淋系统适用于火灾水平迅速蔓延的场所。如舞台、火工品厂以及高度超过闭式喷头保护能力的空间，严重危险级Ⅱ级，包括易燃液体喷雾操作区域、固体易燃物品、可燃的气溶胶制品、溶剂、油漆、沥青制品厂的备料及生产车间、摄影棚、舞台葡萄架下部及易燃材料制作的景观展厅等。

三、湿式自动喷水灭火系统

（一）湿式自动喷水灭火系统的组成

湿式自动喷水灭火系统是指准工作状态时，管道内充满用于启动系统的有压水的闭式系统。湿式自动喷水灭火系统适合在环境温度不低于4℃并不高于70℃的环境中使用，主要由闭式喷头、湿式报警阀组、水流指示器、压力开关、控制阀和末端试水装置及管道和供水设施等部件组成，如图3-29所示。它具有自动探测、报警和喷水的功能，也可与火灾自动探测报警装置联合使用，使其功能更加完善可靠。

（二）湿式自动喷水灭火系统的工作原理（图3-30）

湿式自动喷水灭火系统在准工作状态时，湿式自动喷水灭火系统管网中充满水，可通过安装在防护区最不利点的末端试水装置检验系统的可靠性。火灾发生时，火焰或高温气流使闭式喷头的感温元件动作，喷头开启，喷水灭火。水在管路中流动后，首先驱动水流指示器动作，将水流信号转化为电信号，送至消防控制中心显示火警发生区域并联动进入消防状态，同时打开湿式报警阀和通向水力警铃的通道，水流冲击水力警铃发出声响报警信号。报警口压力升高使压力开关动作，将信号传至消防控制中心启动消防泵。

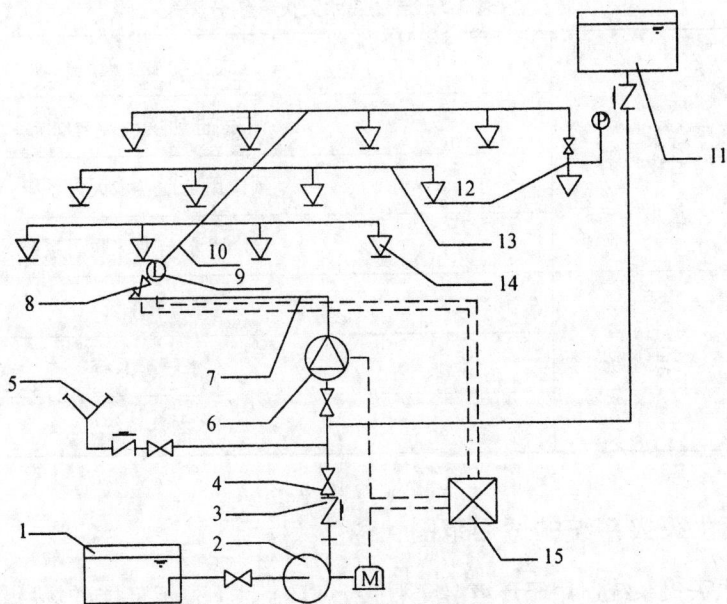

图 3-29　湿式自动喷水灭火系统示意图

1—水池；2—水泵；3—止回阀；4—闸阀；5—水泵接合器；6—湿式报警阀组；7—配水干管；
8—信号阀；9—水流指示器；10—配水管；11—高位水箱；12—末端试水装置；13—配水支管；
14—闭式洒水喷头；15—报警控制器

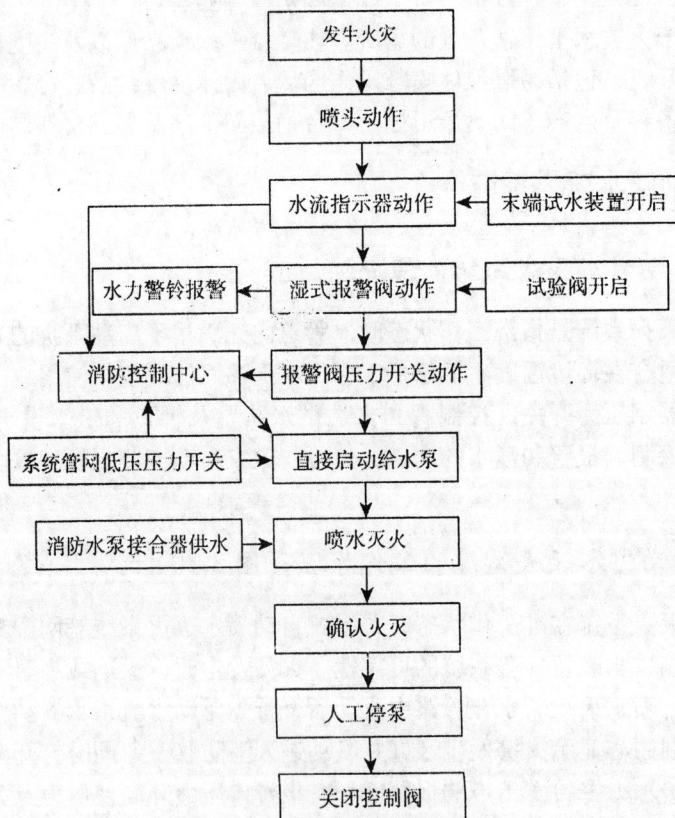

图 3-30　湿式自动喷水灭火系统工作原理

四、自动喷水灭火系统的主要组件

自动喷水灭火系统的主要组件有报警阀组、洒水喷头、水流报警装置（水流指示器或压力开关）、末端试水装置等。

（一）报警阀组

报警阀组使水能够自动单方向流入喷水系统同时进行报警的阀组。在自动喷水灭火系统中，报警阀组是至关重要的组件，其作用有三：接通或切断水源、输出报警信号和防止水倒流回供水源、检验系统的供水装置和报警装置。按适用要求可分为：湿式报警阀组、干式报警阀组、雨淋报警阀组。

1. 湿式报警阀组（图3-31）

图3-31　ZSFZ型湿式报警阀组图

1—延迟器排水口；2—延迟器；3—接警铃；4—接压力开关；5—压力表；
6—带锁紧功能控制阀；7—不开启阀门报警试验管路

用于湿式系统，只允许水流入湿式灭火系统并在规定压力、流量下驱动配套部件报警的一种单向阀。

2. 干式报警阀组（图3-32）

干式报警阀组用于干式系统。它是在其出口侧充以压缩气体，当气压低于某一定值时能使水自动流入喷水系统并进行报警的单向阀。

图3-32　干式报警阀组

3. 雨淋报警阀组（图3-33）

雨淋报警阀组用于雨淋系统、预作用系统、水幕系统和水喷雾系统。通过电动、机械或其他方法进行开启，使水能够自动单方向流入喷水系统同时进行报警的一种单向阀。

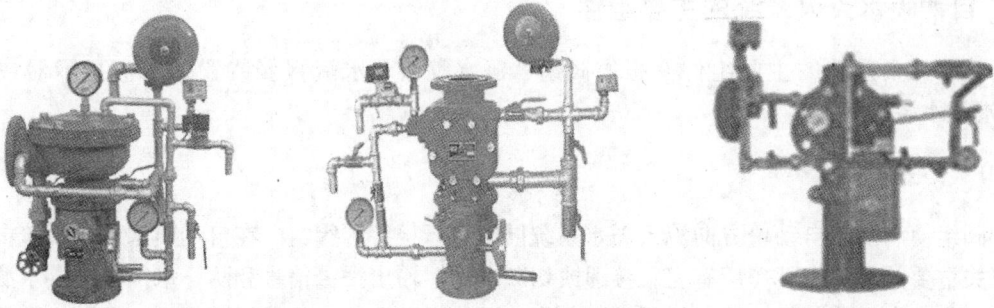

图 3-33　雨淋报警阀组

（二）水流指示器（图 3-34）

水流指示器是将水流信号转换成电信号的一种报警装置。安装在配水干管或配水管始端，其功能是及时报告发生火灾的部位。设置闭式自动喷水灭火系统的建筑内，每个防火分区和楼层均应设置水流指示器。当水流指示器前端设置控制阀时，应采用信号阀。

（卡箍连接）　　　　　（法兰连接）　　　　（螺纹连接）

图 3-34　水流指示器

（三）压力开关（图 3-35）

压力开关是自动喷水灭火系统中的一个部件，其作用是将系统的压力信号转换为电信号。应采用压力开关控制稳压泵，并应能调节启停压力。对于雨淋系统和防火分隔水幕，宜采用压力开关作水流报警装置。湿式系统、干式系统的喷头动作后，应由压力开关直接连锁自动启动供水泵。

图 3-35　压力开关

（四）末端试水装置（图 3-36）

末端试水装置由试水阀、压力表以及试水接头等组成。末端试水装置作用是检验湿式系统的可靠性、测试系统能否在开放一只喷头最不利条件下可靠报警并正常启动。测试水流指示器、报警阀、压力开关、水力警铃的动作是否正常，配水管是否畅通，以及最不利点处的喷头压力等。也可以检测干式系统和预作用系统充水时间。

每个报警阀组控制的最不利点喷头处应设置末端试水装置，其他防火分区和楼层的最不利点喷头处应设置直径为 25mm 的试水阀。

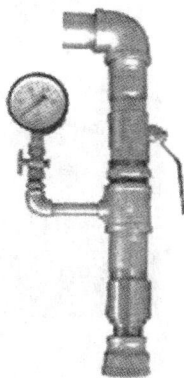

图 3-36　末端试水装置

（五）自动洒水喷头

1. 自动洒水喷头的类型

（1）按结构形式分类

①闭式喷头：具有释放机构的洒水喷头。

②开式喷头：无释放机构的洒水喷头。

（2）根据热敏感元件分类

①易熔元件喷头：通过易熔元件受热熔化而开启的喷头。

②玻璃球喷头：通过玻璃球内充装的液体受热膨胀使玻璃球爆破而开启的喷头。

（3）根据安装位置和水的分布分类

①通用型喷头：既可直立安装亦可下垂安装，在一定的保护面积内，将水呈球状分布向下喷洒并向上方喷洒的喷头。

②直立型喷头：直立安装，水流向上冲向溅水盘的喷头。

③下垂型喷头：下垂安装，水流向下冲向溅水盘的喷头

④边墙型喷头：靠墙安装，在一定的保护面积内，将水向一边（半个抛物线）喷洒分布的喷头。

（4）按喷头灵敏度分类

①快速响应喷头：响应时间系数（RTI）小于或等于 50 $(m \cdot s)^{0.5}$ 且传导系数（C）小于或等于 1.0 $(m/s)^{0.5}$ 的喷头。

②特殊响应喷头：平均响应时间系数（RTI）介于 50 $(m \cdot s)^{0.5}$ 和 80 $(m \cdot s)^{0.5}$ 之间且传导系数（C）小于等于 1.0 $(m/s)^{0.5}$ 的喷头。

③标准响应喷头：响应时间系数（RTI）在 80 $(m \cdot s)^{0.5}$ 和 350 $(m \cdot s)^{0.5}$ 之间且传导系数（C）不超过 2.0 $(m/s)^{0.5}$ 的喷头。

（5）特殊类型喷头

①干式直立喷头：由一个特殊短管和安装于特殊短管出口的喷头组成，在短管入口处有一个密封物。在喷头动作前，此密封物可阻止水进入短管。

②齐平式喷头：喷头的部分本体（包括根部螺纹）安装在吊顶下平面以上，而部分或全部热敏感元件在吊顶下平面以下的喷头。

③嵌入式喷头：除根部螺纹外，喷头的全部或部分本体被安装在嵌入吊顶的护罩内的喷头。

④隐蔽式喷头：带有装饰盖板的嵌入式喷头。

⑤带涂层喷头：在无镀层或有镀层喷头外部蘸覆有蜂蜡或沥青等易熔防腐材料的喷头。

⑥带防水罩的喷头：用于货架或开放网架，带有固定于热敏感元件上方的防水罩，可防止安装于高处的喷头将水喷洒在热敏感元件上的喷头。

（6）几种典型的洒水喷头（图3-37）

下垂型洒水喷头　　边墙型洒水喷头　　直立型洒水喷头　　普通型洒水喷头

易熔柱式易熔元件喷头　焊接式易熔元件喷头　隐蔽型洒水喷头　　干式洒水喷头　　ESFR洒水喷头

图 3-37　典型的洒水喷头

2. 自动洒水喷头的公称口径和接头螺纹

洒水喷头的公称口径和接头螺纹的规格如表3-8所示。

表 3-8　洒水喷头的公称口径和接头螺纹

公称口径（mm）	接头螺纹（in）
10	ZG1/2、3/8
15	ZG1/2
20	ZG3/4

3. 自动洒水喷头的适用范围

自动洒水喷头是自动喷水灭火系统的主要部件，在系统中起着探测火警、启动系统喷水灭火的作用，广泛用于高层建筑、娱乐场所、商场宾馆、地铁隧道、人防工程、机场码头、车间、仓库、车库等适宜用水灭火的场所。

4. 自动洒水喷头公称动作温度与色标

玻璃球洒水喷头的公称动作温度有13挡，易熔元件洒水喷头的公称动作温度有7挡。玻璃球洒水喷头的公称动作温度由不同颜色的玻璃球工作液进行标志，易熔元件洒水喷头的公称动作温在喷头轭臂上作出相应的颜色标志。

闭式洒水喷头的公称动作温度和颜色标志如表 3-9 所示。

表 3-9　闭式洒水喷头的公称动作温度和颜色标志

玻璃球洒水喷头		易熔元件洒水喷头	
公称动作温度（℃）	工作液色标	公称动作温度（℃）	支撑臂色标
57	橙	57～77	本色
68	红	80～107	白
79	黄	121～149	蓝
93	绿	163～191	红
100	灰	204～246	绿
121	天蓝	260～302	橙
141	蓝	320～343	黑
163	淡蓝		
182	紫红		
204	黑		
227	黑		
260	黑		
343	黑		

5. 自动洒水喷头清洁维护要求与方法

喷头是自动喷水灭火系统的重要功能组件，应使每个喷头随时都处于正常状态，因此应每月对喷头进行检查：

（1）若发现喷头有漏水、腐蚀、玻璃球中有色液体变色，或数量减少等现象，应立即更换。

（2）对于腐蚀性严重的场所，喷头可采用涂蜡或涂防腐蚀涂料等防腐蚀措施，但绝对不允许涂在感温元件上。

（3）灰尘的堆积会影响喷头动作的灵敏度，当发现喷头上有积滞尘埃（尤其是室内改造装潢后的粉尘、涂料油漆微粒等附着物）应及时清除，以防因附着物引起隔热，影响喷头动作，对轻质粉尘可用刷子刷掉或用空气吹除，对涂料油漆微粒等附着物可采用相应有机溶剂小心擦拭。

6. 自动洒水喷头的清洁维护注意事项

（1）安装喷头的位置不得设置影响喷头布水性能的障碍物，当发现喷头周围有影响喷头动作或洒水的障碍物时，应立即进行清理。

（2）更换喷头时应使用专用扳手，不得利用喷头轭臂进行安装与拆卸。

（3）对于各种不同规格的喷头，均应有一定数量的备用量，其数量不应小于安装总数的 1%，且每种备用喷头不应少于 10 个。

第九节　泡沫灭火系统

一、泡沫灭火系统的组成与灭火机理

泡沫灭火系统主要由消防水泵、消防水源、泡沫灭火剂储存装置、泡沫比例混合装置、泡沫产生装置及管道等组成。它是通过泡沫比例混合器将泡沫灭火剂与水按比例混合成泡沫混合液，再经泡沫产生装置形成空气泡沫后施放到着火对象上实施灭火的系统。泡沫灭火系统按泡沫产生倍数的不同，分为高、中、低倍数三种系统。

低倍数泡沫系统的主要灭火机理是通过泡沫层的覆盖、冷却和窒息等作用，实现扑灭火灾的目的。

高倍数泡沫系统的主要灭火机理是通过密集状态的大量高倍数泡沫封闭火灾区域，以淹没和覆盖的共同作用阻断新空气的流入达到窒息灭火。

中倍数泡沫系统的灭火机理取决于其发泡倍数和使用方法，当以较低的倍数用于扑救甲、乙、丙类液体流淌火灾时，其灭火机理与低倍数泡沫相同。当以较高的倍数用于全淹没方式灭火时，其灭火机理与高倍数泡沫相同。

二、泡沫液的作用与类型

泡沫液按发泡机制不同分为化学泡沫液和空气泡沫液。化学泡沫液是利用化学反应的方法产生泡沫的。空气泡沫液是利用泡沫产生装置吸入或吹进空气而生成泡沫的。由于化学泡沫液的灭火性能、稳定性、使用安全性较差，还需反应设备，不宜操作，目前基本不使用。因此现行泡沫灭火系统使用的均是空气泡沫液。

泡沫液按发泡倍数不同分为低倍数泡沫液、中倍数泡沫液和高倍数泡沫液。发泡倍数20以下的称为低倍数泡沫液，发泡倍数介于20～200之间的称为中倍数泡沫液，发泡倍数高于201的称为高倍数泡沫液。

泡沫液本身不能灭火，是通过与水混合形成混合液，再吸入（或鼓入）空气产生空气泡沫来灭火。泡沫灭火系统的作用就是将泡沫液与水按比例混合，利用管道（或水带）输送至泡沫产生装置，将产生的空气泡沫混合液按一定的形式喷出，以覆盖或淹没实现灭火。

泡沫灭火剂的分类（图3-38）：

空气泡沫灭火剂主要由蛋白类泡沫灭火剂和合成类泡沫灭火剂组成。蛋白类泡沫灭火剂以天然蛋白的水解产物及适量的添加剂制成；合成类泡沫灭火剂（成膜类）以表面活性剂和适量的添加剂为基料制成。

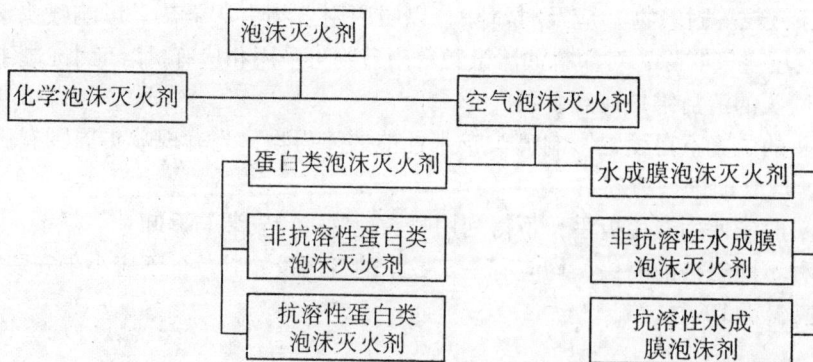

图3-38　泡沫灭火剂的分类示意图

空气泡沫种类较多，有 10 多种。如：蛋白泡沫、抗溶蛋白泡沫；氟蛋白泡沫、抗溶氟蛋白泡沫；水成膜泡沫、抗溶水成膜泡沫以及 A 类泡沫等。

三、泡沫系统类型与适用范围

（一）储罐区低倍泡沫系统

储罐区低倍泡沫系统由三种形式：固定式、半固定式和移动式。适用场所：甲、乙、丙类液体储罐区等。

（二）泡沫喷淋系统与泡沫－水喷淋联用系统

泡沫喷淋系统与泡沫－水喷淋联用系统属于自动灭火系统。适用场所：飞机库、停车场、化工厂、燃油锅炉房等。

（三）泡沫炮系统

泡沫炮系统有两种形式：固定式（手动控制、远程控制）和移动式。适用场所：飞机库、油码头和甲、乙、丙类液体流淌火等。

（四）高、中倍泡沫系统

高倍系统有三种形式：全淹没式、局部应用式和移动式。中倍系统有两种形式：局部应用式和移动式。适用场所：仓库、地下工程、船舶、液化天然气和流淌火等。

四、泡沫系统主要组件

泡沫系统设备由通用设备和专用设备组成。通用设备主要是消防水泵和报警控制等；专用设备是泡沫比例混合设备和泡沫产生设备。泡沫系统专用设备主要有：

（一）泡沫比例混合设备

1. 管线式泡沫比例混合器（图 3-39）

管线式泡沫比例混合器属负压式比例混合器，在同类产品中它具有轻便灵活、调节余地大等特点。主要应用于现场无法安装大型消防设备或无法永久安装固定管道的泡沫保护场所。

图 3-39　管线负压式泡沫比例混合器

2. 压力式泡沫比例混合装置（图 3-40）

压力式泡沫比例混合装置是泡沫灭火系统中的重要设备，其作用是提供一定混合比的泡沫混合液，供末端喷射设备：泡沫产生器、泡沫喷头、泡沫枪、泡沫炮等喷射设备喷射空气泡沫实施灭火使用。

（卧式）

（立式）

图 3-40　压力式泡沫比例混合装置

3. 平衡式泡沫比例混合装置（图 3-41）

平衡式泡沫比例混合装置是向泡沫消防系统提供泡沫混合液的新型泡沫灭火装置，其泡沫液可在系统工作过程中进行补充，能连续向系统供给泡沫混合液，极大地提高系统的灭火能力，更好地满足现代大型泡沫消防工程的需求。

图 3-41　平衡式泡沫比例混合装置

（二）泡沫产生设备

1. 泡沫产生器（图 3-42）

泡沫产生器分低倍、中倍及高倍三种类型。低倍泡沫产生器又分液上、液下两种，主要用于扑灭油罐火灾；中、高倍泡沫产生器多用于 A 类物质火灾、可燃易燃液体及液化石油气、天然气的流淌性火灾。

低倍泡沫产生器

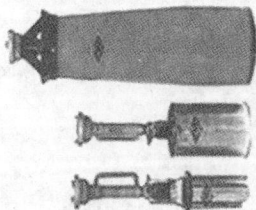
中倍泡沫产生器

高倍泡沫发生器

图 3-42　泡沫产生器

2. 泡沫/水两用消防炮（图 3-43）

泡沫/水两用消防炮具有射流集中、射程远、流量范围广、操作灵活方便等特点，炮身可作水平、俯仰回转，并可实现定位锁紧。既可喷射空气泡沫混合液扑救油类及易燃液体火灾，也可作为水炮扑灭一般固体火灾。

图 3-43 泡沫/水两用消防炮

3. 空气泡沫枪（图 3-44）

空气泡沫枪是一种移动轻便型灭火器材，能喷射空气泡沫或水用以扑灭小型油罐、地面石油和石油类产品等 B 类火灾及木材等一般固体物质火灾。

图 3-44 空气泡沫枪

4. 空气泡沫/水喷头（图 3-45）

是用于固定式泡沫灭火系统，能产生和喷洒空气泡沫的灭火设备，适用于扑救汽车库、飞机库、石油化工厂、涂料厂、清漆厂等场所的火灾。不适用于扑救气体火灾以及可与水发生剧烈反应的火灾和电气设备火灾。

图 3-45 空气泡沫喷头

五、泡沫系统的操作与控制方式

各种类型的泡沫灭火系统，视保护场所不同，其操作与控制方式要求有所不同。

1. 对于储罐区泡沫灭火系统，我国现行规范中未规定出自动与手动控制的选择条件，故在实际使用中一般选择手动控制方式，选择自动控制的较少。

2. 对于火灾危险程度高的大型储罐区，为提高泡沫灭火系统的防范能力，《低倍数泡沫灭火系统设计规范》规定：当储罐区固定式泡沫灭火系统的泡沫混合液量大于或等于 100L/s 时，系统的泵、比例混合器及其管道上的控制阀、干管控制阀宜具备遥控操纵功能。

3. 对于泡沫喷淋系统，由于其是扑救甲、乙、丙类液体初期火灾的自动灭火系统，因此，要求系统的控制方式应具备自动、手动和应急机械启动功能。

4. 对于高、中倍数泡沫全淹没系统或固定式局部应用系统，应设置火灾自动报警与联动控制系统，控制方式应具备自动、手动和应急机械启动功能。

第十节　气体灭火系统

气体灭火系统是以某些气体作为灭火介质，通过这些气体在整个防护区内或保护对象周围的局部区域建立起灭火剂浓度实现灭火的。

气体灭火系统是目前世界上应用非常广泛的现代化灭火设备，具有灭火效率高、不污损设备等优点。

一、气体灭火系统的灭火机理

气体灭火系统的灭火基本机理是冷却、窒息、隔离和化学抑制。前三种灭火作用主要是物理作用，后一种是一个化学作用。

CO_2 灭火系统主要是通过物理作用来灭火的，既通过稀释氧气浓度窒息燃烧和冷却作用来灭火的。

卤代烷灭火系统是通过化学抑制作用来灭火的。

卤代烃 HFC－227ea 灭火系统主要是通过物理作用和部分化学作用来灭火的。

IG－541 等惰性气体灭火系统主要是通过稀释氧气浓度、隔绝空气等窒息作用来灭火的。

二、气体灭火系统分类

按使用的灭火剂分类：二氧化碳灭火系统、卤代烷灭火系统、七氟丙烷灭火系统、混合气体 IG－541 灭火系统。

按应用方式可分为：全淹没灭火系统和局部应用灭火系统。全淹没灭火系统是指在规定的时间内，向防护区喷放设计规定用量的灭火剂，并使其均匀地充满整个防护区的灭火系统。局部应用灭火系统是指向保护对象以一定喷射率直接喷射灭火剂，并持续一定时间的灭火系统。二氧化碳气体灭火系统是现有气体灭火系统中既可采用全淹没又可采用局部应用灭火方式的灭火系统。

按结构特点可分为：组合分配灭火系统和单元独立灭火系统。

按装配形式可分为：管网灭火系统和预制（无管网）灭火系统。

按储存压力可分为：高压灭火系统和低压灭火系统。

三、气体灭火系统适用范围与应用场所

（一）适用气体灭火系统扑救的火灾

1. 电气火灾；

2. 固体表面火灾；

3. 液体火灾；

4. 灭火前能切断气源的气体火灾。

（二）不适用气体灭火系统扑救的火灾

1. 硝化纤维、硝酸钠等氧化剂或含氧化剂的化学制品火灾；

2. 钾、镁、钠、钛、锆、铀等活泼金属火灾；

3. 氢化钾、氢化钠等金属氢化物火灾；

4. 过氧化氢、联胺等能自行分解的化学物质火灾。

5. 可燃固体物质的深位火灾。

（三）应用场所

图书馆、档案馆、珍品库、电子计算机房、电讯中心、通讯室、无人值守机房、喷漆线、喷漆室、燃汽轮机、变配电室、变压器室、电站、飞机、汽车库、船舱、轧机、印刷机、浸渍油槽

四、气体灭火系统的工作原理

气体灭火系统防护区发生火灾后，首先火灾探测器动作，并向火灾报警灭火控制器报警，确认后发出声、光报警信号，同时启动联动装置（关闭防护区开口、停止空调和通风机等），延时一定时间（一般为30s）后打开启动气瓶的瓶头阀，利用气瓶中的高压氮气将灭火剂储存容器上的容器阀打开，灭火剂经管道输送到喷头喷出实施灭火。灭火剂施放时，压力开关给出反馈信号，灭火控制器同时发出施放灭火剂的声、光报警信号（图3-46）。

延时主要有三个方面的作用：一是考虑防护区内人员的疏散，二是及时关闭防护区的开口，三是判断有没有必要启动气体灭火系统。

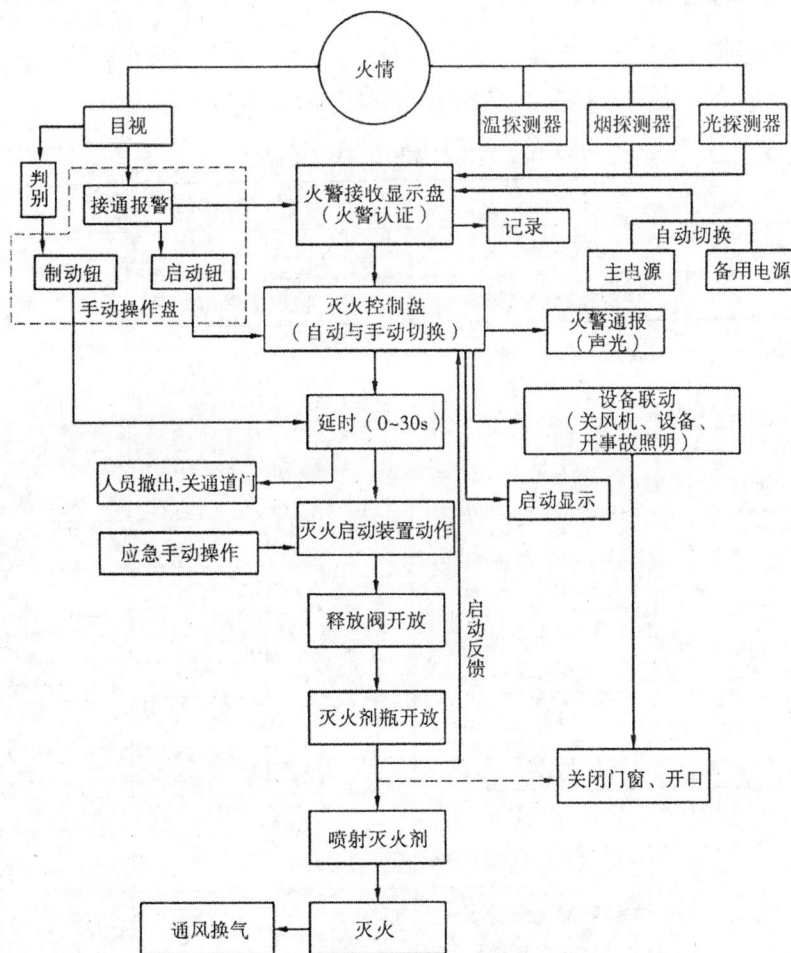

图3-46　气体系统工作程序方框图

五、气体灭火系统的启动方式

气体灭火系统一般具有自动控制、手动控制、机械应急操作三种启动方式。管网灭火系统应设自动控制、手动控制和机械应急三种启动方式。预制灭火系统应设自动控制和手动控制两种启动方式。

（一）自动控制

自动控制是指系统从火灾探测报警到关闭联动设备和释放灭火剂，均由系统自动完成，不需人员介入的操作与控制方式。

（二）手动控制

手动控制是指人员发现起火或接到火灾自动报警信号并经确认后，启动手动控制按钮，通过灭火控制器操作联动设备和释放灭火剂的操作与控制方式。

（三）机械应急操作

机械应急操作是指系统在自动与手动操作均失灵时，人员用系统所设的机械式启动机构释放灭火剂的操作与控制方式，在实施前必须关闭相应的联动设备。

六、气体灭火剂的性能参数

目前，国内外广泛使用的气体灭火剂主要有卤代烃、混合气体、二氧化碳。七氟丙烷、混合气体 IG－541、二氧化碳灭火剂的各种性能参数及系统综合性能如表 3-10 所示。

表 3-10　常用气体灭火剂性能参数

灭火剂名称	七氟丙烷	混合气体 IG－541	二氧化碳
化学名称	HFC－227ea	$N_2 + Ar + CO_2$	CO_2
灭火原理	物理、化学抑制	物理稀释	窒息、冷却
A 类表面火灭火浓度（V/V）（%）	5.8	28.1	20
A 类表面火最小设计浓度（V/V）（%）	7.5	36.5	34
ODP	0	0	0
GWP	2050	0	1
容器储存压力（20℃时）	2.5 MPa、4.2 MPa、5.6 MPa	15MPa	5.7 MPa（高压）2 MPa（低压）
喷放时间（s）	10	60	60
贮存状态	液体	气体	液体
对消防区内设备的影响	误喷时无伤害 灭火时分解物有微酸性	无	干冰现象 对精密仪器不利
对防护区内人员的伤害	误喷时无伤害 灭火时分解物有微毒性	无	窒息死亡
毒性	分解物微毒性	无	毒性大

续表

灭火剂名称	七氟丙烷	混合气体 IG – 541	二氧化碳
腐蚀性	火场含 HF	无	微酸性
电绝缘性	良	良	良
气体外观	很浅的白雾	无色	很浅的白雾

七、气体灭火系统的组成

(一) 管网气体灭火系统 (图 3-47)

管网气体灭火系统是指按一定的应用条件进行设计计算,将灭火剂从储存装置经由干管支管输送至喷放组件实施喷放的灭火系统。

该灭火系统一般由灭火剂储存瓶组、液流单向阀、气流单向阀、压力开关、选择阀、阀驱动装置、喷头、集流管、释放管网及火灾报警灭火控制器等组成。

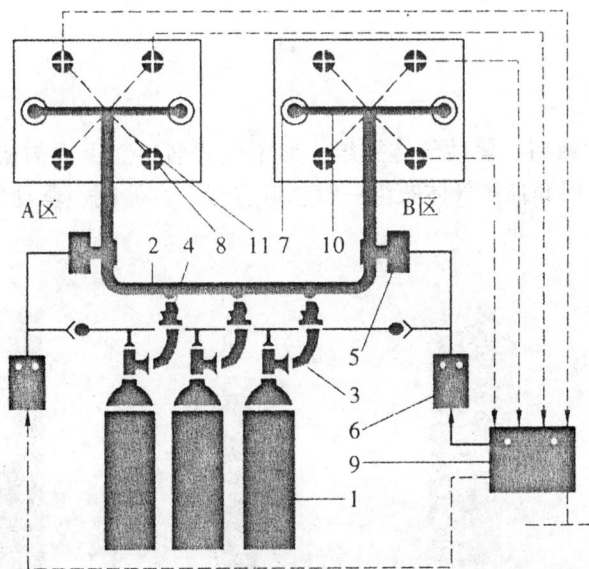

图 3-47 管网气体灭火系统

1—灭火剂储瓶 (含瓶头阀和引升管);2—汇流管 (各储瓶出口连接在它上面);
3—高压软管;4—单向阀 (防止灭火剂向储瓶倒流);5—选择阀 (用于组合分配系统,用其分配、释放灭火剂);
6—启动装置 (自动方式、手动方式与机械应急操作);7—喷头;8—火灾探测器 (含感温、感烟等类型);
9—火灾报警及灭火控制设备;10—灭火剂输送管道;11—探测与控制线路 (图中虚线表示)

(二) 预制 (无管网) 自动灭火系统 (图 3-48)

预制 (无管网) 自动灭火系统是指按一定的应用条件,将灭火剂储存装置和喷放组件等预先设计、组装成套且具有联动控制功能的灭火系统。

该系统一般由灭火剂储存容器组件、管路、喷嘴、阀门驱动装置、火灾报警灭火控制器等组成。

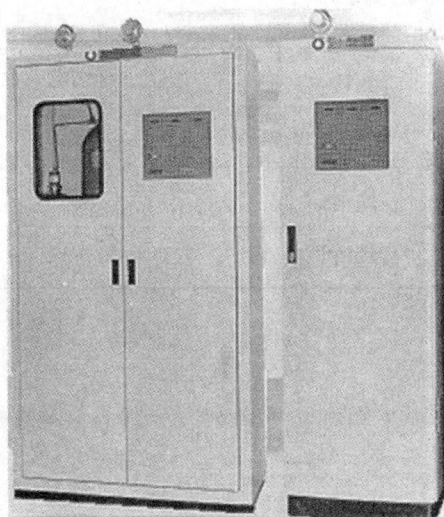

图 3-48 预制（无管网）自动灭火系统

八、系统主要组件

（一）瓶组（图 3-49）

瓶组按用途分为灭火剂瓶组、驱动气体瓶组、加压气体瓶组。灭火剂瓶组一般包括容器、容器阀、灭火剂等。驱动气体瓶组和加压气体瓶组一般包括容器、容器阀、驱动气体（加压气体）、压力显示器等。

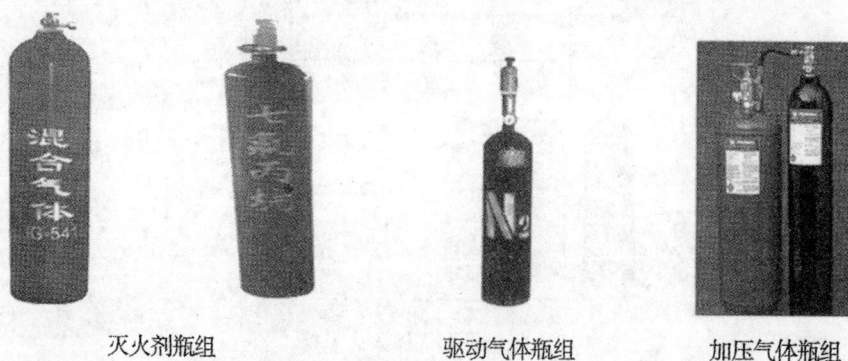

灭火剂瓶组　　　　　　　　　驱动气体瓶组　　　　加压气体瓶组

图 3-49　瓶组

（二）容器阀（图 3-50）

容器阀是指安装在容器上，具有封存、释放、充装、超压泄放等功能的控制阀门。

（三）选择阀（图 3-51）

选择阀用于组合分配系统中，安装在灭火剂释放管道上，由它控制灭火剂释放到相应的保护区。选择阀平时都是关闭的，选择阀的启动方式有气动式和电动式。无论电动式或是气动式选择阀，均应设手动执行机构，以便在自动失灵时，仍能将阀门打开。

灭火剂储瓶容器阀

驱动气瓶容器阀

图 3-50 容器阀

图 3-51 选择阀

（四）信号反馈装置（压力开关）（图 3-52）

信号反馈装置（压力开关）安装在选择阀的出口部位，对于单元独立系统则安装在集流管或释放管网上。当灭火剂释放时，压力开关动作，送出灭火剂释放信号给控制中心，起到反馈灭火系统的动作状态的作用。

图 3-52 压力开关

（五）安全泄压阀（图 3-53）

安全泄压阀通常设置在组合分配系统的集流管上。在组合分配系统的集流管中，由于选择阀平时处于关闭状态，在容器阀的出口处至选择阀的进口端之间形成了一个封闭的空间，因而在此空间内容易形成一个储压区域，安全泄压阀起着保证管网系统的安全，当压力超过规定值时自动开启泄压。

图 3-53　安全泄压阀

（六）喷头（图 3-54）

喷头安装在防护区内或保护对象附近，可将灭火剂按一定的流速均匀释放到防护区内或保护对象周围；液态灭火剂全淹没喷嘴还起到使灭火剂雾化喷射的作用；局部应用喷嘴还能起到定向喷射的作用。

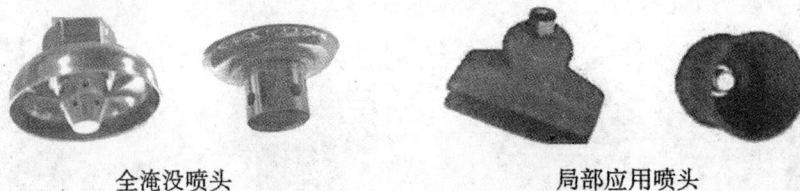

全淹没喷头　　　　　　　　　　局部应用喷头

图 3-54　喷头

（七）单向阀（图 3-55）

单向阀是用来控制介质流动方向的。按其安装在管道中的位置可分为灭火剂流通管道单向阀和驱动气体控制管道单向阀。

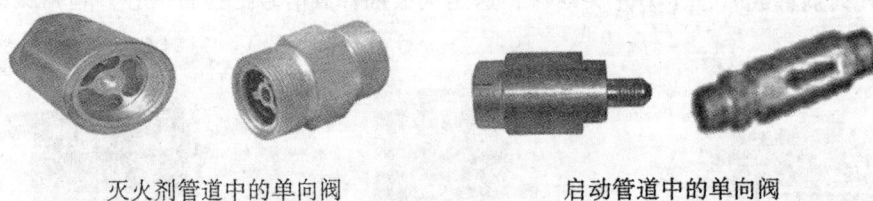

灭火剂管道中的单向阀　　　　　启动管道中的单向阀

图 3-55　单向阀

九、气体灭火系统防护区的安全要求

1. 防护区应有能在 30s 内使该区域人员疏散完毕的走道与出口，在疏散走道与出口处，应设火灾事故照明和疏散指示标志。

2. 防护区的门应向疏散方向开启，并能自行关闭，且保证在任何情况下均能从防护区打开。

3. 灭火后的防护区应通风换气，地下防护区和无窗或固定窗扇的地上防护区，应设机械排风装置，排风口宜设在防护区的下部并应直通室外。

4. 设有气体灭火系统的场所宜配备空气呼吸器。

第十一节　应急广播扬声器和消防专用电话

一、应急广播系统扬声器

（一）常用应急广播系统扬声器种类（图 3-56）

应急广播系统的扬声器一般分为壁挂式和吸顶式两种。在民用建筑里，扬声器应设置在走道和大厅等公共场所，每个扬声器的功率不小于 3W。在环境噪声大于 60dB 的场所，扬声器在其播放范围最远点的声压级应高于背景噪声 15dB。客房设置专用的扬声器，其功率不小于 1W。

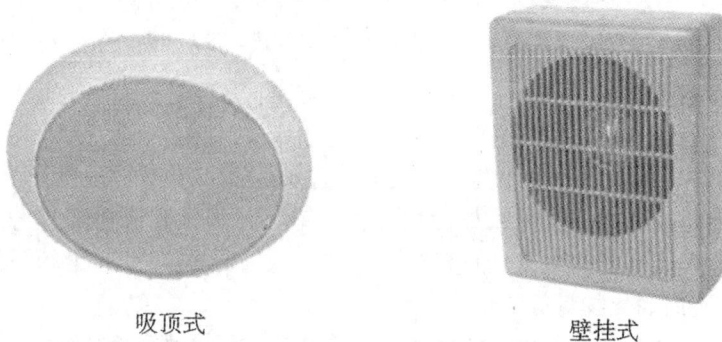

吸顶式　　　　　　　壁挂式

图 3-56　常用应急广播系统扬声器

（二）应急广播系统扬声器的清洁维护方法

对扬声器清洁维护时要格外小心，非专业人员不要随意拆卸扬声器，不要用水冲洗或湿布擦拭扬声器，以免进水造成短路，损坏器件。可用吹风机吹扫或用不太湿的布擦拭扬声器表面。

二、消防专用电话

（一）消防专用电话的作用与使用要求

消防通信系统的设置十分必要，它对能否及时报警、消防指挥系统是否畅通起着关键的作用。为保证火灾报警和消防指挥的畅通，消防规范对消防专用电话作了明确的规定。在消防控制室设置消防专用电话总机，在现场设置电话分机或电话插孔。电话采用直接呼叫通话方式，无需拨号。现场分机拿起或手柄电话插入电话插孔，电话总机立即响应，总机和分机可以通话；当总机呼叫分机时，按下对应分机选择键，对应分机振铃响，分机即可与主机通话。

（二）消防专用电话的清洁维护方法

对消防专用电话清洁维护时要格外小心，非专业人员不要随意拆卸电话主机、分机和电话插孔；不要用水冲洗或湿布擦拭消防专用电话，以免进水造成短路，损坏器件。可用吹风机吹扫或用不太湿的布擦拭设备表面。

第十二节　应急照明和疏散指示系统

应急照明和疏散指示系统是为人员疏散、消防作业提供照明和疏散指示的系统，由各类消防应急灯具及相关装置组成。消防应急灯具是指为人员疏散、消防作业提供照明和标志的各类灯具，包括消防应急照明灯具（图3-57）和消防应急标志灯具等。消防应急照明灯具是为人员疏散、消防作业提供照明的消防应急灯具。消防应急标志灯具是指用图形和/或文字说明相关指示功能的消防应急灯具。疏散指示标志是指用于火灾时人员安全疏散时有指示作用的标志。

一、应急照明灯具

（一）应急照明灯具的设置要求与功能指标

1. 应急照明灯具的设置要求

（1）消防应急照明光源选择：

应选用能快速点燃的光源，一般采用白炽灯、荧光灯等。

电光源按其发光机理一般可分为两大类：一是热辐射光源，二是气体放电光源。热辐射光源是利用物体加热辐射发光的原理制成的光源，如白炽灯、卤钨灯（碘钨和溴钨灯）等；气体放电光源是利用气体放电时发光原理而制成的光源，如荧光灯、高（低）压汞灯（这里的高低是指气体发电时的气压）、高压钠灯、金属卤化物灯等。

通常，用作消防应急照明和疏散指示标志的电光源要求具有快速启点特性，因此常选用白炽灯和能够快速启点的荧光灯。在正常工作照明条件下切换实现应急照明时，可选用一般的荧光灯。用作疏散指示标志的电光源要求具有快速启点、常亮和便于维护等特性，通常选择白炽灯。

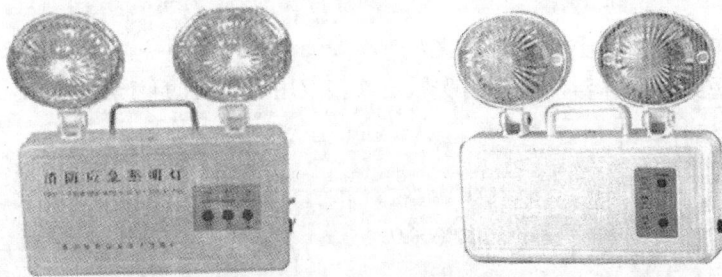

图3-57　消防应急照明灯

（2）消防应急照明在正常电源断电后，其电源转换时间应满足：

①疏散照明≤5s；

②备用照明≤5s（金融商业交易场所≤1.5s）。

（3）消防应急灯具的应急转换时间应≤5s；高危险区域使用的消防应急灯具的应急转换时间应≤0.25s。

（4）疏散照明平时处于点亮状态，但下列情况可以例外：

①在假日、夜间定期无人工作或使用而仅由值班或警卫人员负责管理时；

②可由外来光线识别的安全出口和疏散方向时。

当采用带有蓄电池的应急照明灯时，在上述例外情况下应采用三线式配线，以使蓄电池处于经常充电状态。

（5）可调光型安全出口标志灯应用于影剧院的观众厅。在正常情况下减光使用，火灾事故时应自动接通至全亮状态。

（6）消防应急照明灯具的照度要求：

①疏散走道的地面最低水平照度不应低于 0.5lx；

②人员密集场所内的地面最低水平照度不应低于 1.0lx；

③楼梯内的地面最低水平照度不应低于 5.0lx；

④人防工程中设置在疏散走道、楼梯间、防烟前室、公共活动场所等部位的火灾疏散照明，其最低照度值不应低于 5.0lx；

⑤消防控制室、消防水泵房、自备发电机房、配电室、防烟与排烟机房以及发生火灾时仍需正常工作的其他房间的消防应急照明，仍应保证正常照明的照度，见表 3-11。

⑥消防应急照明的供电时间和照度要求，应满足表 3-12 所列数值，但高度超过 100m 的建筑物及人员疏散缓慢的场所应按实际计算，且连续供电时间不应少于 30min。

表 3-11　消防水泵房控制室、配电室等工作面上的一般照度标准值

房间或场所		参考平面及其高度	照度标准值（lx）
变、配电站	配电装置室	0.75m 水平面	200
	变压器室	地面	100
	电源设备室、发电机室	地面	200
控制室	一般控制室	0.75m 水平面	300
	主控制室	0.75m 水平面	500
电话站、网络中心		0.75m 水平面	500
计算机站		0.75m 水平面	500
动力站	风机房、空调机房	地面	100
	泵房	地面	100
	锅炉房、煤气站的操作层	地面	100

表 3-12　消防应急照明最少持续供电时间、照度表

区域类别	场所举例	最少持续供电时间		照度	
		备用照明	疏散照明	备用照明	疏散照明
一般平面疏散区域	一类居住建筑、公共建筑的疏散楼梯间、防烟楼梯间前室、疏散通道、消防电梯及前室、合用前室	—	不少于 30min	—	不低于 0.5lx
竖向疏散区域	疏散楼梯间	—	不少于 30min	—	不低于 0.5lx

区域类别	场所举例	最少持续供电时间		照度	
		备用照明	疏散照明	备用照明	疏散照明
人员密集流动疏散区域及地下疏散区域	公共建筑中的观众厅、高层公共建筑中的展览厅、多功能厅、餐厅、宴会厅、会议厅、候车（机）厅、营业厅、办公大厅和避难层（间）等场所（含建筑面积大于400m² 的建筑高度24m 以下的上述场所）	—	不少于30min	—	不低于0.5lx
航空疏散场所	屋顶消防救护用直升机停机坪	不少于60min	—	不低于正常照明照度	—
避难疏散区域	避难层	不少于60min	—	不低于正常照明照度	—
消防工作区域	消防控制室	不少于180min	—	不低于正常照明照度	—
	配电室、发电站	不少于180min	—		—
	水泵房、风机房	不少于180min	—		—

（7）消防应急灯具的应急工作时间应不小于90min，且不小于灯具本身标称的应急工作时间。

（8）消防应急照明灯规格标准见表3-13。

表3-13　应急照明灯规格标准

类别	标志灯规格		采用荧光灯时的光源功率（W）
	长边/短边	长边的长度（mm）	
Ⅰ型	4：1或5：1	>1000	≥30
Ⅱ型	3：1或4：1	500～1000	≥20
Ⅲ型	2：1或3：1	360～500	≥10
Ⅳ型	2：1或3：1	250～350	≥6

①Ⅰ型标志灯内所装光源的数量不宜少于两个；

②疏散标志灯安装在地面上时，长宽比可取区1：1或2：1，长边最小尺寸不宜小于400mm。

（9）几类建筑应急照明灯规格形式的选择方案见表3-14。

表3-14　应急照明灯规格形式的选择方案

建筑物类别	安全出口标志灯		疏散标志灯	
	建筑总面积（m²）		每层建筑面积（m²）	
	>10000	<10000	>1000	<1000
旅馆	Ⅰ或Ⅱ型	Ⅱ或Ⅲ型	Ⅲ或Ⅳ型	
医院	Ⅰ或Ⅱ型	Ⅱ或Ⅲ型	Ⅲ或Ⅳ型	
影剧院	Ⅰ或Ⅱ型	Ⅱ或Ⅲ型	Ⅲ或Ⅳ型	
俱乐部	Ⅰ或Ⅱ型	Ⅱ或Ⅲ型	Ⅱ或Ⅲ型	Ⅲ或Ⅳ型
商店	Ⅰ或Ⅱ型	Ⅱ或Ⅲ型	Ⅱ或Ⅲ型	Ⅲ或Ⅳ型
餐厅	Ⅰ或Ⅱ型	Ⅱ或Ⅲ型	Ⅱ或Ⅲ型	Ⅲ或Ⅳ型
地下街	Ⅰ型		Ⅱ或Ⅲ型	
车库	Ⅰ型		Ⅱ或Ⅲ型	

（10）标志灯标志的颜色应为绿色、红色、白色与绿色相结合、白色与红色组合四种之一。

（11）消防应急照明灯在楼梯间，一般设在墙面或休息平台板下；在走道，设在墙面或顶棚下；在厅、堂，设在顶棚或墙面上；在楼梯口、太平门一般设在门口上部。

（12）疏散指示标志灯，一般设在距地面不超过1m的墙上。在该范围内符合人们行走的习惯，容易发现目标，利于疏散。但是，值得注意的是疏散指示标志灯，千万不可设在顶棚吊顶上，因为火灾时烟雾气流极易积聚，遮挡光线，使地面照度达不到设计要求。

2. 应急照明的功能指标

（1）应牢固、无遮挡，状态指示灯正常。

（2）切断正常供电电源后，应急工作状态的持续时间不应低于表3-15的规定。

表3-15　应急照明工作状态的持续时间

建筑类别	应急疏散照明工作状态的持续时间（min）	消防应急照明工作状态的持续时间（min）
建筑高度超过100m的高层建筑	≥30	≥90
其他建筑	≥20	≥90

（3）疏散照明的地面照度不应低于0.5lx，地下工程疏散照明的地面照度不应低于5.0lx。

（4）配电房、消防控制室、消防水泵房、防烟排烟机房、消防用电的蓄电池室、自备发电机房、电话总机房以及发生火灾时仍需坚持工作的其他房间，其工作面的照度，不应低于正常照明时的照度。

（二）应急照明灯具的自检测试与清洁维护

1. 应急照明的自检测试要点

（1）查看外观。

（2）按下列方法切断正常供电电源，用秒表测量应急工作状态的持续时间：

①自带电源型和子母电源型切断其主供电电源。

②集中电源型切断其控制器主电源。

③接在消防配电线路上的应急照明灯具，切断非消防电源。

④使用照度计，测量两个疏散照明灯之间地面中心的照度，达到规定的应急工作状态持续时间时，重复测量上述测点的照度。

⑤配电房、消防控制室、消防水泵房、防烟排烟机房、消防用电的蓄电池室、自备发电机房、电话总机房以及发生火灾时仍需坚持工作的其他房间，使用照度计测量正常照明时的工作面照度，切断正常照明后，测量应急照明工作面的最低照度。

⑥系统复位。

2. 应急照明灯具清洁维护方法

（1）外观检查和清洁：

为了安全有效地使用应急照明，应定期进行外观清扫、检查，对于外观破损的应进行更换。

清洁灯具时，采用柔软布料沾肥皂水拧干后擦拭，再用干布擦净。注意不得采用稀料、汽油等易挥发物擦拭灯具表面。不要对灯具喷洒杀虫剂，否则会导致灯具变色或损坏。不得使用强碱性溶剂擦拭灯具，否则容易造成灯具部件强度降低和损坏。

（2）按下列方法切断正常供电电源，用秒表测量应急工作状态的持续时间：

①自带电源型和子母电源型切断其主供电电源；

②集中电源型切断其控制器主电源；

③接在消防配电线路上的应急照明灯具，切断非消防电源。

（3）使用的应急灯具，不得让水进入灯体，如有水应及时清除。清除时必须切断电源。

（4）定期由专业人员对应急灯具进行测试，接通测试按钮，看是否能应急点亮，如有故障应及时排除。如是灯泡损坏应及时更换相应规格的灯泡，如是线路板故障应更换线路板，以保证灯具处于正常工作状态。

（5）应急照明的蓄电池有一定的寿命年限，超出此时间后，必须进行更换。电池更换方法：

①在确定电池损坏后，可更换新电池；

②更换的新电池必须是同型号同额定电压同额定容量的电池，不同厂家的电池不能混合使用；

③更新电池必须由专业人员操作，必须先关闭主电，必须注意电池极性正确，不可短路，否则将会引起事故；

④更新电池后，应进行测试，应符合相关规定要求。

二、疏散指示标志（图3-58）

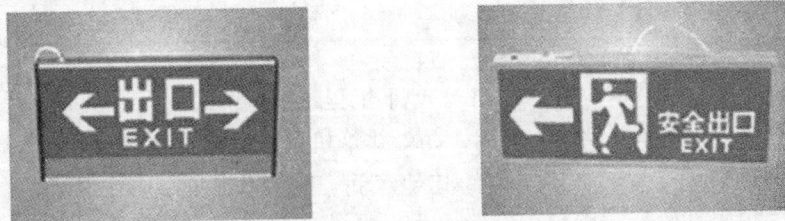

图3-58　疏散指示标志

（一）疏散指示标志的设置要求与功能指标

1. 疏散指示标志设置要求

（1）公共建筑、高层厂房（仓库）及甲、乙、丙类厂房应沿疏散走道和在安全出口、人员密集场所的疏散门的正上方设置灯光疏散指示标志，并应符合下列规定：

①安全出口和疏散门的正上方应采用"安全出口"作为指示标志；

②沿疏散走道设置的灯光疏散指示标志，应设置在疏散走道及其转角处距地面高度 1.0m 以下的墙面上，且灯光疏散指示标志距离不应大于 20m；对于袋形走道，不应大于 10m；在走道转角区，不应大于 1.0m。

（2）下列建筑或场所应在其内疏散走道和主要疏散路线的地面上增设能保持视觉连续的灯光疏散指示标志或蓄光疏散指示标志：

①总建筑面积超过 8000m² 的展览建筑；

②总建筑面积超过 5000m² 的地上商店；

③总建筑面积超过 500m² 的地下、半地下商店；

④歌舞娱乐放映游艺场所；

⑤座位数超过 1500 个的电影院、剧院，座位数超过 3000 个的体育馆、会堂或礼堂。

（3）人防工程中的歌舞娱乐放映游艺场所、商业营业厅疏散走道和其他主要疏散路线地面或靠近地面的墙面应设灯光疏散指示标志。

（4）消防疏散指示标志应设在与疏散途径有关的醒目的位置，标志的正面或其临近不得有妨碍公共视读的障碍物。

（5）需要外部照明的消防疏散指示标志在日常情况下其表面的最低平均照度不应小于 5lx，最低照度和平均照度之比（照度均匀度）不应小于 0.7。当发生火灾，正常照明电源中断的情况下，应在 5s 内自动切换成应急照明电源，由应急照明灯具照明，标志表面的最低平均照度和照度均匀度仍应满足上述要求。

（6）具有内部照明的消防疏散指示标志，当标志表面外部照明的照度小于 5lx 时，应能在 5s 内自动启动内部照明灯具进行照明。当发生火灾，内部照明灯具的正常照明电源中断的情况下，应在 5s 内自动切换成应急照明电源。无论在哪种电源供电进行内部照明的情况下，标志表面的平均亮度宜为 17cd/m² ~ 34cd/m²，但任何小区域内的最大亮度不应大于 80cd/m²，最小亮度不应小于 15cd/m²，最大亮度和最小亮度之比不应大于 5:1。

（7）用自发光材料制成的消防疏散指示标志牌，其表面任一发光面积的亮度不应小于 0.51cd/m²。文字辅助标志牌表面的最大亮度和最小亮度之比不应超过 3:2，图形标志的最大亮度和最小亮度之比不应超过 5:2。

（8）给消防疏散指示标志提供应急照明的电源，其连续供电时间应满足所处环境的相应标准或规范要求，但不应小于 20min；建筑高度超过 100m 的建筑和人防工程，其连续供电时间不能小于 30min。

2. 疏散指示标志的功能指标

（1）应牢固、无遮挡，疏散方向的指标应正确清晰。

（2）辅助性自发光疏散指示标志，当正常光源变暗后，应自发光，其亮度应符合 GB15630 第 6.10.4.3 条的要求，持续时间不应低于 20min。

（3）灯光疏散指示标志，状态指示灯应正常。工作状态时，灯前通道地面中心的照度不应低于 1.0lx。切断正常供电电源后，应急工作状态的持续时间不应低于表 3-16 的规定。

表 3-16 应急疏散照明工作状态的持续时间表

建筑类别	应急工作状态的持续时间（min）
建筑高度超过 100m 的高层建筑	≥30
其他建筑	≥20

（二）疏散指示标志的自检测试与清洁维护

1. 疏散指示标志的自检测试要点

（1）查看外观和位置，核对指示方向。

（2）关闭正常照明，查看发光疏散指示标志的自发光情况，测试亮度。

（3）切断正常供电电源，在灯光疏散指示标志前通道中心处，用照度计测量地面照度，达到规定的应急工作状态持续时间时，重复测量上述测点的照度。

（4）系统复位。

2. 疏散指示标志清洁维护要求

（1）应固定牢靠、无遮挡，状态正常。

（2）切断正常供电电源后，疏散照明工作状态的持续时间不应低于表 3-16 的规定。

（3）疏散照明的地面照度不应低于 0.5lx，地下工程疏散照明的地面照度不低于 5.0lx。

（4）消防疏散指示标志应符合相关亮度要求。

3. 疏散指示标志清洁维护方法

（1）对外观进行检查和维护，破损的进行修复或更换。

（2）清洁疏散指示标志时，采用柔软布料沾肥皂水拧干后擦拭，再用干布擦净。注意不得采用稀料、汽油等易挥发物擦拭疏散指示标志表面，不要对疏散指示标志喷洒杀虫剂，否则会导致表面变色或损坏。不得使用强碱性溶剂擦拭，否则容易造成损坏。

（3）切断正常供电电源，用秒表测量应急工作状态的持续时间。

第十三节 防火分隔设施

一、防火门

（一）防火门的工作原理与功能要求

1. 工作原理

（1）常闭防火门平常在闭门器的作用下处于关闭的状态，因此火灾时能起到阻止火势及烟气蔓延。

（2）常开防火门平时在防火门释放器作用下处于开启状态，火灾时，防火门释放器自动释放，防火门在闭门器和顺序器的作用下关闭，从而起到防火门应有的作用。

（3）常开的防火门，一般是平开门，单扇时装一个防火门释放器及一个单联动模块，双扇时装两个防火门释放器及两个单联动模块。防火门任一侧的感烟火灾探测器动作报警后，通过总线报告给火灾报警控制器，火灾报警控制器发出动作指令给防火门专用的单联动模块，模块的无源常开触头闭合，接通防火门释放器的 DC24V 线圈回路，线圈瞬间通电释放防火门，防火门借助闭门器弹力自动关闭，DC24V 线圈回路因防火门脱离释放器而自动被切断，同时，防火门释放器将防火门状态信号输入单联动模块，再通过报警总线送至消防控制室。

2. 功能要求

（1）组件齐全完好，启闭灵活、关闭严密。

（2）防火门应能自动闭合，双扇防火门应能按顺序关闭。

（3）防火门应为向疏散方向开启的平开门，并在关闭后应能从任何一侧手动开启。

（4）常闭防火门开启后应能自动闭合。

（5）电动常开防火门，应在火灾报警后自动关闭并反馈信号。

（6）设置在疏散通道上并设有出入口控制系统的防火门，应能自动和手动解除出入口控制系统。

（二）防火门的检查与功能测试

1. 防火门的检查

（1）防火门应具有可靠的耐火性能，且设置合理。

（2）防火门应为向疏散方向开启的平开门，并在关闭后应能从任何一侧手动开启。

（3）用于疏散走道、楼梯间和前室的防火门，应能自动关闭。

（4）双扇和多扇防火门，应设置顺序闭门器。

（5）常开防火门，在发生火灾时，应具有自行关闭和信号反馈功能。

（6）设在变形缝隙附近的防火门，应设在楼层较多的一侧，且门开启后不应跨越变形缝，防止烟火通过变形缝蔓延扩大。

（7）防火门上部的缝隙、孔洞采用不燃烧材料填充，并应达到相应的耐火极限要求。

2. 防火门测试要点

（1）查看外观、关闭效果，双扇门的关闭顺序。

（2）防火门关闭后，分别从内外两侧开启。

（3）开启常闭防火门，查看关闭效果。

（4）分别触发两个相关的火灾探测器，查看相应区域电动常开防火门的关闭效果及反馈信号。

（5）疏散通道设有出入口控制系统的防火门，自动或者远程手动输出控制信号，查看出入口控制系统的解除情况及反馈信号。

（6）全部复位，恢复正常状态。

二、防火卷帘

（一）防火卷帘的工作原理与功能要求

1. 防火卷帘的工作原理

防火卷帘主要应用于工业与民用建筑防火分区中。防火卷帘可与整体建筑消防智能指挥系统联网，也可通过自身的烟感、温感探测器单动。火灾时，消防智能指挥系统可以发出指令，使卷门机关闭；也可将通过烟感、温感探测器探测到的烟感、温感信号传输到控制器，控制器再给卷门机发出动作指令，使防火卷帘完成下降、二步降、关闭等动作，从而阻止火势及烟气蔓延。

2. 防火卷帘的功能要求

（1）组件应齐全完好，紧固件应无松动现象。

（2）现场手动、远程手动、自动控制和机械操作应正常，关闭时应严密。

（3）运行时应平稳顺畅、无卡涩现象。

（4）安装在疏散通道上的防火卷帘，应在一个相关探测器报警后下降至距地面 1.8m 处停止；另一个相关探测器报警后，卷帘应继续下降至地面，并向火灾报警控制器反馈信号。

（5）仅用于防火分隔的防火卷帘，火灾报警后，应直接下降至地面，并应向火灾报警控制器反馈信号。

（二）防火卷帘的检查与功能测试

1. 防火卷帘检查时应注意的几点

（1）门扇各接缝处、导轨、卷筒等缝隙，应有防火防烟密封措施，防止烟火窜入。

（2）用防火卷帘代替防火墙的场所，当采用以背火面温升做耐火极限判定条件的防火卷帘时，其耐火极限不应小于3h；当采用不以背火面温升做耐火极限判定条件的防火卷帘时，其卷帘两侧应设独立的闭式自动喷水系统保护，系统喷水延续时间不应小于3h，喷头的喷水强度不应小于0.5L／（s·m），喷头间距应为2m～2.5m，喷头距卷帘的垂直距离宜为0.5m。

（3）设在疏散走道和消防电梯前室的防火卷帘，应具有在降落时有短时间停滞以及能从两侧手动控制的功能，以保障人员安全疏散；应具有自动、手动和机械控制的功能。

（4）用于划分防火分区的防火卷帘，设置在自动扶梯四周、中庭与房间、走道等开口部位的防火卷帘，均应与火灾探测器联动，当发生火灾时，应采用一步降落的控制方式。

（5）防火卷帘除应有上述控制功能外，还应有温度（易熔金属）控制功能，以确保在火灾探测器或联动装置或消防电源发生故障时，凭借易熔金属的温度响应功能仍能发挥防火卷帘的防火分隔作用。

（6）防火卷帘上部、周围的缝隙应采用相同耐火极限的不燃烧材料填充、封隔。

2. 防火卷帘的功能测试要点

（1）查看外观。

（2）按下列方式操作，查看卷帘运行情况反馈信号后复位：

①机械操作卷帘升降。

②触发手动控制按钮。

③消防控制室手动输出遥控信号。

④分别触发两个相关的火灾探测器。

⑤恢复至正常状态。

三、防火阀、排烟防火阀

（一）防火阀、排烟防火阀的工作原理与功能要求

1. 防火阀、排烟防火阀的工作原理

典型的防火阀、排烟防火阀工作原理是凭借易熔合金的温度响应功能，利用重力作用和弹簧机构的作用关闭阀门的。亦有利用记忆合金产生形变使阀门关闭的。当发生火灾时，火焰侵入风道，高温使阀门上的易熔合金熔断，或使记忆合金产生形变使阀门自动关闭，它被用于风道与防火分区贯通的场所，起隔烟阻火作用。

防火阀安装在通风、空气调节系统的送、回风管道上，平时呈开启状态，火灾时管道内烟气温度达到70℃时关闭，并在一定时间内能满足漏烟量和耐火完整性要求，起隔烟阻火作用。防火阀一般由阀体、叶片、执行机构和感温器等部件组成。

排烟防火阀安装在机械排烟系统的管道上，平时呈开启状态，火灾时当排烟管道内烟气温度达到280℃时关闭，并在一定时间内满足漏烟量和耐火完整性要求，起隔烟阻火作用。排烟防火阀一般由阀体、叶片、执行机构和感温器等部件组成。

2. 功能要求

（1）外观

①阀门上的标牌应牢固，标识应清晰、准确。

②阀门各零部件的表面应平整，不允许有裂纹、压坑及明显的凹凸、锤痕、毛刺等缺陷。

③阀门的焊缝应光滑、平整，不允许有虚焊、气孔、夹渣、疏松等缺陷。

④金属阀门各零部件的表面均应做防锈、防腐处理，经处理后的表面应光滑、平整，涂层、镀层应牢固，不应有剥落、镀层开裂以及漏漆或流淌现象。

（2）复位功能

阀门应具备复位功能，其操作应方便、灵活、可靠。

（3）温感器控制

防火阀或排烟防火阀应具备温感器控制方式，使其自动关闭。

①温感器不动作性能：

防火阀中的温感器在 65℃ ±0.5℃ 的恒温水浴中 5min 内应不动作。

排烟防火阀中的温感器在 250℃ ±2℃ 的恒温油浴中 5min 内应不动作。

②温感器动作性能：

防火阀中的温感器在 73℃ ±0.5℃ 的恒温水浴中 1min 内应动作。

排烟防火阀中的温感器在 285℃ ±2℃ 的恒温油浴中 2min 内应动作。

（4）手动控制

①防火阀或排烟防火阀宜具备手动关闭方式；手动操作应方便、灵活、可靠。

②手动关闭或开启操作力不应大于 70N。

（5）电动控制

①防火阀或排烟防火阀宜具备电动关闭方式。具有远距离复位功能的阀门，当通电动作后，应具有显示阀门叶片位置的信号输出。

②阀门执行机构中电控电路的工作电压宜采用 DC24V 的额定工作电压。其额定工作电流不应大于 0.7A。

③在实际电源电压低于额定工作电压 15% 和高于额定工作电压 10% 时，阀门应能正常进行电控操作。

（6）绝缘性能

阀门有绝缘要求的外部带电端子与阀体之间的绝缘电阻在常温下应大于 20MΩ。

（7）关闭可靠性

防火阀或排烟防火阀经过 50 次开关试验后，各零部件应无明显变形、磨损及其他影响其密封性能的损伤，叶片仍能从打开位置灵活可靠地关闭。

（三）防火阀、排烟防火阀的检查与功能测试

1. 检查要点

（1）安装牢固。

（2）开启与复位操作应灵活可靠，关闭时应严密，反馈信号应正确。

（3）应完好无损，开启与复位应灵活可靠，关闭时应严密。（电动防火阀）

（4）应在相关火灾探测器动作后自动关闭并反馈信号。（电动防火阀）

2. 检查方法

（1）查看外观。

（2）手动、电动开启，手动复位，查看动作和信号反馈。

（3）手动开启后复位（电动防火阀）。

（4）分别触发两个相关的火灾探测器，查看动作情况和反馈信号后复位。（电动防火阀）

3. 维护与管理

（1）机械部分：

①机械部分应定期检查试验，外表锈蚀、变形部位应及时处理；

②活动部位应加注润滑油，保证其灵活可靠；

③有熔断器的排烟防火阀，应确认熔断器装配符合工作性能要求；

④手动开启阀门试验1~2次，以确认操作系统正常；

⑤安装使用一年以上，应检查各种弹簧性能。

（2）电气系统部分应定期检查测试，清除灰尘，紧固螺丝，接通电源操作试验1~2次，以确认系统工作性能可靠、输出讯号正常，否则应及时排除故障。

（3）排烟防火阀的易熔片断开或脱落，或按规定要求更换时，应选用同类规格的易熔片，按原样装复，以确保其动作符合工作要求。

（4）阀体内不得有杂物，以免影响阀门正常工作。

思考与练习题

1. 简述建筑消防设施的概念和作用。
2. 灭火器是如何分类的？
3. 现行灭火器有哪些种类？
4. 灭火器有哪些使用方法？
5. 灭火器操作需要注意的事项有哪些？
6. 灭火器有哪些清洁维护要求？
7. 灭火器清洁维护有哪些注意事项？
8. 如何进行灭火器的有效性检查？
9. 手动火灾报警按钮是如何分类的？
10. 手动火灾报警按钮如何进行维护清洁？
11. 火灾警报装置的作用是什么？
12. 常用火灾警报装置有哪几种？
13. 火灾警报装置如何进行外观维护保养？
14. 室外消火栓有哪几类？
15. 室外消火栓由哪些部件组成？
16. 室外消火栓的主要用途是什么？
17. 室外消火栓如何操作和使用？
18. 室外消火栓如何进行清洁维护？
19. 室内消火栓有哪些形式？
20. 室内消火栓是由哪些部件组成的？
21. 室内消火栓如何进行清洁维护？
22. 自动喷水灭火系统有哪几种类型？
23. 简述各类自动喷水灭火系统的适用范围。
24. 自动喷水灭火系统有哪些主要组件？
25. 简述湿式自动喷水灭火系统的工作原理。
26. 自动洒水喷头有哪些类型？
27. 自动洒水喷头适用于哪些场所？
28. 简述闭式洒水喷头的组成及工作原理。
29. 玻璃球洒水喷头的公称动作温度与色标有什么对应关系？
30. 自动洒水喷头清洁维护要求与方法有哪些内容？
31. 自动洒水喷头的清洁维护注意事项有哪些？
32. 简述泡沫灭火系统的组成与灭火机理。

33. 简述泡沫液的作用与类型。

34. 简述泡沫灭火剂的分类。

35. 简述泡沫系统的类型与适用范围。

36. 泡沫系统有哪些主要组件？

37. 简述泡沫系统的操作与控制方式。

38. 气体灭火系统是如何分类的？

39. 简述气体灭火系统的适用范围与应用场所。

40. 气体灭火系统有哪些操作方式？

41. 常用气体灭火剂有哪些性能参数？

42. 简述气体灭火系统的组成。

43. 气体灭火系统有哪些主要组件？

44. 气体灭火系统防护区有哪些安全要求？

45. 应急广播系统的扬声器有哪几种？

46. 应急广播系统扬声器的清洁维护有哪些要求？

47. 消防专用电话的作用是什么？

48. 消防专用电话的使用有何要求？

49. 消防专用电话的清洁维护有哪些内容？

50. 消防应急照明灯具的设置有哪些要求？

51. 消防应急照明灯具有哪些功能指标要求？

52. 应急照明灯具的自检测试有哪些内容？

53. 应急照明灯具的清洁维护有哪些要求？

54. 如何进行应急照明灯具的清洁维护？

55. 疏散指示标志的设置有哪些要求？

56. 疏散指示标志有哪些功能指标要求？

57. 疏散指示标志的自检测试有哪些内容？

58. 疏散指示标志的清洁维护有哪些要求？

59. 如何进行疏散指示标志的清洁维护？

60. 防火门是如何分类的？

61. 简述防火门的组成与构造。

62. 简述防火门的工作原理。

63. 防火门有哪些功能要求？

64. 防火门的检查与功能测试有哪些内容？

65. 防火卷帘是如何分类的？

66. 简述防火卷帘的组成与构造。

67. 简述防火卷帘的工作原理。

68. 防火卷帘有哪些功能要求？

69. 防火卷帘的检查与功能测试有哪些内容？

70. 简述防火阀、排烟防火阀的工作原理与功能要求。

71. 简述防火阀、排烟防火阀的检查与功能测试内容。

参考文献

一、著作类

1. 张学魁．建筑灭火设施．北京：中国人民公安大学出版社，2004
2. 景绒．建筑消防给水系统．北京：化工工业出版社，2007
3. 王学谦．建筑防火设计手册．北京：中国建筑工业出版社，2008
4. 北京消防教育训练中心．单位消防安全管理．北京：中国人民公安大学，2004
5. 周志军．建（构）筑物消防员防火员基础知识．北京：群众出版社，2006
6. 徐志嫱，李梅．建筑消防工程．北京：中国建筑工业出版社，2009
7. 张吉光，史自强，崔红社．高层建筑和地下建筑通风与防排烟，中国建筑工业出版社，2005
8. 颜达材．消防设备全书．西安：陕西科学技术出版社，1990
9. 黄晓家，姜文源．自动喷水灭火系统设计手册．北京：中国建筑工业出版社，2002
10. 全国民用建筑工程设计技术措施．给水排水．中国建筑标准设计研究所，2003
11. 郭铁男．中国消防手册．上海：上海科学技术出版社，2007

二、消防法律、法规、标准类

1. 《中华人民共和国消防法》
2. GB50016 – 2006《建筑设计防火规范》
3. GB50045 – 95《高层民用建筑设计防火规范》（2005 年版）
4. GB50098 – 2009《人民防空工程设计防火规范》
5. GB50067 – 97《汽车库、修车库、停车场设计防火规范》
6. GB50084 – 2001《自动喷水灭火系统设计规范》（2005 年版）
7. GB50370 – 2005《气体灭火系统设计规范》
8. GB50151 – 2010《泡沫灭火系统设计规范》
9. GB50219 – 2001《水喷雾灭火系统设计规范》
10. GB/T4968 – 2008《火灾分类》
11. GB8624 – 2006《建筑材料及制品燃烧性能分级》
12. GB21976.1 – 2008《建筑火灾逃生避难器材》
13. GB6944 – 2005《危险货物分类和品名编号》
14. GB12268 – 2005《危险货物品名表》
15. GB13690 – 2009《化学品分类及危险性公示通则》
16. GB4351.1 – 2005《手提式灭火器第一部分：性能和结构要求》
17. GB8109 – 2005《推车式灭火器》
18. GB12995 – 2008《防火门》
19. GB14102 – 2005《防火卷帘》
20. GB14561 – 2003《消火栓箱》

21. GB17945 – 2000《消防应急灯具》

22. GB19156 – 2003《消防炮通用技术条件》

23. GB20031 – 2005《泡沫灭火系统及部件通用技术条件》

24. GB50140 – 2005《建筑灭火器配置设计规范》

25. GB50444 – 2008《建筑灭火器配置验收及检查规范》

26. GA95 – 2007《灭火器报废与维修规程》

27. GA503-2004《建筑消防设施检测技术规程》

28. GB25201 – 2010《建筑消防设施的维护管理》

29. GB17945 – 2010《消防应急照明和疏散指示系统》

30. 国家职业标准《建（构）筑物消防员》，中华人民共和国劳动和社会保障部制定，2008